U0113606

人文科普 —探询思想的边界—

MATERIA Y
MATERIALISMO

世间万物之精妙

自然哲学与物理原理

[西班牙] 大卫·周 著
DAVID JOU

刘 学 译 姚明阳 校

中国社会科学出版社

图字：01-2017-7014号

图书在版编目（CIP）数据

世间万物之精妙：自然哲学与物理原理 ／（西）大
卫·周著；刘学译. -- 北京：中国社会科学出版社，
2019.11
    ISBN 978-7-5203-4859-1

Ⅰ. ①世⋯ Ⅱ. ①大⋯ ②刘⋯ Ⅲ. ①自然哲学－研
究②物理学－研究 Ⅳ. ①N02②04

中国版本图书馆CIP数据核字（2019）第178630号

出 版 人	赵剑英
项目统筹	侯苗苗
责任编辑	侯苗苗　高雪雯
责任校对	韩天炜
责任印制	王　超

出　　版	中国社会科学出版社
社　　址	北京鼓楼西大街甲 158 号
邮　　编	100720
网　　址	http://www.csspw.cn
发 行 部	010-84083685
门 市 部	010-84029450
经　　销	新华书店及其他书店

印刷装订	北京君升印刷有限公司
版　　次	2019 年 11 月第 1 版
印　　次	2019 年 11 月第 1 次印刷

开　　本	880×1230　　1/32
印　　张	11.375
字　　数	225 千字
定　　价	69.00 元

凡购买中国社会科学出版社图书，如有质量问题请与本社营销中心联系调换
电话：010-84083683
版权所有　侵权必究

| 序 言 |

　　研究物质的性质、发掘其潜能，并探寻物质演变及其多样性背后所隐藏的决定性力量，一直以来都是科学的首要目标。无论在哪一个历史阶段，对物质之谜的探求都从未停歇。对物质的不懈探究，试图定义并归纳阐明其未知的努力相互融合、凝结，最终催生并滋养着介于科学与哲学二者之间的交叉领域。这种灿烂而恒久的成果又交织于艺术与诗歌之中，呈现出了壮美的和弦共鸣。深层意义上，我们即为物质，但我们是一种能够辨识自身、意识到存在之惊奇与脆弱的物质。同为物质的我们能够感知到那些超越物质存在的召唤，向那些自物质之中显现，且为我们强烈感受到的模糊消逝与神秘永恒，提出我们独有的质疑。由此，对物质的反思可以构成一种纯粹而真实的精神运动、一种绝佳的内省途径。

　　物质[1]（希腊语：hilé）一词与拉丁语 *"mater"* 相关，揭示了

---

[1] "物质"一词对应于希腊语 ὕλη / hyle（正文中的"hilé"为西班牙语化的希腊语）。语源上自由语素"hylo-"源于希腊语"hylos"，意为"木""林""柴"等。古希腊人最初并无物质的概念，故亚里士多德由"木"这一材料创造出"物质"一词，用以表示无本之木或未知来源之材质。该词为经院哲学所沿用，后世由此将"质料"（ὕλη）与"形式"（μορφή）二者相叠加，创造出"Hylomorphism"一词，以指代认为原始物质是万物根源，与各种形式相结合便产生各种物体的形式质料说或物型论。实际上，亚里士多德并未在其著作中出现过这一复合词。——译者注（本书注释如无特别说明，均为译者注）

可观测实在与物质间的从属关联。如若我们仅仅从当前科学角度来研究物质，我们将难免跋前疐后——既遗失了我们长久以来自觉贴近且聚焦的细节，也忽略了自我之谜与形而下肉体之物间的直接性与距离。放诸四海而论，不管是最为原始的宗教形式，还是最为现代的生物与医药，纵使观点截然不同，乃至对此毫无意识，人与物质间最为紧密的联系无疑是求生而拒死，且这一联系业已涵盖了人类所共享的全部历史；也正因如此，将科学研究带来的惊喜结果放置于更宽泛的背景之下，便显得尤为重要。但与此同时，虽然涉及并照应了近期的专业研究成果，却同样也催生了不安并引出了遗存千年的谜题。

无论是从微观核子尺度还是在星系的间隙之中，哲学家们已然注意到了在当代物理学中定义物质之困难，以及在基因工程与技术操纵下呈现出的新奇理念。这都使得在过往任何一个时代都或多或少清晰着的物质概念，如今都相对显得模糊、矛盾且紧迫。乌利塞斯穆利纳（Ulises Moulines）在其著作《物质概念与困难》[1] 一书中已有详尽论述。此外，不论是早年的加斯东·巴舍拉尔（Gaston Bachelard）与何塞普·费拉特尔·莫拉（Josep Ferrater Mora），还是约翰·格里宾（John Gribbin）与保罗·戴维斯（Paul Charles William Davies）在其更为新

---

[1] 《物质概念与困难》: *Los conceptos de la materia y sus dificultades*。

近的《物质神话》[1] 中，都亦有讨论。就此点而言，沙博诺（Charbonnat）已通过其著作《唯物主义哲学历史》[2] 为我们展现了一个广阔的唯物主义全局观。

曾被经典唯物主义视为基础的物质形态、颜色甚至其不容置疑的存在本身，都逐渐淡化于充满玄机的数学化的变幻舞步之中。现如今，物质理念相较于感官曾经所提供的视野，显得更加悠远——精神的对立面、空无的彼端、不可切割原子论等以现实为基础的古典物质观已备受现代物理学质疑。但是犹如光与物质、真空与物质、上帝与物质、心灵与物质、能量与物质、物质与形态、身体与灵魂等二元对立博弈，依旧足以充当专业抑或形而上疑题不竭的源泉。

本书旨在从科学角度综述对物质的研究，并静观其结果如何影响诸多形式的唯物主义；通过悠久的历史轨迹与显著变革，来呈现针对现实实在的思想潮流，而物质则充当了上述一切解释与推理的基石。由于诸多科普书籍大多关注近一段时期内的科学进展，极少将其侧重点放在哲学上，故以上这些问题常为普罗大众所忽略。鉴于浩如烟海的书卷文献及其毫无停歇的发展步伐，我倾向于选择撤除冗余的专业技术性数据与细节，以便更为简洁综合地诠释相关观点。物质实难绝对化，但唯物主义的历史却如此

---

[1] 《物质神话》: *Los mitos de la materia*。
[2] 《唯物主义哲学历史》: *Historia de las filosofías materialistas*。

令人心驰神往——无论是辩证唯物主义还是神经唯物论，自古希腊原子论唯物主义到后现代消费主义唯物论，它们所阐述的诸多解释，派生而出的智力博弈、教条与提议，都饱含着令人不知疲倦的向物质发问的魅力。

本书着眼于物质所展现的四个方面：物质元素或物质的基本结构；物质宇宙与物质起源；物质技术或物质的使用及转化；关于物质生命及其未知起源，或精神与物质间的关系。以上诸多物质论述并非意指不同种类的物质，而是着重阐述涉及物质的诸多不同观点，并围绕以上四个主题展开特定的哲学问题：物质与现实之间的关系如何？物质与神之间是否有联系？物质与形式能否相互协调？物质与灵魂又可否存在对应？问题穷无止境，本书也无意于给出确定答案，而是以现今视角对之进行归纳。当然，以上物质的四个方面之间相互存在惯常的重叠，而绝非彼此孤立——例如宇宙学中的物质起源在深层意义上与物质元素密不可分；生物的相关特征则很大程度上取决于其构成分子的结构。但无论在何种视角下，我们都应强调量子的重要性，在我已出版的另一册书《量子世界导论：自粒子之舞至群星之种》[1]之中已进行了合理综述。而对有关宇宙学与神经科学方面感兴趣的读者也可以参见我在

---

[1] 《量子世界导论：自粒子之舞至群星之种》：*Introducción al mundo cuántico: de la danza de las partículas a las semillas de las galaxias*。

《脑与宇宙》[1] 一书之中的论述。在此，我阐明：物质不仅是实在之谜的明确答案，更犹如经验、知识与疑题的系统化界限。

2015 年 3 月

于巴塞罗那

---

[1]　《脑与宇宙》：*Cerebro y universo*。

| 目　录 |

第一章

物质元素

实体之结构，微观之构成

尽管只是在我们的感知范围之内，这个世界就已是如此广袤无垠，有着无尽的知识还在等待我们探索。然而，自古以来，就有着一些被认为是构成这个世界基础的、难以磨灭的微粒，诸如原子；抑或那些尽管不是微粒却难以再做分割的基础元素，诸如闻名遐迩的四大元素（火、气、水、土）。本章我们将开启一段"细致入微"的旅行，沿着历史足迹深入常人难以了解的微观领域，求索构筑世间精妙的基本成分，以及物质间的相互作用。在人类科技历史的漫漫长河之中，再没有什么比找寻基础的单位、纯粹的真实与典雅的理念更令人感觉刺激的了。但是，究竟到哪里我们才算真正了解世间最基础的单位与纯粹的真理了呢？路漫漫其修远兮，站在 21 世纪的原点，我们跂足而望——望向那些似乎为纯粹直觉所否定的复杂理论数学；望向那些现在还不能被实验证实的理论；望向那些原初给予我们动力却至今未能得到合理解释的问题。

1. 从哲学原子论到原子的分割

在思考物质的过程中，最令人惊奇的无疑是它们的多样性与可变性：繁育、茁壮、衰败、腐烂，一系列连续的变化，极致的多样性，即便如此，它们依旧保持着相互间基本的守恒与联系。哪怕只是尝试对它们如此多样的性质进行排序，就已非易事。早在公元前 6 世纪和 7 世纪，伊奥尼亚[1] 的哲学家们便着手兼顾这种多样性来思考一切物质本源所共通的基础问题。遥远的爱琴海东岸、希腊城邦米利都[2] 便是第一个回应这些问题的舞台：塔莱斯[3]，古希腊哲学家和思想家，借助水的蒸发与凝结，提出水的本源说；阿那克西曼德[4] 认为世间万物源于"无限定"[5]——即无

[1] 伊奥尼亚（希腊语：Ἰωνία；西班牙语：Jonia；英语：Ionia），今土耳其安纳托利亚西南海岸地区。

[2] 米利都（希腊语：Μίλητος；西班牙语：Mileto；英语：Miletus），位于安纳托利亚西海岸。

[3] 塔莱斯（希腊语：Θαλῆς ὁ Μιλήσιος；西班牙语：Tales de Mileto；英语：Thales of Miletus，约前 624 年—约前 546 年）。

[4] 阿那克西曼德（希腊语：Ἀναξίμανδρος；西班牙语：Anaximandro；英语：Anaximander，约前 610 年—前 546 年）。

[5] "无限定"（希腊语：ἄπειρον；西班牙语：apeiron；英语：apeiron），亦译为"无限者"，或音译为"阿派朗"，用以解释物质的"始基"（希腊语：ἀρχή；西班牙语：arché；英语：arche）。它被认作世界的"本原"，在它运动中分裂出冷与热、干与湿等不同对立面，进而产生了万物。世界从它产生，最后又将复归于它。

固定限界、形式和性质的物质；阿那克西米尼 [1] 则认为气体是万物之源，不同形式的物质是在气体聚散过程中产生的。

赫拉克利特 [2] 辩称，世界绝非永恒不变。相较于这种永恒不变，从未停歇的变化才是统治世界的主宰。在永无止尽的战斗与冲突之间，现世所维持的不过是一种平衡于不稳定的敌对紧张之中的和谐。他提出火才是世界的本源，以及万物皆流、无物常住的变动观。与此同时，他还怀疑只有凭借理性批判的帮助，才能辨别感官所反馈的错误信息，通过这些思考，物质超脱了仅仅是感官信息反馈的结果，进而成为知识的对象。

公元前 6 世纪，波斯人对小亚细亚的征服，迫使流离失所的民众涌入西西里与意大利南部避难，毕达哥拉斯学派正是在那时于克罗托内 [3] 和塔兰托 [4] 应运而生。该学派透过数字洞悉事物本质，以此奠定了日后科学计算以及准确测量的实用潜力。里拉拨弦琴的弦长与其音色和声之间的关系如此紧密，犹如琴弦将数字融入音符，进而直接演奏到了现实之中，以几何数式形式所展现的神秘主义因而得到了升华。这一切无不深深地在西方文化

---

[1]　阿那克西米尼（希腊语：Ἀναξιμήνης；西班牙语：Anaxímenes；英语：Anaximenes，约前 570 年—前 526 年）。

[2]　赫拉克利特（希腊语：Ἡράκλειτος；西班牙语：Heráclito；英语：Heraclitus，前 540 年—前 480 年）。

[3]　克罗托内（意大利语：Crotona；西班牙语：Crotone），位于意大利南部卡尔布里亚大区。

[4]　塔兰托（意大利语：Taranto；西班牙语：Tarento），现意大利南部塔兰托省首府。

及由其发展出来的科学之上铭刻了难以磨灭的印记，而能够相提并论的另一个决定性印记恐怕也只有犹太人提出的、使人类产生秩序的上帝创世说了。最具讽刺意义的无疑是，该学派奉为圭臬的毕达哥拉斯定理却揭示了无理数在这个世界上同样起着重要作用[1]。

埃利亚的巴门尼德[2]认为真实变动不居，世间一切变化都是幻象。他怀疑感官的局限性，也因此，人不可能凭借感官来认清真实。他假定了实质存在的不变性、不动性、永恒性与其基础单位，并且否定了在感官虚幻外表所隐蔽下的虚空与运动。巴门尼德的立场对哲学产生了深远影响，进而启发并推动了科学在复杂与变化之世界中，对永恒元素的寻找。

然而，巴门尼德的假设并未能阻止人们针对物质的思索，反而延展了人们对物质的反思及对世间万物多样性的认识。自此，对物质的认识上升到了一个全新的高度。譬如在公元前5世纪，由阿格里真托的恩培多克勒[3]系统化的四元素学说中，一切都是由火、土、气、水组成的，再由"爱"与"恨"浓度不同而或合或离，

---

[1] 即勾股定理：三角形中两边长的平方和等于第三边边长的平方。当时毕达哥拉斯学派信奉"数即万物"，并认为宇宙间各种关系都可以用整数或整数之比来表达，而无理数的出现引发了第一次数学危机。

[2] 埃利亚的巴门尼德（希腊语：Παρμενίδης ὁ Ἐλεάτης；西班牙语：Parménides de Elea；英语：Parmenides of Elea，前530年—前515年）。

[3] 阿格里真托的恩培多克勒（希腊语：Ἐμπεδοκλῆς；西班牙语：Empédocles de Agrigento；英语：Empedocles of Acragas，前490年—前430年）。

并且以此来完成元素之间的基本交互。阿那克萨哥拉[1]则进一步认识到物质的基本多样性，并提出存在无数的元素或现实的"种子"，而且这一切本质上不可简化。

▶ ▷ 哲学原子论：单一与多元的和谐

公元前 5 世纪，原子论的雏形诞生于一次次调和永恒与变动、单一与多元的尝试之中。米利都的留基伯[2]与阿布德拉的德谟克利特[3]认为物质并不是连续的，而是由形状各异、大小不一且不可分割的原子构成。这些不可构造且永恒不变的原子可以在真空中移动、相互碰离，也可以与一个或多个其他原子相勾连形成聚合体。原子代表了物质的对立与统一，而不同形状、排列与位置的聚合体产生了世界上的各种宏观物质，进而表现出可观物质世界的复杂与变化。

柏拉图[4]在其人生尾端写下了最具宇宙性与科学性的《蒂迈欧篇》[5]，在该对话录中，他把毕达哥拉斯的数学化、德谟克利特

---

[1] 阿那克萨哥拉（希腊语：Αναξαγόρας；西班牙语：Anaxágoras；英语：Anaxagoras，前 500 年—前 428 年）。
[2] 米利都的留基伯（希腊语：Λεύκιππος ὁ Μιλήσιος；西班牙语：Leucipo de Mileto；英语：Leucippus of Miletus，约前 500—前 440 年），德谟克利特之师。
[3] 阿布德拉的德谟克利特（希腊语：Δημόκριτος ὁ Ἀβδήρα；西班牙语：Demócrito de Abdera；英语：Democritus of Abdera，前 460 年—前 370 年）。
[4] 柏拉图（希腊语：Πλάτων；西班牙语：Platón；英语：Plato，前 429 年—前 347 年）。
[5] 《蒂迈欧篇》（希腊语：Τίμαιος；西班牙语：*Timeo*；英语：*Timaeus*）。

的原子论以及四元素论相互汇集，并将正多面体的形状对应于每一个元素。为了调适所有的五个正多面体，他把剩下多余的一个形式归结为宇宙集合。之后，亚里士多德引入"以太"（第五元素），称其充满宇宙空间。物质的多面体数学化曾与球面数学化或圆形天幕相互补充，长久影响了后世宇宙学，直到开普勒的天文观测成果公示，才迫使人们接受了行星椭圆形轨道的几何学模型。

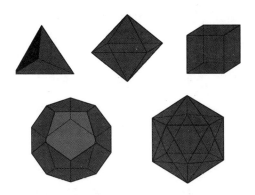

图1-1 柏拉图将四元素原子（火、土、气、水）与正多面体（正四面体、正六面体、正八面体与正二十面体）——相互对应，并将剩下的正十二面体与第五元素相关联[1]

而后，德谟克利特的原子学传承给了伊壁鸠鲁[2]与柳克里修

[1] 火的热与正四面体的尖锐都令人感到刺痛，所以二者相互对应；土与其他元素相迥异，能够如正立方体一样相互堆叠；气与正八面体一样能够相互结合得十分顺滑，所以产生联系不足为奇；而由于水具有流动性，那么则应如同正二十面体一般更趋近于圆形。正是基于以上理由，四元素与正多面体相互对应。
[2] 伊壁鸠鲁（希腊语：Ἐπίκουρος；西班牙语：Epicuro；英语：Epicurus，前341年—前270年）。

斯 [1]——柳克里修斯在他的伟大哲理长诗《物性论》[2] 中呈现了清晰且影响深远的原子论。那时的作者试图通过物理假说得出根本且合乎道德的结论，于他们而言原子论几乎是一种无须任何灵魂选择的哲学根本。在伊壁鸠鲁或柳克里修斯的唯物主义著作中，原子论被用来安抚人们，以使他们达到不受干扰的宁静状态。因为这一观念根本不认同在死亡之后灵魂的存在，也就更不可能有任何灵魂在任何残忍的神灵手中遭受折磨。

既然不应担心本是一种解脱的死亡，且在死亡之后也不存在惩罚与折磨，那么自然也不会有哈得斯（Hades）[3] 冥府中为悲伤的影翳所萦绕的徘徊。智慧旋即摆脱了某种以来世为焦点的形式上的虔诚，转变为一种安详且宁静的生活享受。如此这般，尽管原子论并未否定神的存在，但还是很快便与无神论相关联。实际上，伊壁鸠鲁与柳克里修斯都相信不朽神祇的存在，在他们看来，神由微妙的事物组成，但对世事或我们都毫无兴趣。

事实上，原子论在经历了种种社会与宗教问题的考验后，衍生出了客观认识真实的能力。有些学者认为，天主教廷与伽利

---

[1] 柳克里修斯（拉丁语：Titus Lucretius Carus；西班牙语：Tito Lucrecio Caro，约前 99 年—约前 55 年）。亦译为"卢克莱修"。

[2] 《物性论》：*De rerum natura*。

[3] 哈得斯（Hades）："哈得斯（希腊语：Ἅδης；西班牙语：Hades），希腊神话中的死神。语源上 Ἀιδης（Haidēs）意为"不可视者"。亦译为"哈帝斯"。

略[1]的纠纷从根本上可能并非出于他对哥白尼[2]日心说中太阳系模型的信念，而是他对原子论的坚定捍卫。在捍卫物质不变性的过程中，圣餐体变[3]中的事实供献就可能遭到严重质疑。对于宗教而言，教条远比宇宙的结构更为重要。所以，尽管教会的反制强有力，却将公众的注意力分散，并引向伽利略著作的另一方面。在文艺复兴时期与巴洛克时期，被抛弃了几个世纪的原子论假说重获新生。伽利略的一个门徒伽桑狄[4]接受了柏拉图关于原子论的思想，这强烈地影响了批评形而上学假说的自由思想学派知识分子，那时，他们先锋性地倡导以伊壁鸠鲁学派的理念为生活的智慧[5]。

由于四元素论足够灵活，可令人深思多样物质背后的种种现象能否归根于微粒，所以它常以接受度更高的非原子论形式广泛存在，在数百年间启发了无数的物理与化学工作。气与火倾向于上升，水与土倾向于下落，这些倾向为亚里士多德[6]物理学中事

---

[1] 伽利略（意大利语：Galileo Galilei，1564.2.15—1642.1.8）。

[2] 哥白尼（波兰语：Mikołaj Kopernik；拉丁语：Nicolaus Copernicus；西班牙语：Nicolás Copérnico，1473.2.19—1543.5.24）。

[3] 宗教中，当司铎呼求神降临所献的祭品之上，并用祈祷经文祝福之后，虽然我们的眼睛看到的依旧是祭台上的饼与酒，但其本质以感官之眼不可见的方式，转变为在饼与酒的"形"之下的真实圣体与真实圣血。而如若物质不变，则将同宗教基础相违背，进而进一步威胁宗教教会根基。

[4] 伽桑狄（法语：Pierre Gassendi，1592.1.22—1655.8.24）。

[5] 即幸福主义，反对迷信、否认神的干预，力图达到"毫无纷扰"（ταραξία）的境界。

[6] 亚里士多德（希腊语：Αριστοτέλης；西班牙语：Aristóteles；英语：Aristotle，前384年—前322.3.7）。

物的自然运动提供了理由。而四元素论的特性与客观世界的经验以及四季轮转并行不悖，也因此获得了持久不衰的审美吸引力。

▶▷　炼金术

几个世纪以来，对物质的理解不仅限于简单的模式。炼金术士们系统严苛地勘察，实证了拓展四元素体系的必要性，这使得他们增加了水银、硫黄与盐这三种全新元素。把普通物质"炼化"为黄金，这种痴迷是大众对于富有传奇色彩的炼金术士最为广泛且熟识的印象。这一想法其实并不荒谬。因为对于炼金术士而言，各式不同的金属并非纯净物，而是由不同基础元素相混合而成。因此，为了"炼"出黄金，他们必须找寻出它特殊的元素调配比例。历经无数艰难而大胆的实验，术士们也并非一无所获。例如将钙、水银与黄铜的混合物放置在坩埚中煅烧，便可以为陶瓷镀上多彩的金属釉，某些时候，这釉彩的光泽极像黄金。但如若想打碎搪瓷提取"黄金"，却终将一无所得。直到运用纳米技术分析后，人们才真正理解到，那类似黄金的光泽实际上源于铜的纳米颗粒反射，但由于受到量子阱的影响，二者的光泽实难区分。

正如古代哲学中的原子论，人们对物质的探索也同样与道德相关联，但被赋予了更为纯粹的意图与对生活更直观的追求。换言之，在将物质转化为黄金之前，首先要提升自身的觉悟、完善自我，并洁净自己的灵魂。这样，就使得个体对自身的认知与对客观物质内在联系的探索相互交织（灵魂、精神和肉体与水银、硫黄和盐一一对应）。同样地，与天体星辰、苍穹运转乃至个人喜好也都建立起了广泛联系。这极大推动了占星学与巫术的发展。炼金术有着如此大的吸引力，诱使无数知名科学家竞相对其展开深入研究，玻意耳和艾萨克·牛顿也概莫能外。也正是得益于炼金术的启发，更具体来说，是物质熔断所需温度的启迪，使得牛顿在那个没有任何准确测量温度手段的时代就揭示了冷却定律。顺便一提，牛顿的图书馆中藏有大量包含拉蒙·柳利[1]的炼金术作品，以及在当时看来观点激进而又特立独行的宗教类图书，且数量远超物理与数学著作。不过对于那时代而言，牛顿在物理学与数学领域的造诣也的确无出其右。

17世纪与18世纪虽是原子论蓬勃繁盛的年代，但是科学的发展也渐露端倪。贝歇尔[2]与斯塔尔[3]提出物质燃烧会释放燃素的观点，以解释燃烧与发酵的燃素说理论，而其本质亦不过是四元素说的复杂衍生。这一理论的结果虽然本质错误，却风靡欧洲，直至18世纪末拉瓦锡[4]将之推翻。

---

[1]　拉蒙·柳利（加泰罗尼亚语：Ramon Llull；拉丁语：Raymundus Lullus；法语：Raymond Lulle，约1232年—1316年）。
[2]　贝歇尔（德语：Johann Joachim Becher，1635.5.6—1682.10）。
[3]　斯塔尔（德语：Georg Ernst Stahl，1659.10.22—1734.5.24）。
[4]　拉瓦锡（法语：Antoine-Laurent de Lavoisier，1743.8.26—1794.5.8）。

▶ ▷　科学原子理论：可见世界背后的微观世界

　　哲学原子论与科学原子理论二者的根本目标全然不同。前者仅仅是满足于调和永恒与变动的想象，而科学原子理论则更注重细节——用微观粒子来解释一切可见而又可感触的世界，掌握其规律并使之与宏观世界建立起密切的联系，再根据观察，区分这浩瀚无垠的可见大千世界，并检定为少数几个基础粒子。从古代最初的哲学目的过渡到科学原子理论，着实经历了一段漫长的旅程。

　　在科学原子理论的发展过程中，进步与挫折并存。17 世纪牛津大学的玻意耳看破了原子运动的简单规律，从而成为人类历史上第一个"定律"[1] 的发现者。然而几个世纪以来，除了物理方面的论证以外，有关化学上的论断则更为积极地推动了科学原子理论的发展。18 世纪末足有 50 种元素的元素列表[2] 代表着拉瓦锡的化学革命在物质排序方面的显著进步，他 1789 年的著作《化学基本论述》[3] 可被视作现代化学的起点。在这本书中，他融

---

[1]　即玻意耳 – 马略特定律（英语：Boyle's law，也称 Boyle–Mariotte law 或 Mariotte's law），玻意耳与马略特这两人是分别独自确立定律的，因此在英语国家，这一定律被称为玻意耳定律，而在欧洲大陆则被称为马略特定律。表达为：一定质量的气体在温度不变时其体积与压强成反比。

[2]　勘误：1789 年拉瓦锡发表的第一个化学元素列表只包含 33 个元素，且其中包含了"光"与"热"。1864 年的元素周期表也只包括了 49 个当时已知的元素。

[3]　《化学基本论述》: Traité Élémentaire de Chimie。

合创新，建立了关于氧化的全新理论框架，其中除了有关新发现的元素以外，还包括解释燃烧与呼吸、推定氧气与热量等新学说。在他的理论中，燃烧并非燃素的释放，而是由氧气与物质发生反应、浓缩能量进而放热的过程。但其理论中还存在许多如有关气体的验证实验，由于其所处时代实验器材的限制与缺失难以考虑周全。

随着化学的发展，更多新元素逐渐被发现。约翰·道尔顿[1]第一册《化学哲学新体系》[2]于1808年问世，该书以全新的视野阐述了每种化学元素。道尔顿在书中对原子理论思想作了进一步阐发，并重申了相对原子质量的概念。阿伏伽德罗[3]与盖伊－吕萨克[4]深化了气体由原子构成的假说，并致力于使用定量数据为其提供支持。这一假说可以表述为："在相同的物理条件下，相同体积的气体，含有相同数目的分子数。"即摩尔数（mol）的概念。自此，原子理论成为陈述有关不同物质实体定量实验观察的简译，它可以涉及化学反应，可以被用来陈述普鲁斯特[5]的定组成定律[6]，也可以描述道尔顿多重物质的整比结合[7]。然而并不是所有的想法都

---

[1]　约翰·道尔顿（英语：John Dalton，1766.9.6—1844.7.27）。
[2]　《化学哲学新体系》：*New System of Chemical Philosophy*。
[3]　阿伏伽德罗（意大利语：Amedeo Avogadro，1776.8.9—1856.7.9）。
[4]　盖伊－吕萨克（法语：Joseph Louis Gay-Lussac，1778.12.6—1850.5.10）。
[5]　普鲁斯特（法语：Joseph Louis Proust，1754.9.26—1826.7.5）。
[6]　即定比定律。表述为：每一种化合物，不论是天然存在的，还是人工合成的，也不论它是用什么方法制备的，其组成元素的质量比一定。
[7]　表述为：不同的元素化合时，这些元素的原子按简单整数比结合成化合物。

能被接受，例如，贝特洛 [1] 就曾幻想相较于难以测量的原子，真理的注脚反而更容易隐藏在宏观概念中可数的化学当量里 [2]。

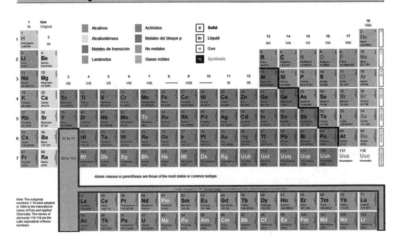

图 1-2　化学元素周期表最初由门捷列夫提出，在其原始表中成功预测了日后才被发现元素的质量与化学特征

直到 1869 年，化学元素的排列才逐渐令人满意。其中，门捷列夫 [3] 基于原子量的元素周期表，指出某些化学与物理性质和原子质量之间的周期相关性，并且，根据表上对应分类所留下的空白，成功预测了镓、钪、锗、锝等那时尚未被观测到的新元素。自此，

[1]　贝特洛（法语：Pieltte Engene Marcellin Berthelot，1827.10.25—1907.3.18）。
[2]　贝特洛致力于分析化学，并提出了分配定律与分配系数等概念，但拒绝接受当时已成为共识的原子理论。
[3]　门捷列夫（俄语：Дмитрий Иванович Менделеев；西班牙语：Dmitri Mendeléyev，1834.2.8—1907.2.2）。

随着原子理论对新元素及其性质预测能力的证实，原子理论获得了为现实提供理论前瞻支持的能力。

► ▷ 物理原子理论，分子动理论与实证主义学家的坚守对阵原子存在的认同

18 世纪，欧拉 [1] 与博斯科维奇 [2] 关于气体结构的研究，孕育并诞生了物理原子理论。二位作者提出了两种截然不同的原子理念：其一，作为小的硬质球体；其二，作为非物质力量中心的数学点。从这些模型中，他们试图解释有关气体的各种观察结果，如比热容与理想气体定律等。但直到麦克斯韦 [3] 与波尔茨曼 [4] 的动力学理论出现，原子理论学说才最终孕育成熟。直至 19 世纪 70 年代考虑到原子之间的碰撞后，才最终可以根据原子半径以及气体的温度与密度来预测热导率、电导率、黏度以及质量扩散率。

然而原子理论遭到了如马赫 [5] 与奥斯特瓦尔德 [6] 等诸多哲学家与实证主义科学家的抵制，他们断定能量是唯一真实的实在，并

---

[1] 欧拉（德语：Leonhard Euler，1707.4.15—1783.9.18）。

[2] 博斯科维奇（克罗地亚语：Ruđer Josip Bošković；意大利语：Ruggero Giuseppe Boscovich，1711.5.18—1787.2.13）。

[3] 麦克斯韦（英语：James Clerk Maxwell，1831.6.13—1879.11.5）。

[4] 波尔茨曼（德语：Ludwig Eduard Boltzmann，1844.2.20—1906.9.5）。

[5] 马赫（德语：Ernst Mach，1838.2.18—1916.2.19）。

[6] 奥斯特瓦尔德（德语：Friedrich Wilhelm Ostwald；拉脱维亚语：Vilhelms Ostvalds，1853.9.2—1932.4.4）。

以此衍生出了一系列解释物质的模型。然而，事实上，在那时原子虽已被认为很有可能是现实世界的不变基石，但可惜的是那时尚未能对之进行直接观测，而另外，相较于无法被直接观测的原子，可测的能量于 1850 年被提议作为一个物理守恒量。尽管现在令人惊讶，但实证主义者想要放弃原子并不奇怪——一方面原子不可观测；另一方面对于有着漫长实证主义背景的物理学来说，原子的存在毫无意义。就这样，早先被宗教教条主义拒绝的原子论（由于驳斥其拒绝所谓的灵魂说），现在再次被哲学教条主义拒绝（由于驳斥其所假定的原子不可被观测）。

在这种背景下，相比其他原子说的批评者，作为能量说主要倡导者之一的开尔文勋爵 [1]，却表现得更为灵活。他曾试图调和长久延续的背景观念与新鲜原子理论所展现的理念间的差异，并最终提出原子涡理论。在该理论中，原子是以太中有着各自独特拓扑学结构特征的旋涡，并且这种旋涡赋予了不同元素以独特性质。

另一个推迟原子普遍接受的因素是原子物理学中数学的意义。其前期数学成就强调现实物理中的不连贯性，而恰巧这一系列数学结论与建立替代超距作用 [2] 的"场"的明确概念相吻合。

---

[1]　开尔文勋爵（英语：William Thomson "Lord Kelvin"，1824.6.26—1907.12.17）。
[2]　超距作用，是指分别处于空间内两个不毗连区域中的两个物体彼此之间的非局域相互作用。

场，描述了在空间点上单位载荷的作用力，并提出了一个连续的、能够传递相互间作用力的现实结构，且这一结构与牛顿提出的超距作用不同。场的想法最初由法拉第[1]于磁学研究中提出，而后启迪了麦克斯韦电磁学研究的成果——将电场与磁场相结合，预测了电磁波——其中的光便是电磁波的一个特例。电磁波的主体并不是离散物质性的电荷或磁性粒子，而是连续的非物质电场和磁场。

电磁场提供了一个由非原子构成的连续环境，使得当时的物理学界不得不假设一种名为"以太"的物质用于填充空隙，并辅助空间中的波进行传播。19世纪末赫兹[2]对电磁波发生的实验研究以及20世纪初马可尼[3]对无线电报的应用，使他们成为那个时代科技研发的佼佼者，而当代很多技术，如广播、电视、通信卫星与手机等，也都是基于电磁波的研究产生的。

爱因斯坦[4]于1905年通过布朗运动测量液体中原子的大小，这是令人们接受原子理论的重要一步。佩兰[5]在其1913年出版的著作《原子》中积累了一些基于布朗运动、气体密度的垂直分布、黏度值与气体的热导率以及液体的摩尔体积等测量阿伏伽德罗常

[1]　法拉第（英语：Michael Faraday，1791.9.22—1867.8.25）。
[2]　赫兹（德语：Heinrich Hertz，1857.2.22—1894.1.1）。
[3]　马可尼（意大利语：Guglielmo Marconi，1874.4.25—1937.7.20）。
[4]　爱因斯坦（德语：Albert Einstein，1879.3.14—1955.4.18）。
[5]　佩兰（法语：Jean Baptiste Perrin，1870.9.30—1942.4.17）。

数的过程，也就是测量一摩尔物质中原子数的过程。而所有这些过程得出的数值都非常相近，这一切便都证实了原子理论解释的合理性与真实性。

▶▷　从电子的发现到原子的结构

具有讽刺意味的是，1896 年贝克勒耳发现放射性，1897 年汤姆孙发现电子，这两场实验里程碑式地宣告了原子不可分割性的流产。"原子"（希腊语：ἄτομον；西班牙语：átomos；英语：atomos）这一名词最初意为"不可分割"。正如其名所示，原子理应不可分割且必须稳定，然而，这些实验却皆表明了原子的存在与其作为物质连续性和永恒性的哲学启发点相左。

剑桥大学的汤姆孙在对阴极射线的研究中发现了电子，并将其解释为原子的组成部分。电子这种离散次原子微粒的引入促进了关于电传导以及对其在微观世界中的研究。此外，巴黎贝克勒耳发现的放射性以及居里夫妇对放射性元素的研究都表明了原子的不稳定性。特别是发现了一些原子（实际上是一些原子核，但那时还并不存在这一理念）会散发辐射。详细研究发现，辐射有三种类型：阿尔法射线——α 粒子即氦 -4 核（两个质子与两个中子）带有两个单位正电荷；贝塔射线——β 粒子由高能电子组成；以及比可见光频率高得多的伽玛电磁辐射。可以肯定的是，这些粒子或辐射带有很大的能量，这使得我们不禁想要问询原子内部如此之多的能量究竟是如何累积起来的，而正是这些问题，使得原子物理踏入了对原子结构探索的崭新阶段。

2. 狭义相对论与量子物理：
物质既是能量也是波

20 世纪初，虽然在历经沧桑的原子论哲学中，原子作为构成物质且不可分割的哲学思想难以延续，但它所包含的物理性质却使其在科学上大放异彩。现在，人们开启了深入探究原子结构的征程，就此，我们必须突破经典物理学的框架束缚，使用狭义相对论与量子物理学全新的视角与方法，来审视微观世界。这些理论给我们指明了物质的新方向——相对论：物质即能量；量子物理学：物质亦是波；狭义相对论与量子物理学相结合：物质与反物质间的对称以及自旋与统计间的联系。

截至 19 世纪末，古典物理学所获得的成功是如此巨大，以至于许多科学家都认为理论物理学已然走到了尽头。虽然在应用上依旧有这样或那样切实的问题，但人们都乐观地认为业已实现了完整现实物理的基础理论。然而这种幻想在 1900—1905 年的短短 5 年间，即被狭义相对论与量子物理学的到来打破。那么，在我们跨入微观世界之前，我们不妨先回顾一下经典物理学所获得的成就。

▶▷ 经典物理学

伽利略 1638 年的著作《论两种新科学及其数学演化》[1] 揭示了动力学与连续介质力学的开端，该书主要研究重力作用下的抛物运动及荷载作用下发生的构件形变。牛顿 1687 年的著作《自然哲学的数学原理》[2] 成功建立起力与加速度之间的关系，进而能够对运动进行更为深入的描述，一举奠定了光辉而不可磨灭的基石。通过给予万有引力详尽的描述，并将之与运动定律相结合，牛顿成功揭示了行星及其卫星的运动规律。苍穹之门在人类的理性面前第一次洞开。力学，抑或研究力与运动或形变关系的学科，演化成为精确、实用且优雅的科学典范。伴随着 1788 年拉普拉斯的著作《天体力学》[3] 的出版，以及 1833 年汉密尔顿 [4] 基于固体力学与黏性流体的研究，所提出的分析力学哈密顿典型方程，人们对各种物质之间相互作用的了解逐渐加深。牛顿针对天体或地面上的很多预言，最终都在 18—19 世纪被科学实验逐一验证。

经典物理学的另一个重要领域即是光学。尽管伽利略是望远

---

[1] 《论两种新科学及其数学演化》: *Discorsi e dimostrazioni matematiche, intorno à due nuove scienze*。

[2] 《自然哲学的数学原理》: *Philosophiæ Naturalis Principia Mathematica*。

[3] 《天体力学》: *Traité de mécanique céleste*。
　　拉普拉斯（法语: Pierre-Simon Laplace，1749.3.23—1827.3.5）。

[4] 汉密尔顿（爱尔兰语: William Rowan Hamilton，1805.8.4—1865.9.2）。

镜最早的使用者之一，且人们对光学的研究远在力学之前，但真正对光学进行严谨学术论述的却要等到笛卡儿 [1] 对彩虹的解析之后了。1704 年，牛顿的著作《光学》[2] 的扩编出版标志着牛顿超越了所有前人的认知，他更为深入地探究了诸多物理现象，发明了牛顿反射望远镜，并提出了光是粒子且沿直线传播的理论。到 1800 年，荷兰人惠更斯 [3] 犹如当时的牛顿一般对光的干涉与衍射现象进行实验，并表明光具有波的性质。

在 19 世纪逐渐兴起两个物理学领域，分别是热学与电学。18 世纪蒸汽机的发明刺激了热力学的诞生，人们研究热量与温度对材料的影响，热量与功或其他形式能量的转换，以及热量在物质之间的传导。相比于可逆的力学，热力学现象表现出了明显的不可逆性——热量自发地从热物质转移到冷物质，但是绝不可能从冷自发去热。卡诺[4]、焦耳[5]、克劳修斯[6] 与开尔文勋爵的贡献为后续物理热学奠定了坚实的基础，而后的吉布斯 [7] 又将之引入化学，并尝试解释生物物理学与地球物理学中的问题。

---

[1] 笛卡儿（法语：René Descartes，1596.3.31—1650.2.11）。
[2] 《光学》：*Opticks: or, a treatise of the reflexions, refractions, inflexions and colours of light. Also two treatises of the species and magnitude of curvilinear figures*。
[3] 惠更斯（荷兰语：Christiaan Huygens，1629.4.14—1695.7.8）。
[4] 卡诺（法语：Nicolas Léonard Sadi Carnot，1796.6.1—1832.8.24）。
[5] 焦耳（英语：James Prescott Joule，1818.12.24—1889.10.11）。
[6] 克劳修斯（德语：Rudolf Julius Emanuel Clausius，1822.1.2—1888.8.24）。
[7] 吉布斯（英语：Josiah Willard Gibbs，1839.2.11—1903.4.28）。

库仑[1]定量地研究了静电力；伏打[2]发明了电池；厄斯泰兹[3]与安培[4]发现了电流的磁效应；法拉第发现了电磁感应原理。这些发现逐渐揭示了电与磁之间的很多相互作用，而积淀下来的最终结果就是麦克斯韦统一了电磁间的相互作用，并导出了电磁波方程。这些媲美牛顿的万有引力定律的方程预测到电磁波以光的速度行进，因此，光波必须是（并被证实是）电磁波。自此，光学演变为电磁学中丰富且迷人的一个章节。

最后，分子运动论与波尔茨曼的统计力学允许人们从微观视角研究热学、力学、磁学与光学的特性，并借此探究各个方面间的联系，以了解光（或称电磁辐射）的特性。

实难摆脱这强有力，且如此全面解释现实的理论体系所带来的知识魅力。不仅如此，这些理论为工业与社会作出的贡献也是巨大的：蒸汽机、冰箱、发电厂、电力灯、电机、引擎、透镜、望远镜、显微镜、电波、电报、电话等，都是其应用所带来的结果。试问谁不会为经典物理学所取得的成就感到骄傲？

---

[1] 库仑（法语：Charles Augustin de Coulomb，1736—1806）。
[2] 伏打（意大利语：Alessandro Giuseppe Antonio Anastasio Volta，1745.2.18—1827.3.5）。
[3] 厄斯泰兹（丹麦语：Hans Christian Ørsted，1777.8.14.—1851.3.9）。
[4] 安培（法语：André-Marie Ampère，1775.1.20—1836.6.10）。

▶▷ 狭义相对论与质能转换

　　然而，辐射的热效应（如恒星或白炽灯的灯丝颜色取决于温度），以及电磁方程的有效性（对于移动观测者而言），这两项有关电磁辐射的研究却宣告了前述经典物理学盛况的终结。其一，催生了量子物理学，其二，则是狭义相对论。

　　我们先来看看狭义相对论的贡献。它的基础公设是光速不变原理。即无论在何种惯性参照系中观察，光在真空中的传播速度相对于该观测者都是一个常数，不随光源或恒星与观测者所在参考系的相对运动而改变（$c = 299,792,458$ 米 / 秒）。当然，根据我们以往对运动的研究经验可以想象，当我们接近恒星时的速度，理应是 c 加上我们与恒星的相对速度；而当我们远离时，速度则应是 c 减去我们之于恒星的相对速度。例如，我们与一辆在公路上行驶的汽车相较的速度，就适用于这一经验。在爱因斯坦之前，洛伦茨与菲茨杰拉德曾认为光在以太中移动，这种移动会缩短空间并延长时间，最终导致光速不变。此外，普安卡雷[1] 还研究了应如何转换时间与空间，以便电磁方程不随观测者的速度变化而变化，进而为光在真空中的传播速度恒定提供了坚实基础。

---

[1]　普安卡雷（法语：Jules Henri Poincaré，1854.4.29—1912.7.17）。亦译为"庞加莱"。

1905 年，爱因斯坦基于这样的观点亦得出同样的结论——光在真空中的速度是一个常数，并且着手思考如何通过光来测量时间与空间。在洛伦茨与菲茨杰拉德关于空间与时间变化的研究结果基础上，去除了以太的介入，最终得出空间与时间取决于观测者速度而非绝对的结论。由于观测者的速度会影响原本以为是绝对均一稳定的时间与空间，所以即便当观测者相对以光速移动时，光速依旧不变。

此外，爱因斯坦还限定，无论是光学、电磁学，还是力学定律，对所有观测者而言都应成立。这使我们不仅需要更改空间与时间的概念，更要改变我们对质量的认知。确切地说，质量会随着速度的增长而变大，并在接近光速的过程中趋近于无穷大（如此，有质量的物质便不可能以光速行进，这就意味着光速无法超越）。从这些学说中也就推导出了有关能量 E 与质量 m 之间最著名的质能转换公式：$E = mc^2$。

这一表达式对于物质后续概念的扩充是非常重要的：质量可以转化为辐射能（能量），而能量也能转化为物质。后续我们会在物质与反物质的碰撞中再详尽讨论这一点。爱因斯坦在他的相关文章中曾高屋建瓴地提出，微小质量可以转化为能量的现象，或许可以解释放射性原子核所能迸发出的巨大能量。尽管爱因斯坦的直觉是正确的，但是直到将近 30 年后，当核反应内部质量损失的现象被发现时，人们才更加清晰地了解其深层含义。20 世纪 50

年代，粒子加速器中粒子质量与其速度的相对性变化最终证实了以上猜想与推论。

▶ ▷ 量子力学：物质的波粒二象性

量子物理学也为我们带来了有关物质的新视角：波粒二象性的互补原理与不确定性原理。其与狭义相对论相结合后，便提供了自旋与统计之间的关系，以及物质与反物质之间的对称性。我们将逐一讲解这四个概念，并适当地概述量子物理学。感兴趣的读者可以参考我的另一本著作《量子世界导论》（*Introducción al mundo cuántico*）。

量子物理始于 1900 年，起初用以解释不同温度下各个波长间电磁辐射的能量分布。为此，马克斯·普朗克[1] 在柏林提出了一个假设——即能量不是以任意数值进行交换，而是以他称为量子（因此也就是量子物理的名称）的倍数进行交换。对于频率为 f 的辐射，量子能量即有 $E = hf$，其中 h 是在物理学中起到重要作用的普朗克常数。

1905 年，在思考辐射与物质间的相互作用时，爱因斯坦想到了一种超越持续性辐射与离散物质的元素，后来将之应用于光

---

[1]　马克斯·普朗克（德语：Max Karl Ernst Ludwig Planck，1858.4.23—1947.10.4）。

电效应时，他提出电磁辐射是由某种具有粒子性质的元素构成的。爱因斯坦称之为光子，且其所蕴含的能量与辐射频率成比例，1915 年得出的实验结果证明了他的预测。

但如果光具有显著的波动特征，那么，光又如何可以是微粒呢？最初，爱因斯坦推测描述电磁波的麦克斯韦方程将是更进一步探究离散现实的钥匙，就同流体力学方程加之于原子一样。然而事实证明，情况要复杂得多。

量子物理学的初次应用是 1907 年，爱因斯坦提出关于固体比热的理论：在足够低的温度下，一切固体的比热将随温度下降而显著下降。这与经典物理学的预测相违，在经典物理学中比热理应保持不变。他的想法是，将电磁振动的量子化扩充至围绕均衡位置震动的分子晶体上。实际理论结果令人惊喜。晶体的分子震动量子化很快就被各地研究人员应用于测定分子内部原子的自旋与震动、解释气体分子比热异常与分子吸收与发射辐射的相关性等诸多领域。

▶ ▷ 波粒二象性与物质波

1923 年德布罗伊 [1] 于巴黎提出了德布罗伊假说，即，如若波动的光具有粒子特征，那么作为微粒电子亦应表现出波的特征。

---

[1] 德布罗伊（法语：Louis Victor de Broglie，1892.8.15—1987.3.19）。亦译为"德布罗意"。

该假说于 1925 年被戴维孙与革末用实验证实 [1]。他们在实验中发现，将低速电子入射一个镍晶体标靶后，所取的电子衍射图案与德布罗伊假说完全相符，也为其提供了无可辩驳的证据，获得了物理学界的广泛认同。电子的波动性特征是电子显微镜的基础，由于它的分辨率远高于光学显微镜，也为日后的细胞生物学提供了全新的视野。

自此，经典物理学中对持续辐射与离散物质之间绝对的分割，不得不为神秘的波粒二象性让步。量子力学也彻底改变了我们对现实事物的看法。波与粒的对立不再不可调和，反而紧密团结为同一个似乎难以理解的集体。起初，量子力学披着实证主义的外衣，仅局限于描述所观测到的表象上，并未太过深入地探讨本真。博尔 [2] 在 1926 年提出的互补原理中阐述，很多现象并非表现出单纯的波性或粒性，而应结合实验现象，同时思考其波动性与粒子性。单独一种概念无法用来完备地描述整体的量子现象，为此，必须分别将描述波动性与粒子性的概念都囊括在内，即，微观物体的波动性与粒子性互补。

双缝实验作为一种典型的演示实验，可以区分微观物体波动

[1]　勘误：德布罗伊假说首次问世于德布罗伊 1924 年的博士学位论文。1925 年在贝尔实验室的戴维孙与革末实验时事故引发的多晶镍灯泡异常吸引了二者的注意。1926 年进行了戴维孙－革末实验，并于次年发表。二者也因此荣膺 1937 年诺贝尔物理学奖。故此处应为 1927 年证实。

[2]　博尔（丹麦语：Niels Henrik David Bohr, 1885.10.7—1962.11.18）。亦译为"玻尔"。

性与粒子性。将每一个单独微观物体或相干光源，都离散地抛射或照射向有两条狭缝的不透明板，粒子与光束通过狭缝会抵达探测屏。根据被观测到的强度不同，在探测屏的任意位置，可以观察到明暗相间的干涉条纹，且该条纹间距离与波长相关。针对电子的双缝实验证实了德布罗伊的假说，即有波长 λ、普朗克常数 h、动量 p、质量 m 之间的关系式：$\lambda=h/p=h/mv$。

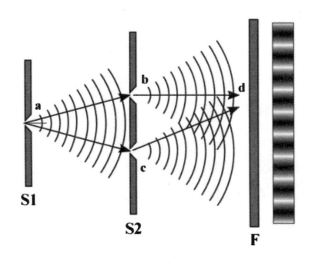

图 2-1 双缝实验可以演示物理系统表现为波动性还是粒子性。如图所示，在表现波动性的情况下，探测屏（右侧平面）展现为一系列明亮条纹与暗淡条纹相间的图样。在表现粒子性的情况下，将仅在狭缝后表现出两个峰值

起初由于双缝实验并非以一个个抛射电子的形式进行，人们曾以为这种衍射分布可能是电子之间集体作用的结果。为了排除该可能性，在后续实验中，电子被如前文所述一个个地分开抛射，并对每个电子在接收屏上逐点进行观测。开始，这些点似乎

是随机分布的，但随着实验的推进，可以观察到，电子在接收屏上明显累积出有规律的条纹。这是如此令人惊异：缝隙之间的距离远大于每一个电子，它们究竟如何"知晓"两个缝隙的存在呢？电子是一分为二分别穿过一侧缝隙吗？对接收屏上每个特定点的观测结果又是如何累积并与衍射波图像相兼容的呢？这也正如费曼[1]所言："直觉对于粒子、物质、位置与时间的拷问，即是量子物理的核心谜题。"

为了验证物质的波属性，在之后，该双缝实验被不断地用除电子以外的物质重复。1990年的质子、原子核与双原子分子，2002年的富勒烯（含60个碳原子组成的正多面体C_{60}分子），2008年的含氟富勒烯，2013年的含800原子的大分子四苯基卟啉[2]乃至现在正在测试的血红蛋白（万原子级）与病毒。

物质波的研究开辟了新的技术可能。通过控制物质波的升降，已经可以在引力场中测算十量级的重力加速度。这些新技术不但能从理论上影响我们探究引力常数是否随时间变化而变化，寻查第五种力的存在与否，或是校验洛伦兹协变性的泛用范围；而且能在实践中帮助我们侦测地震与火山的爆发，测量精确的地球形状甚至是寻找地下矿脉。

---

[1]　费曼（英语：Richard Phillips Feynman，1918.5.11—1988.2.15）。亦译为"范曼"。

[2]　大分子四苯基卟啉：即卟啉核全氟烷基链的树样分子，分子式为$C_{284}H_{190}F_{320}N_4S_{12}$。

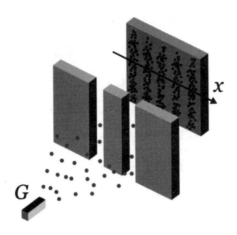

图 2-2　当将粒子投射向双缝时，所展现出来的波动性特征（体现在其投影至屏幕上的干涉条纹分布中）与粒子性特征（体现在其每一个粒子所呈现在屏幕上的点位）

►▷　不确定性原理

不确定性原理于 1926 年由海森伯[1]所提出，是波粒二象性带给量子物理的另一基本原则。根据该原理，在一个量子力学系统中，一个运动粒子的位置与它的动量不可被同时确定，位置的不确定性与动量的不确定性是不可避免的，且它们的乘积不小于普朗克常数 h（$\Delta x \Delta p \geq h$）。而在经典物理力学中，我们必须知晓物体的初始位置与速度才可判断未来运动。所以不确定性原理从根本上颠覆了人们固有的决定论，以至于他的阐述无论是在物理

---

[1]　海森伯（德语：Werner Heisenberg，1901.12.5—1976.2.1）。亦译为"海森堡"。

学还是在大众认知上都留下了难以磨灭的印象。

在日常生活中，由于寻常对象的数量级巨大，以至于它们所产生的误差可以忽略不计，所以这一原理的确立在日常中表现得无关紧要。但是在量子物理学中，海森伯原理表现得举足轻重，因为它不仅导致位置与动量难以确定，而且使得能量与时间、力场的数值与其时间变化速率较真空状态都产生了不确定性。

无论是使用认知论抑或本体论，海森伯原理都可以通过我们对现实的认知及其与本真之间的联系进行解释。其第一种也是最广泛的描述即：基于量子物理与经典物理的不同，尽管所有微粒在每一个时刻都有相应的位置与速度，但是观测会不可避免地搅扰微粒，造成不确定性。而从更深层次现实出发的本体论角度来讲，电子（或者其他微粒）处于既没有固定位置也没有固定速度的量子叠加态，尝试观察位置或速度的行为会使其产生叠加坍塌。

海森伯不确定性意味着我们不能同时准确测量位置与速度，也正因此，基于位置与速度的经典物理理论将不再适用。与之相替，我们借用系统波函数的知识，以评估任何物理量级的可能结果及特定实验中的相对概率。波函数是一个与系统性质相关的数学函数，而非真实的波（尽管具有类似波的性质）。这一量子力学基础方程由薛定谔[1]于1926年提出，是为薛定谔方程所做的必要描述

---

[1] 薛定谔（德语：Erwin Rudolf Josef Alexander Schrödinger，1887.8.12—1961.1.4）。

式。波函数为我们带来了新的惊喜——叠加与纠缠。

►▷ 态的叠加：薛定谔的猫

在量子物理学中，波函数的应用将整个物理系统描述为一种存在可能性的叠加态，而非我们传统印象中的每时每刻皆有一个固定的状态。当我们进行观测时，系统只不过是碰巧表现为我们所观测到的结果。因此，量子论并不能预测一次测量会给出什么具体结果，而是将给出一个结果的集合与该集合中每种结果的概率。某些量子力学体系与外界发生某些作用后，波函数发生突变，变为其中一个本征态或有限个具有相同本征值的本征态的线性组合，这种现象即波函数的坍塌。换句话说，于任意时刻的量子由众多状态相叠加而成。我们可以知道所有叠加态的各自概率，但在观测导致坍塌之前，具体结果是不可预测的。因此，量子物理学只会给出概率，而不是系统处于某种特定状态概率的意义，而系统在被观察坍塌之前处于量子叠加态。

爱因斯坦与薛定谔都拒绝接受量子非决定论作为客观世界的最终描述，爱因斯坦甚至戏谑地说出那句"上帝不玩骰子"的名言加以调侃。他与薛定谔一起提出了著名的思想实验"薛定谔的猫"：将猫与一个爆炸性或剧毒性的杀伤装置相连，而该装置的激活取决于是否探测到衰变粒子。根据量子物理学，原子核处于激发 /

未激发的叠加态。那么对于猫而言也处于死（对应原子激发）/活（对应原子未激发）的两种状态。也就是说，在未被观测的情况下，猫处于又死又活的叠加态。

从一个微观粒子到一只宏观现实的猫，二者之间的界限存有争议，这是由波函数丧失量子相干性的模糊所导致的。如若一个测量仪器亦是一个量子单位，那么宏观的坍塌又如何产生？1995年，阿罗什[1]用两种叠加态的分子进行了一次类似"薛定谔的猫"的实验：利用微波腔实对光子进行囚禁并测定腔体中的场量子化，当光子数量累积到一定数目后，可以监控到介观量子退相干的现象。这也就意味着在宏观状态下的猫不会产生量子叠加态。

▶ ▷ 量子纠缠与量子遥传

根据量子物理学理论，没有独立于观测者之外的客观现实，一切现实属性皆取决于观察。虽然该陈述远超过现有的实验结论，但似乎我们已经可以测算并用精确的术语如此简设。过程中的细节说来话长，这一切都源于爱因斯坦、波多尔斯基[2]与罗森[3]在

---

[1] 阿罗什（法语：Serge Haroche，1944.9.11—　）。

[2] 波多尔斯基（俄语：Борис Яковлевич Подо́льский，英语：Boris Yakovlevich Podolsky，1896.6.29—1966.11.28）。

[3] 罗森（英语：Nathan Rosen，1909.3.22—1995.12.18）。

1935 年对于两个量子纠缠粒子所呈现出关联性物理现象的研究 [1]。该思想实验凸显出定域实在论与量子力学完备性之间的矛盾，该论点 20 世纪 60 年代后期由约翰·贝尔 [2] 作出概略。

贝尔在前人的基础上作出总结并精心设计思想实验，即，将两个以同一原子激发出的光子在空间上进行分离，如若所述实验中的其中一个粒子在进行测量之前已经确定了位置与速度（或极性），那么另一个粒子的位置（速度或极性）属性必应遵守一定的不等式，且该不等式能且只能在该粒子从未被测量前违背。

如若贝尔不等式被违背，那么我们可以推论诸如：光子直到被观测前才极化，且显示被观测的两个光子之间的某些量子效应似乎能够无视距离瞬时传输。然而根据狭义相对论，信息的发射速度不会超过光速。因此，我们说量子理论并非局域理论。因为哪怕两个粒子相距遥远，但若该粒子在某时相互作用，导致其波函数相互纠缠，对其中任何一个实施观测都会立即影响另一个。但这并不意味着爱因斯坦的相对论是错的。因为我们无法预见结果，所以难以借用波函数的坍塌远距离传输信息。由于每个基本粒子都具有自己与众不同的独特属性，这种非局限性表明，经典

[1]　即爱因斯坦－波多尔斯基－罗森伴谬（英语：Einstein-Podolsky-Rosen paradox）该伴谬可以理解为：两个处于纠缠态的粒子可以保持一种特殊的关联状态，两个粒子的状态原本都未知，但只要测量其中一个粒子，就能立即知道另外一个粒子的状态，哪怕它们之间相隔遥远。

[2]　约翰·贝尔（英语：John Stewart Bell，1928.6.28—1990.10.1）。

原子理论同观测到的实际现象相违——很多粒子的属性取决于之前与之相交互的粒子。而这个结果使全同粒子之间难以异于其他粒子，就像无法将一个质子与另一个质子进行区分一样，两个电子间亦无法分辨。

1982 年，阿斯佩[1] 的工作组在巴黎验证贝尔不等式，实验结果揭示了贝尔不等式可能被违背。这可以理解为，正如量子力学所证实的那样，现实并非独立于观测者。如若存在独立的现实，那么其必然是非局域的。

量子纠缠最显著的应用概念之一就是量子遥传，即传送量子态至任意距离的另一个全同粒子上。有时该概念会与瞬间移动相混淆，但是量子遥传并不会传送任何物质或能量，而只能是它们的量子态。然而，即便是在一侧点对点地传输一个微生物的全部信息，最后在另一侧汇聚相同的原子，从而构成这个微生物的复制体，仅仅考虑到这个想法也已足够令人不安了。如若我们可以传输整个波函数所包含的信息，或许我们真的能够有序排列接收原子的顺序，进而复制出完全相同的生物体。但这绝无可能。因为大量原子的集合体较它们所涉及的量子波函数来说是不连续的。

---

[1]　阿斯佩（法语：Alain Aspect，1947.6.15—　）。

▶ ▷ 狭义相对论与量子物理: 物质与反物质，自旋与统计

　　狭义相对论与量子物理的结合，在物质研究中催生出两个特别重要的结果: 反物质的存在（及其与物质的对称性）; 自旋与统计之间的关系。反物质的存在是对物质研究的重大突破。我们说，如若一个粒子是另一个粒子的反粒子，那么它们将具有相同的质量、相反的电荷。而当它们相互接触时，它们的质量将消失，并完全转化为辐射能量。我们将在后面的章节详细讨论反物质对宇宙学产生的影响。

　　现在我们先来看看自旋与统计之间的关系。自旋是粒子所具有的内禀性质，我们可以理解为粒子的自我旋转（为了便于理解，我们可以将之与经典力学中的自转相类比，但二者本质是迥异的）。自旋量子数可以是整数（0，1，2，…）或者半整数（1/2，3/2，5/2，…）。根据狭义相对论得出的微妙结果，两个或者两个以上的半整数自旋的粒子无法同时占有相同的量子态，但是，整数自旋的粒子可以。我们称半整数自旋的粒子为费米子[1]，称整数

---

[1] 费米子（fermion）即遵守费米－狄喇克统计的粒子（Fermi–Dirac statistics）。

自旋的粒子为玻色子 [1]。换句话说，费米子至多处于一种量子态，而玻色子并无这种限制。我们将不同的量子态比作车厢内的一排排座椅，而将费米子与玻色子拟人化，那么冷酷的费米子上车以后，会每人各占一排座椅，而合群的玻色子们则会同玻色子朋友相互共享同一排座椅。

电子、质子与中子等对原子物理有重要影响的粒子带有 1/2 自旋，因此它们都是费米子。费米子与玻色子之间的差异在低温气体中表现得尤为明显。实际上，物质的绝对温度与构成粒子的平均动能成正比，即与粒子速度的平方成正比 [2]。当温度降低，粒子的平均速度即动能降低，根据德布罗伊假说（$\lambda=h/p$），该粒子速度越低，其波长越长。在稀薄气体中，由于气体分子间相距遥远，分子间作用力忽略不计。等冷却到非常低的温度后，它们会凝聚为能量极低的量子态而无须经过液化 [3]。而当温度太低以至于粒子波长大于它们的平均间隔时，粒子波将强烈地扰动。

费米子的统计趋势表明，在低温或高压状态下，它们之间的排斥作用逐渐变得明显，且表现为高度抗压缩的简并压力。比如在白矮星中，电子产生向外的量子压力远大于同等条件下的经典气体，在由另一种费米子中子组成的中子星中也表现出相同现象。

---

[1] 玻色子（boson）即遵守玻色 - 爱因斯坦统计的粒子（Bose–Einstein statistics）。玻色（孟加拉语：সত্যেন্দ্র নাথ বসু；英语：Satyendra Nath Bose，1894.1.1—1974.2.4）。

[2] 可简单类比公式"动能 $E=1/2mv^2$"来理解。

[3] 即下文提到的玻色 - 爱因斯坦凝聚（Bose–Einstein condensate）。

玻色气体在足够低的温度下会形成所谓的固化物，即玻色 –
爱因斯坦凝聚。如若我们震荡这个凝聚体中的一个粒子，即便粒
子之间的距离远大于作用力的影响范围，该震荡也会如同凝聚体
中所有粒子存在相互作用力一般，传递给所有其他的粒子。在这
种情况下，可以导致在它们之间作用的只有量子波。爱因斯坦于
1925 年提出的玻色 – 爱因斯坦凝聚理念，最终于 1995 年在接近
绝对零度的条件下成功证实。曾经在超流体和超导体中间接观察
到类似的冷凝物，但该情况下的粒子是相互作用强烈的粒子，以
至于纯量子效应得以凌驾于经典效应之上。而对于稀薄气体而言，
实难以达到这种状态。

3. 分子、原子与核的量子结构

具以知悉微观世界带来的惊喜后，我们终于得以更深层次地考虑化学键、原子结构及其核结构了。由质子与中子构成原子核同电子外壳相结合，所构成的量子力学模型，无疑是原子理论史中光辉灿烂的一页。仅仅是质子、中子与电子三种类型粒子的结合，就为原子理论提供了优雅而完美的诠释，并且将之体现在了元素周期表中。

1897 年，当汤姆孙观测到了电子，且发现它是原子的一部分时，原子的结构问题也就顺势被搬上了台面。汤姆孙提出了一个模型：自由的电子在一个正电荷均匀分布的球体内移动，而整个模型呈电中性。汤姆孙戏称这个模型为梅子布丁模型（英：Plum pudding model），其中，布丁带正电而梅子带负电。

▶▷ 原子结构与原子光谱

白光通过气体时，气体会从其光线中吸收与自身特征谱线波长相同的光，致使白光形成的连续谱中出现暗条纹。而当加热气体直到它发光，并通过棱镜将该光分解后，分解的光谱则会在黑暗的背景上呈现出一组明亮的条纹，且该条纹与之前实验的暗条纹频谱相同。对应于所述光线的谱线在第一种情况下被称为吸收光谱，而第二种情况下则称为发射光谱。

这个现象同我们在日常生活中所熟识的共振相类似。共振是描述当某一物理系统在特定频率下，表现出比其他频率以更大振幅做振动的情形。我们可以把电子视为原子的内部振动，而那些波长频率等同于该振动频率的电磁波辐射将被吸收。为了进行相关研究，就必须了解原子内部正电荷的分布以及原子半径。尽管实验或多或少使我们得知了原子半径，但是，汤姆孙的模型并没有提供适宜计算的标准。

在 1910 年的维也纳，哈斯[1]首次将量子物理应用于微观原子领域。他运用爱因斯坦所提出的振动量化思想，将振动能量均衡到 hf，并且将之与球形区域振荡的正电荷频率相组合，最终确定了原子半径。然而，理论上的电子振动频率与那些光谱线并不相对应。

哈斯的设想被博尔吸取，并将之扩展延伸用于另一种原子模型中——卢瑟福模型。远在曼彻斯特的卢瑟福[2]及其助手盖格尔[3]

---

[1] 哈斯（德语：Arthur Erich Haas，1884.4.30—1941.2.20）。
[2] 卢瑟福（英语：Ernest Rutherford，1871.8.30—1937.10.19）。
[3] 盖格尔（德语：Johannes Wilhelm Geiger，1882.9.30—1945.9.24）。亦译为"盖革"。

对汤姆孙的原子内部的正电分布模型产生了极大兴趣。因此，它们运用 α 粒子（氦 -4 的内核 He^{2+}）轰击金箔。但他们困惑地发现，实验结果同预期大不相同。实验发现，绝大多数 α 粒子受金原子散射而产生的偏角很小，但有少数的偏角很大甚至大于 90 度。卢瑟福惊异于这吊诡的结果，正如他后来常说的："这就好像你朝一张烟纸射出一枚炮弹，而炮弹却弹回来打中你一样。"

根据这些实验结果，我们可以假设原子所带正电荷以及大部分的质量都聚集在其内部核心，而电子犹如微小行星系统中的卫星一般绕核旋转。但是卢瑟福意识到，该模型在经典物理学理论范畴内是不可持续的，根据电动力学中的电磁方程，环绕原子核运动的电子必然会发射辐射，同时很快失去能量并螺旋形地坠入核心。

尽管卢瑟福的原子模型与其实验结果相兼容，但是同经典物理学之间的矛盾令他感到困扰。他向年轻的博士后合作者博尔提出了这个问题，几周后，博尔带来了新的模型，并合理地解释了电子轨道、氢原子光谱与离子氦之间的关系。他的第一个假说认为，在原子中，虽然静电力存在，但电子并不严格遵守电磁辐射定律。换句话说，存在电子不发射辐射的特殊轨道，并且电子在这个轨道上保持环绕运动。他假定这些轨道符合量子特征，在轨道中运动的电子质量与速度的积（动量）乘以轨道高度，所得结果应是普朗克常数的整数倍。由此，他便得到了与谱线频率并不对应的频率及能量。

于是，他继续添加了第二个假设：当电子在允许的轨道之间跃迁时，电子会吸收或发射能量。如若电子从低能级内层轨道向外层高能级轨道跃迁，电子会吸收能量；相反，如若电子从外层轨道向内层跃迁时则发射能量。根据普朗克 - 爱因斯坦关系式阐明，光子的能量与频率成正比：（$E=h\nu=hc/\lambda$）。根据第二个假设，他得以确定一组与其观察相符合的频率，合理解释了氢原子光谱，取得了巨大的成功。博尔模型对原子物理学产生了深远影响，并为量子物理学开辟了新道路，借此了解原子结构与原子辐射光谱之间的关系。

尽管这标志着原子物理学的开端，但由于量子环境下各种难以捉摸的条件，博尔从 1913 年第一篇论文发表，到 1926 年完成对氢原子完整的量子描述，经历了整整 13 年艰苦的理论与实验摸索。详细来说，电子轨道由三个取整的量子数决定：主量子数 n，角量子数 ℓ 与磁量子数 m_z。就每个主量子数 n 而言，角量子数 ℓ 可取值范围为 0 到 $n-1$；就角量子数 ℓ 而言，磁量子数 m_z 可在 -1 与 1 间取值。角量子数 ℓ 这个量子数决定了电子轨道角动量与电子云的形状；磁量子数 [1] m_z 是电子运动角量子数 ℓ 在另一固定轴投

---

[1]　磁量子数与沿给定轴轨道角矩的分量有关。当原子受外磁场作用时，原子光谱中谱线会由原来一条分为多条，称为能级分裂。这是由电子的磁量子数决定的电子磁矩空间取向的不同造成的。但磁量子数只能解释正常塞曼效应（Zeeman effect），反常塞曼效应则需要引入"自旋"的概念，即"自旋量子"数来解释。

影的量子数。

利用这些量子数，即便在磁场中，我们也可以很好地解释简单原子的辐射谱。然而参照经典物理原则与崭新的量子规则来看，对量子数ℓ与m_z的引入虽有成效，但不免有些盲目。由此不得不在 1925 年再添入一个新的量子数，即只可在 1/2 与 −1/2 中取值的自旋量子数，以此来解释非均匀磁场下的细节。

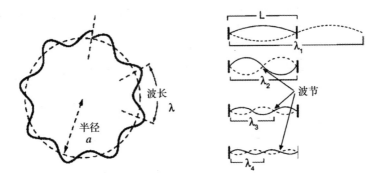

图 3-1 跃迁电子与波长之间的相关关系，意味着核外只存在半径为其波长整数倍的电子运行轨道

▶ ▷ 电子如波：从德布罗伊到薛定谔

1923—1925 年，量子物理学丰硕的理论之花在世界不同的地方绽放——在哥廷根被海森伯、约尔旦 [1] 与玻恩 [2] 灌溉，在苏黎世

---

[1] 约尔旦（德语：Pascual Jordan，1902.10.18—1980.7.31）。亦译为"约当"。
[2] 玻恩（德语：Max Born，1882.12.11—1970.1.5）。

为薛定谔所培育，在剑桥由狄喇克[1]照料。由于本书侧重于物质而非量子物理，在这里我将仅对薛定谔这一支作详尽表述。

据前文所述，1923 年德布罗伊提出，电子可以表现出波一般的性质[2]，那么假设上述固定轨道半径必为电子波长的整数倍，且该波长为普朗克常数与动量的商，这样 1913 年博尔模糊的轨道假设就以更为直观的方式呈现在我们面前。而且即使在不受其他量子数介入的情况下，也明确赋予了量子数 n 含义。

1926 年，薛定谔在此之上更进一步，讨论了电子在受外力情况下波长如何进行改变。经过几周的不懈努力，最终，他提出了20 世纪闻名遐迩乃至今天仍是量子力学理论基础的薛定谔方程。这一方程描述了电子波与所受力之间的关系。详细来说，如若该静电力源于原子核，该方程就直接导出了三个量子数 n、ℓ 与 m_z 的集合与其轨道能量值，且根本无须测定量子状态以及量子数值。这使得物理学家在量子领域前进了一大步。每组数字 n、ℓ 与 m_z 的具体解值集对应电子云。含有 $\ell = 0$ 的云具有球面对称性，而其他数值则皆具有特定方向性。特别是当 $\ell = 1$ 时，该波指向空间上每一个方向。波函数的物理意义是在实验中某特定点或者通过某

[1]　狄喇克（英语：Paul Adrien Maurice Dirac，1902.8.8—1984.10.20）。亦译为"狄拉克"。
[2]　电子的能量与动量分别决定了伴随它的物质波所具有的频率与波数。在原子内束缚电子可形成驻波，其旋转频率只能呈某些离散数值。该量子化轨道对应于离散能级，由此，德布罗伊复制出博尔模型的能级。

特定速度找寻到电子的概率，而该概率与该点波函数模的平方相关 [1]。

介绍自旋概念的引入更加复杂，并且需要引入相对论效应。这些是由狄喇克于 1927 年实现的。其方程出现的电子自旋具有两个可能的值，并且除此以外还得出更令人震惊的结果：即理论上正电子的存在预测。正电子带有与电子相同的质量与同等的电荷数，并且当正负电子相互接触时将会相互湮灭并释放电磁波。正电子于 1932 年在宇宙射线中被证实存在，由此迈上了新时代的台阶，催生了无数新观点与新物质概念的诞生。

▶ ▷　从原子物理学到元素周期表与化学键

要了解物质的多样性仅仅知道孤立原子的结构是不够的，还有必要知道它们是如何通过化学键的结合而催生出各种分子。元素的化学性质与其原子最外层电子紧密相关，从经验主义的角度来看，元素能同哪种原子、同多少个原子相结合，自身带何种电极性等基本性质都可以在门捷列夫的元素周期表中得到展现。但是这些同我们要观察的化学键能量及几何性质并无相关。读懂元素周期表与化学键是量子化学的伟大目标，可这并不意味着化学

---

[1]　公式为：$\int |\varPsi R\ (r,\ t)\ |^2 d^3 x = 1$。

是物理的简单缩影。如若没有细致入微的观察、系统化的审视与化学理论，那么物理对物质化学性质的判断无能为力。但是现在我们知晓了这些，也就为我们提供了充足的兴趣用于解释与预测。

早在 1913 年，博尔便试图通过他的原子模型解释元素周期表与化学键，纵然他的视野极为宽泛，但在该领域却未能卓有成效。直至 1925 年电子自旋（s）的发现与泡利不相容原理提出之前，联系原子结构与化学属性的尝试都失败了。根据泡利不相容原理，不可能有两个或两个以上电子处于完全相同的量子态，之后的自旋统计定理使该原理的运用更为广泛。所有的半整数自旋（电子、质子与中子）皆不能占据相同的量子态，就一个原子而言，它们的四个量子数 n、ℓ、m_z 与 s 必不同 [1]。

排斥原理意味着每个原子的电子能级只能包含最大数量固定的电子，即 $2n^2$：$n = 1$ 层时为 2；$n = 2$ 层时为 8；$n = 3$ 层时为 18；$n = 4$ 层时为 32……这些数字对应于元素周期表各行中的元素：第一行是 2 个电子，第二行与第三行是 8 个电子，第四行与第五行是 18 个电子，第六行是 32 个电子（第七行元素因其原子核极不稳定，其电子排布亦不完整）。电子层量子结构中的周期性解释了元素的化学性质，此外，它还解释了其他诸如每种元素最外层应

---

[1] 同一原子中不能有两个或两个以上的电子具有完全相同的四个量子数，或者说在轨道量子数 n、ℓ、m_z 确定的一个原子轨道上，最多可容纳两个电子，而这两个电子的自旋方向必须相反。

具有的特性等相关详情。

　　原子之间的相互作用、静电与量子性质决定了元素的化学键。如果观察元素周期表最后一列的惰性稀有气体（氦 He、氖 Ne、氩 Ar、氪 Kr、氙 Xe、氡 Rn）的最外层电子，我们可以总结出一些化学键的基本特征。由于惰性气体的最外电子层的电子已"满"（即已达成八隅体状态），所以它们非常稳定，极少参与化学反应。这表明元素形成共价键或者离子键的原因取决于该元素对最外层电子"完满"的趋势。因此最外层具有六个电子的元素（如氧 O），其原子趋向于结合。例如，结合两个原子最外层的一个电子（比如与氢 H 结合形成水 H_2O）。二者共享电子对，每个氢最外层获得如同惰性气体氦 He 一样的稳定电子层（2 个电子），而氧则获得惰性气体氖 Ne 相同的稳定电子层（8 个电子）。类似地，氧原子也可以同另一个氧原子结合，形成氧气分子 O_2。这种情况下，两个氧原子共享两个电子对，使每个氧原子整备最外层电子数 8。基于共享电子这种类型的化学键我们称为共价键。O_2 分子是非极性的，而 H_2O 是极性的。这意味着在 O_2 中的两个氧均一地共享所结合电子，而在 H_2O 中的每对共享电子（氧 O 同每个氢 H 所共享的电子）则不平等地倾向于更多时间靠向氧。极性与非极性之间的区别在生命的分子中扮演了重要的角色。

　　极性共价键的极端情况称为离子键。例如在钠（Na，最外层为单电子）与氯（Cl，在其外层具有 7 个电子）的组合中，两者共享一对电子——因此钠失去 1 个电子进而充满了最外层的 2 个电子，而氯获得 1 个电子而充满最外层 8 个电子。然而，氯对电子的束缚能力极强，该电子几乎被氯所俘虏。在这种情况下的氯原子带有负电，而钠原子则带正电。二者被纯静电力所吸引，几乎不存在量子间的干预。

分子结构[1]是在化学键中无法忽视的另一方面：不同键形成的角度是多少？它们间的相对长度如何？化学键的能级是多大？振动频率又是怎样？显然这是些很复杂的问题。在这些问题中，量子效应与静电力发挥了重要作用，并且导致了一系列的结果。例如，二氧化碳与甲烷中的化学键振动频率使之极易吸收地球所发射的红外线辐射，进而导致了全球变暖。鲍林[2]于 20 世纪 30 年代的贡献极大地推动了对化学键结构的认识。

▶▷ 从原子到原子核

一旦了解了原子的结构以及在化学键内所起的作用，也就意味着开始对核子结构展开探讨。1932 年，查德威克[3]于剑桥发现了中子的存在，在这之前人们一直认为原子核是由质子与电子构

---

[1] 分子结构，或称分子立体结构、分子形状、分子几何、分子几何构型。
[2] 鲍林（英语：Linus Carl Pauling，1901.2.28—1994.8.19）。
[3] 查德威克（英语：James Chadwick，1891.10.20—1974.7.24）。

成的，因此后者可以中和掉前者所带的电量。该想法尽管理论上合情合理，可是会导致核自旋的矛盾。

原子核的性质由它们的原子序数或它们所含质子的数量来决定。这些质子与它们所带的电荷有关，它们的原子质量数或质子数、中子数的和决定了它们的质量（一个中子的质量比质子稍微重一点）。具有相同质子数而不同中子数的元素，被称为同种元素的同位素。几乎每种化学元素都有几种同位素，而在某些情况下，元素的同位素多达 12 种。

中子的发现开启了核物理学深入研究的序幕。1934 年，费米 [1] 的团队在罗马发射中子以轰击核子的实验，实现了第一次人造核反应。这些吸收了中子的核子转变为该元素的同位素——也就是说，转变为多具有一个中子的原子核。如果吸收的中子被转化为质子，则是转变成另一种元素。这样，一个元素首次被人为地转化为另一个元素，而炼金术士渴望突破的障碍之一就这样被攻克了。约里奥 [2] 与居里 [3] 在巴黎也进行了类似的实验。

1936 年，哈恩 [4] 与施特拉斯曼 [5] 于柏林成功地完成了第一次核裂变反应：发射中子轰击铀核。他们注意到，铀核没有结合中

---

[1]　费米（意大利语：Enrico Fermi，1901.9.29—1954.11.28）。
[2]　约里奥（法语：Jean Frédéric Joliot-Curie，1900.3.19—1958.8.14）。
[3]　居里（波兰语：Marie Skłodowska-Curie；法语：Marie Curie，1867.11.7—1934.7.4）。
[4]　哈恩（德语：Otto Hahn，1879.3.8—1968.7.28）。
[5]　施特拉斯曼（德语：Friedrich Wilhelm Straßmann，1902.2.22—1980.4.22）。

子，而是直接分裂成两个原子并释放能量。最初的结果令人非常惊讶——相对于一个小小的中子，一个重原子核直觉上理应更倾向于捕获另一个轻原子核。这一发现标志着核子时代的开始，我们将在第 11 节中详尽讨论。

►▷ 核子间相互作用力

核物理与原子物理有三大主要区别：大小——核的半径比原子半径小约 1 万倍；主要粒子——核物理学中的主要粒子是质子与电子，而原子物理学中则研究电子；主导作用力——原子物理学中的主要相互作用属于静电力学范畴，而在核物理学中则研究两种不会干扰原子级别的核力，即强力与弱力。这两种力在核物理研究起始阶段并没有任何恰当的数学描述。

我们笼统地称呼质子与中子为核子。强相互作用是基本作用中最强的，也是核子间作用距离第二短的[1]，正是它抵消了质子之间强大的电磁力，聚合核子并维持原子核的稳定。弱相互作用则参与中子与质子之间的相互转换[2]。质子转化为中子的衰变是恒星热核反应的能量来源。在四个氢核（四个质子）聚合为氦（两个

---

[1] 强相互作用距离大约在 10^{-15}m 范围内。
[2] 严格意义上来说，一个质子转变成中子，同时释放一个正电子与一个电子中微子，即正 β 衰变；一个中子转变为质子，同时释放一个电子与一个反电子中微子，即负 β 衰变。此外，电子俘获也是 β 衰变的一种，称为电子俘获 β 衰变。

质子核两个中子）的反应中，两个质子转化为了两个中子，释放两种中微子挣脱恒星，与此同时两个反电子与电子相互湮灭。

1933 年费米于罗马、1937 年秀树[1]于京都，他们分别提出了第一种弱相互作用的数学模型。随后，弱相互作用与电磁相互作用并称为弱电相互作用，并且与强相互作用一同被认为是构成质子与中子的夸克之间强子力的体现。

▶▷　有关核物理的问题

如若想了解一个学说理论，首先要了解它提出了怎样的问题，这甚至远比知晓其答案更重要。核物理所研究的一些问题是：解释每种类型的同位素是否稳定，如若不稳定则要解释会发生哪种衰变／发射哪种粒子（α 衰变，β 衰变，γ 衰变或中子）以及对应能量是多少；对于每一次衰变，给予衰变原理与周期；当射出中子轰击给定的同位素时，确定中子被吸收（或偏转）的概率。如若被吸收，求出该粒子继续保持中子、转化为质子或裂解核心成为两个部分的概率，以及裂解后二者中任意一者的能量。其中有些问题十分基本，而另一些则涉及核弹或核反应堆的基础，还有些则对讨论星体中化学元素的构成至关重要。

---

[1]　汤川秀树（日语：湯川 秀樹，1907.1.23—1981.9.8）。

▶▷　简化的内核模型

对于原子核而言，液滴模型[1]与核壳层模型是最简单的模型。前者区别体积能与表面能，并将原子核的振荡类比于水滴——如若搅动太大，则水滴会破碎。当核子被中子或其他小核击中时，类似的事情也会发生在核子中，特别是大核中。该理论推测试图用很少的参数来预测核子将要裂变时产生碎片的质量，以及反应中核链的结合能。

核壳层模型灵感源自原子模型，并且假定核子如同心球体的壳层旋转。每层壳层都有最大的质子与中子数，一定的角速度及能量。在壳层之间跳跃的核子能量将随着跳跃被释放或吸收。并且根据该能量的大小，可以释放出中子或转化中子成为质子、电子与反电子中微子[2]。该过程中的电子与中微子被从原子核内发射出去，我们称为 β 射线。由于质子与中子具有 1/2 的自旋，其必

[1]　液滴模型，是从核子强耦合这一性质出发而建立的一种原子核模型。该模型在一定程度上可以阐明如质量规律、表面振动、变形核的转动以及核裂变等原子核的静态性质与动力学规律。该模型将原子核视为一个带电荷的理想液滴，根据液滴的运动规律对原子核进行动力学描述。主要包括球形核的表面振动与核裂变机制。基于液滴模型，可以得到结合能中的体积能、表面能与库仑能。

[2]　勘误：原文为释放中微子，但是衰变应产生反电子中微子。不过由于中微子为马约拉纳费米子，所以反电子中微子与电子中微子可能为同种粒子。

须遵从泡利不相容原理，即不可能有两个质子或两个中子处于完全相同的状态。核壳层模型的其中一个预测是，当质子或中子为幻数 (2、8、20、28、50、82、126) 时，该核素更稳定（即类比于原子中电子壳层描述的最大电子排布）。当质子数与中子数二者取值均为幻数时，即具有双幻数，其结构异常稳定。譬如氦 ^{4}He（2 个质子与 2 个中子）、氧 ^{16}O（8 个质子与 8 个中子）或者钙 ^{40}Ca（20 个质子与 20 个中子）。

核物理中的一个极端特例是中子星。中子星是一种拥有巨型内核，却仅由中子构成的奇异物质状态。由于恒星内电离气体电子间的量子排斥而产生的外推力不足以抵消向内的引力牵引，经由引力坍缩将引发超新星爆炸。而后，物质中的电子并入质子通过弱核力（弱相互作用）转化为中子（并释放中微子）。这种星体比寻常物质密度大亿万倍[1]。

核物理中的另一个讨论焦点是裂变与聚变反应。我们将分别在第 7 节恒星核的形成与第 13 节原子能中进行详尽讨论。

---

[1]　中子星的密度在每立方厘米 8×10^{13} 克至 2×10^{15} 克，此密度大约等同于原子核的密度。

4. 基础粒子与基本相互作用

仅需利用质子、中子与电子三种粒子，即可简单描述原子及其核结构，但物理现实远比这丰富多样。1932 年，对宇宙射线中高能粒子的研究，为我们开辟了探索新粒子的道路。第一个反粒子对（或称正电子）于 1933 年被观测；于 1936 年发现了类似于电子，却重达其 200 倍的渺子（μ 子）；而且在 1947 年，介入强核作用（强相互作用）的 π 介子被探索发现——这些粒子的质量都介于电子、质子与中子之间。

始于 1940 年的对粒子加速器的运用，扩宽了我们对粒子认知的视野：K 介子、Σ 粒子、Λ 粒子、Ξ 粒子、Ω 粒子……随着碰撞能级的提高，我们所获得的成果也更为卓著。根据爱因斯坦质能方程 $E = mc^2$，更高的能级所转换出的粒子质量也更高。也就是说，碰撞中粒子的动能将会转化为新的粒子，而非原粒子所已知的那些质量。

截至 20 世纪 60 年代中期，所发现的基本粒子数量已超过 200 种。但几乎所有被发现的粒子寿命都很短——介于千分之一至十亿分之一秒之间。粒子数目无节制增加的速度已远超基础物理理论的进展，致使人们对使用少量粒子简单描述所有物质的设想产生了怀疑。甚至古希腊阿那克萨哥拉关于无限本质多样性的旧理论看起来都更切合实际。此等现状也促使所谓"粒子民主"的提出——并没有任何一个粒子比其他更为基础，而是所有粒子皆平等。

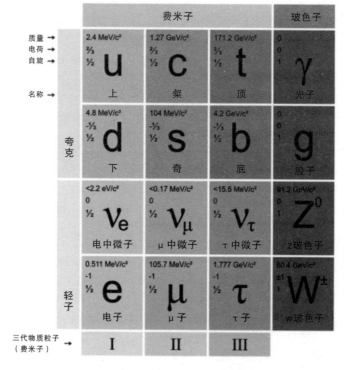

图4-1　夸克与轻子。前者对强核相互作用敏感，而后者则不然。连续三代夸克与轻子间的质量不同且不断增大

▶ ▷ 夸克与轻子

将所有这些粒子一一分门别类难于登天。简而言之，我们把对强核作用力更为敏感的粒子称为强子（来源于"强壮有力"的希腊语 hadros/ἁδρός），而另一种偏不敏感的我们称为轻子（来源于"轻"的希腊语 leptos/λεπτός）。根据质量差别，我们将强子分为重子[1]与介子[2]两类。

1960 年盖尔曼[3]与茨威格[4]两人独立提出了夸克理论用以解释强子。根据夸克理论，由于强子是复合粒子，所以不属于基本粒子。"夸克"(quarks) 这一术语是盖尔曼参考乔伊斯[5]的小说《芬尼根的守灵夜》[6]中的那句 "Three quarks for Muster Mark!" 而来。

---

[1] 重子（西班牙语：Barión；英语：Baryon）由三个夸克或三个反夸克组成，自旋是半整数费米子。例如，组成原子核的质子与中子都是重子。重子这个称呼是指其质量相对重于轻子与介子两者之间的介子起的。

[2] 介子（西班牙语：Mesón；英语：Meson）介子由一个夸克与一个反夸克组成，自旋是整数玻色子。例如，π 介子可以是 π^0、π^+、π^-，每一种都分别带有不同的电荷。π^0 介子是由上夸克与反上夸克组成，或由下夸克与反下夸克组成。π^+ 介子是由上夸克与反下夸克组成。π^- 介子是由下夸克与反上夸克组成。

[3] 盖尔曼（英语：Murray Gell-Mann，1929.9.15— ）。

[4] 茨威格（英语：George Zweig，1937.5.30— ）。

[5] 乔伊斯（英语：James Augustine Aloysius Joyce，1882.2.2—1941.1.13）。

[6] 《芬尼根的守灵夜》: *Finnegans Wake*。

起初只有三种夸克三种味[1]，分别是上[2]（u）、下[3]（d）及奇[4]（s）。它们分别带有电荷量[5]（$u=+2/3\ e,\ d=-1/3\ e,\ s=-1/3\ e$）。基于这三种夸克，足以解释已知的强子现象，且对尚未发现的粒子作出正确预测。该理论能够把当时存在的众多粒子全部归结为由这三种夸克构成，所以在那时，被认为是基本粒子的质子与中子也因此可以由夸克所表达。质子是 uud（上上下）而中子则是 udd（上下下）。1969年[6]进行的针对质子与中子抛射高能电子的实验证实，以上两者皆不是点粒子，其内部包含快速移动的三部分。

很多年以来，实验物理学的主要目标之一，便是获取独立的夸克。然而在质子或中子内部几乎是自由存在的夸克，它们之间的相互作用力却会随着分离而迅速增强，同时需要极大的能量。因此，以目前的科技水平而言，我们放弃观察孤立的夸克，进而转为将夸克限制在质子与中子的核物质内，将之转变为夸克与胶子的等离子体密集云体中（即夸克汤）[7]。

---

[1]　味或风味在粒子物理学中是基本粒子的一种量子数。

[2]　上夸克（西班牙语：Quark arriba；英语：Up quark），上夸克是第一代夸克，自旋为 ½，带有电荷 +（2/3）e。

[3]　下夸克（西班牙语：Quark abajo；英语：Down quark），下夸克同为第一代夸克，自旋为 ½，带有电荷 $-(1/3)e$。

[4]　奇夸克（西班牙语：Quark extraño；英语：Strange quark），自旋为 ½、带有电荷 $-(1/3)e$。

[5]　e 也被称为元电荷。是一个质子所带电荷，或一个电子所带负电荷的量。根据国际科学技术数据委员会所公布 e 的值，基本电荷的值大约为 1.602 176 6208（98）x10^{-19} C。

[6]　年份勘误：斯坦福线性加速器中心（SLAC）深度非弹性散射实验报告于 1968 年发布，并指出质子含有比自己小得多的点状物，因此质子并非基本粒子。

[7]　由于夸克不能够直接被观测或是被分离出来，所以只能够在强子中找寻夸克。因此人类对夸克的所知大都是来自对强子的观测。

1974 年，丁肇中与里克特[1][2]对 J/ψ 介子的研究迫使他们增加了另一种夸克[3]：粲夸克[4]。尽管粲夸克的存在早已被预测[5]，但这次发现依旧堪称物理学的一场革命，并使得人们怀疑还存在两种夸克。也确实如此，底夸克[6]与顶夸克[7]相继于 1977 年和 1994 年被发现。相较于质量为 938 MeV 的质子，底夸克与顶夸克具有极大的质量[8]。

▶▷　物质的标准模型

现如今，物质的基本模型已被更新如下：物质由夸克与轻子组成。尽管目前的理论并没有详尽地给出定义描述，但是可以肯

---

[1]　丁肇中（英语：Samuel C. C. Ting，1936.1.27—　　）。

[2]　里克特（英语：Burton Richter，1931.3.22—2018.7.18）。

[3]　1974 年，里克特带领的 SLAC 国家加速器实验室团队发现一种新的次原子粒子，并命名为 ψ 介子；同一时期，由丁肇中领导的布鲁克黑文国家实验室也发现相同的新次原子粒子，并且命名为 J 介子。由于科学社群认为，无论采用哪一方的命名，都会对另一方的命名权不公平，因此之后的论文都把这个新粒子并列称为 J/ψ 介子。里克特与丁肇中也因为同时发现 J/ψ 介子，于 1976 年共同获得诺贝尔物理学奖。

[4]　粲夸克（西班牙语：Quark ab encantado ajo；英语：Charm quark），粲夸克自旋为 ½，带有电荷 +（2/3）e。

[5]　粲夸克在 1970 年由谢尔登格拉肖（英语：Sheldon Lee Glashow）、伊利奥普洛斯（希腊语：Ιωάννης Ηλιόπουλος；英语：John Iliopoulos）与卢恰诺·马亚尼（意大利语：Luciano Maiani）预测。

[6]　底夸克（西班牙语：Quark fondo；英语：Bottom quark），第三代夸克，自旋为 ½，带有电荷 −(1/3) e。

[7]　顶夸克（西班牙语：Quark cima；英语：Top quark），顶夸克自旋为 ½，带有电荷 +（2/3）e。

[8]　底夸克带有很大的裸质量，约为 4.2 GeV/c²，稍微多过质子质量的四倍。顶夸克是目前发现最重的夸克，其质量为 173.1 ± 1.3GeV/c²。

定的是：三代[1]夸克与三类轻子紧密相关。

　　第一代即较轻的粒子，由上夸克、下夸克以及轻子中的电子与电子中微子所构成；第二代按质量顺序由奇夸克、粲夸克以及轻子中的 μ 子与 μ 子中微子所构成；第三代由底夸克、顶夸克以及轻子中的 τ 子与 τ 子中微子所构成。每个夸克皆有三种不同的色荷，即："红""绿""蓝"。夸克的"色"与视觉上的色彩无关，而仅仅是对于一种表现上几乎不超过原子核大小范围性质的一项奇特名称。而这一名字也赋予了当前强核相互作用理论的名称——量子色动力学[2]。在量子色动力学的架构底下，色荷与它们之间的强相互作用有关，并且与粒子电荷呈类比关系。但因为 QCD 的数学复杂性，色荷与电荷有许多技术上的不同。正如分子之间的相互作用是构成它们的电荷之间的电磁相互作用一样，现如今，强相互作用亦被认为是色荷之间的相互作用。与此同时，每种夸克所对应的反粒子叫反夸克，此外，还有可能存在一种中微子不同于上述各种粒子，我们称为马约拉纳费米子[3]，而它的反

[1]　代（西班牙语：Generación；英语：Generation），代或世代是基本粒子的一种分类。各代粒子之间的相异之处仅仅为量子数及质量，但它们所涉及的相互作用种类都是一样的。

[2]　量子色动力学（西班牙语：Cromodinámica cuántica；英语：Quantum Chromodynamics），简称 QCD。

[3]　马约拉纳（意大利语：Ettore Majorana，1906.8.5—1938.3.27）于 1937 年发表论文假想这种粒子存在，因此而命名。与之相异，狄喇克费米子指的是反粒子与自身不同的费米子。除了中微子以外，所有标准模型的费米子在电弱对称性破坏后其低能量状况与狄喇克费米子雷同。但是中微子的本质尚未确定。中微子可能是狄喇克费米子或马约拉纳费米子。

粒子就是它本身。

不同世代的夸克与轻子质量越来越高。第一代夸克几乎就构成了我们所发现的全部物质：质子、中子与电子。在第 7 节中，我们将讨论基本物质结构的宇宙学后果。较重的世代粒子会迅速分解将其过量质量转化为能量，并间接产生第一代粒子（即上夸克 u 与下夸克 d 及电子 e）。中微子会发生更令人惊讶的事情，因为它们转变了自身的性质，我们稍后会详细讨论。

重子由三个夸克组成，而介子由一个夸克与反夸克组成。也有可能存在现在还极富争议性的、称为四夸克态（Tetraquark）的两组夸克与反夸克的构成，以及称为五夸克态（Pentaquark）的三个夸克与一组反夸克的构成。强子的色荷必须为零，即强子的颜色必须为"无色"或"白色"。最简单达成这一目标的方法有两种：构成重子的三个夸克必须带有不同的色荷；或者组成介子的一个夸克与一个反夸克必须带有相反的颜色，例如，假若夸克带有红色，则反夸克必须带有反红色。由上（u）、下（d）、奇（s）夸克构成的重子，除去我们已知的质子与中子[1]，还包括以下构成：$\Sigma^-(dds)$、$\Sigma^0(dus)$、$\Lambda^0(dus)$、$\Sigma^+(uus)$、$\Xi^-(dss)$、$\Xi^0(uss)$、$\Delta^-(ddd)$、$\Delta^0(ddu)$、$\Delta^+(uud)$、$\Delta^{++}(uuu)$、$\Sigma^{*-}(dds)$、$\Sigma^{*0}(dus)$、$\Sigma^{*+}(uus)$、$X^*(dss)$、$X^{*0}(uss)$、$\Omega^-(sss)$。而包含反上（u'）、反下（d'）、反奇（s'）夸

---

[1]　质子与中子的符号与构成分别是 $p(uud)$、$n(ddu)$。

克的介子则存在以下构成：$K^0\ (ds')$、$K^+\ (us')$、$\pi^-(du')$、η 与 $-\eta'$ $(uu'$、dd' 与 ss' 的单一反夸克介子构成 $)$、$\pi^0\ (uu'$ 或 $dd')$、$\pi^+\ (ud')$、$K^-\ (su')$、$K^{'\,0}\ (sd')$。借由数学的群表示论，盖尔曼得以将这些粒子逐一分类并预测新粒子的存在。正如门捷列夫的元素周期表对元素的预测一样，对新粒子的预测亦是粒子分类的主要诱因。

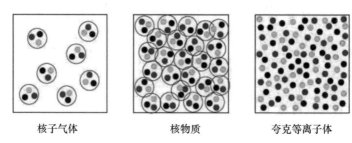

核子气体　　　　　　　　核物质　　　　　　　　夸克等离子体

图 4-2　通常夸克三三分组构成重子，或两两分组构成介子。而质子与中子（统称为核子）则可作为气体单独存在或聚合成为核物质形式。但当进一步进行压缩时，则会转变为夸克与胶子构成的等离子体。其中夸克间距极小，并保持自由移动而不进行分组

　　除去以上这些三三分组或两两组合的形式以外，夸克还可以构成一种不绑定的夸克 - 胶子等离子体[1]。这些夸克不会相互紧密束缚，而是形成了类似液体的集团整体。实验粒子物理学的目标之一，便是利用重离子射线（金与铅原子核）进行高能撞击实验，以创造出这种物质状态。一旦克服了能量势垒，质子与中子将放

---

[1]　夸克 - 胶子等离子体（西班牙语：Plasma de quarks-gluones；英语：Quark-gluon plasma），简称 QGP，俗称夸克汤（quark soup），是一种量子色动力学下的相态，所处环境为极高温与极高密度。据信这种状态存在于大爆炸宇宙诞生后的最初 20 或 30 微秒。

松夸克而获得更大的自由度。当然，这并不意味着夸克是相互分离的。因为即便在那种状态下，夸克之间依旧十分接近[1]。一些实验表明，仅在高速核子相互碰撞的百亿分之一秒间，此种状态已可以被实现。这种物质状态极有可能是中子星的核心状态。

有人提出奇异物质（strange matter）存在的可能。正如前文所述，奇夸克并不稳定，极易分解为上、下夸克（或者由这些夸克所构成的粒子）。然而在一定的温度与压力条件下，给予上、下夸克足够大的能量使之相碰撞并产生奇夸克。在这种情况下，使上、下、奇夸克之间达到平衡的物质，我们称为奇异物质。而通常情况下，临界密度太高以至于无法达到，诸如由上、下、粲构成的强子内，粲夸克会以更快的速度迅速分解（粲夸克及更重的夸克只在大得多的密度下出现）。

► ▷ **轻子**

轻子中的 τ 子与 μ 子是类似于电子、质量相较略高的不稳定物质。而另一部分轻子中的中微子非常特殊，由于中微子是一种轻子的同时还呈电中性，因而并不参与电磁相互作用以及强相互作用，而只参与弱相互作用以及引力相互作用。由于弱相互作用

---

[1] 即存在夸克禁闭，带色荷的夸克被限制与其他夸克在一起使得总色荷为零。夸克之间的强相互作用随着距离的增加而增加，因而不能发现单独存在的夸克。

距离非常短，引力相互作用在亚原子尺度下又十分微弱，因而，中微子在穿过一般物质时不会受到太多阻碍且难以检测。也正因如此，中微子得以犹如"幽灵粒子"一般贯穿地球。在地球每秒钟面向太阳的区域的每平方厘米上，都会穿过数以亿计来自太阳的中微子。因此，对中微子的监测可以在矿坑深处进行（如日本神冈探测器，美国犹他州 DUNE 或南极 IceCube 中微子观测站等）。可惜的是，现有技术不能直接观测中微子，只得通过地下观测站大体量纯水与之相互作用，进而每天捕获并监测到几百个中微子。

　　例如，太阳内核产生的光子在到达太阳表面的路程中，要经过无数次碰撞，哪怕仅仅是离开太阳就需要近 3000 年。而同等路程中微子则仅需几分钟，借此，我们也可以间接地观察太阳每秒钟释放万亿中微子的内部聚变反应。如若太阳核心熄灭，或许千年后才能通过光线所感知，而中微子流量的减少则会在第二天就将这一切告知我们。竟然要用在地球深处等待隐形粒子的手段去观察天上太阳的核心，这真是殷浩书空，令人啧啧称奇。除此之外，由于中微子只需要几分钟就能穿越光子需数小时才可穿越的致密层，地下观测站早于天空观测探查到了 1987 年的超新星爆发 [1]，这更是极好的例证。

---

[1] SN 1987A 是 1987 年 2 月 24 日在大麦哲伦云内发现的一次超新星爆发，是自 1604 年开普勒超新星（SN 1604）以来观测到的最明亮的超新星爆发，肉眼可见，位于蜘蛛星云的外围，距离地球大约 51400 秒差距（约 168000 光年）。由于是在 1987 年发现的第一颗超新星，因此被命名为"1987A"。

与其他粒子不同，中微子在飞行过程中会在不同味间振荡，离开太阳的电子中微子在它们传播到地球时，就会被转换成 μ 中微子或 τ 中微子。基于这一原因，实际所探测到的中微子数量很明显低于太阳内部模型所预测的数量。中微子探测数在各种实验中为预测数的 1/3[1]。长久以来，这是一个不解的难题，困扰着科学家，直到后来才探明，设计的中微子检测器专门用于探测电子中微子，而无法探测中微子振荡所产生的 μ 中微子与 τ 中微子。

▶ ▷ 基本相互作用

除了粒子以外，一个完整的理论还必须描述它们的相互作用。存在四种基本相互作用，分别是：引力相互作用、电磁相互作用、弱相互作用与强相互作用。引力相互作用使人们跳起后落回地面，也使天体之间旋转有常，在天体物理学与宇宙学中扮演着至关重要的角色。电磁相互作用则是诸原子与分子相聚合的基础，也是电磁波产生的关键。不论是光还是 X 射线、伽马射线还是无线电波，哪怕是电视与手机的传播信号，都是电磁波。这两种相互作用的影响范围是无限大的，但是天体间物质的带电量会相互中和，因而相对而言，电磁相互作用可以相对地忽略不计，但引力却会

---

[1] 这一差异后来被称为"太阳中微子问题"。

随质量增加而增加。

强相互作用将原子核中的质子与中子牵引在一起，也是强相互作用释放出核反应的巨大能量。弱相互作用将质子与中子相互转化，并在 β 衰变等诸多核反应中不可或缺。强弱两种核力的作用距离很短，堪比最小的原子核半径。也正因如此，它们仅在核物理学中显现。

物理学最雄心勃勃的目标之一，就是如同麦克斯韦统一电磁相互作用一般，将上述相互作用统一。根据 1968 年格拉肖[1]、温伯格[2]与萨拉姆[3]的理论预测，电磁相互作用与弱相互作用是统一的。他们的关键预测于 1982 年在日内瓦 CERN（欧洲核子研究中心）进行的实验中得到了证实。

波粒二象性使得量子力学将各个领域的作用力相互联系，并将其相互作用视为粒子间的交换。这些粒子越重，其相互作用的范围就越小。就如夸克与轻子等物质基本粒子，我们亦要标明其相互作用的粒子。具有半整数自旋的物质构成粒子称为费米子，而与相互作用相关，且具有整数自旋的即为玻色子。因此，后者通常称为中间玻色子。

在大统一愿景中，电磁相互作用被视作质量为零的光子交换。

---

[1] 格拉肖（英语：Sheldon Lee Glashow，1932.12.5—　）。
[2] 温伯格（英语：Steven Weinberg，1933.5.3—　）。
[3] 萨拉姆（乌尔都语：مالسلا دبع；英语：Abdus Salam，1926.1.29—1996.11.21）。

根据电磁作用与弱相互作用统一理论的弱电相互作用描述，除去光子之外，电弱作用力还应由 W^+、W^- 及 Z^0 玻色子所介导。这些由温伯格与萨拉姆预测的粒子于 1982 年被 CERN 所发现。与光子不同的是，相较于弱相互作用的范围，它们具有相当大的质量（约 85000MeV）。

在温伯格与萨拉姆的原始理论中，所有中间玻色子都无质量。那么有必要设计一种机制，用以解释 W 与 Z 玻色子为何拥有如此之大的质量，以及为何电子质量远高于中微子质量。实际上，如若先校验 W 与 Z 玻色子的质量，那么大统一理论就会出现使它无效的分歧。有一种即便它们拥有质量也能免除这种分歧的假设是，这些粒子与一个称为希格斯场的附加场相互作用，并且，这种相互作用赋予它们质量。与希格斯场相关的是希格斯玻色子，该粒子历经 40 年的探索终于在 2012 年被发现。并且可能存在对费米子与玻色子不同的希格斯场。

我们用一个例子来简单解释这个场的概念，想象在没有黏性的液体中有一个没有质量的小球：当小球匀速运动时，它不受阻力影响；但当小球加速时，将会产生一个明显与其加速度相反的阻力。这一阻力既呈现为质量。即便该球体并无质量，它也必须加速围绕它的液体。当希格斯场处于某种复杂的维度时，其自身存在根据二者之间相互不同的作用特征给予粒子质量（类比球的实际质量取决于其半径）。希格斯玻色子可被视作希格斯场的泡沫，一经产生即刻衰变。

强核力在量子色动力学中被描述为 8 种可被称为胶子（来自英文单词 glue：黏合剂）的粒子交换。虽然它们质量为零，同时，这也可能表明了胶子与光子的不同，即其相应相互作用范围距离的无限。胶子之间的相互作用，使得强相互作用的强度随夸克之间的分离增长而迅速增加，这种夸克禁闭也阻止了对孤立存在的夸克的找寻。

引力相互作用则是引力子之间的量子交换，而引力子与引力波之间的关系就如同光子与电磁波一样。对由它们所组成的时空曲率波的直接探测是目前炙手可热的研究课题。相对于电弱与强力的统一，整合引力所需要的引力量子论远超现有基础，也更为重要。霍金[1]的黑洞蒸发[2]与原初宇宙奇点的量子消除是现今诸多论述中颇有裨益的理论。

尽管现在我们得以将基础物质分门别类，但依旧对以下诸多问题存在疑问：还存在更多世代的夸克与轻子吗？夸克与轻子的背后还会有更微观的现实吗？基于宇宙论中的论据，要将世代数量限制在 4 个以内。如若存在四代以上的世代，原始氦气的数量

---

[1]　霍金（英语：Stephen William Hawking，1942.1.8—2018.3.14）。

[2]　黑洞蒸发，因为视界之外的粒子成为带有质量的真实粒子，由质量和能量守恒定律，视界之内被黑洞吞噬的粒子有负质量，所以黑洞的质量会因为这样的作用而减少。在外界看来黑洞就好像在慢慢蒸发。黑洞越小，蒸发速度越快，直至黑洞完全蒸发。

将超过已知质量的 30%，高于所观察到的 25%。而后在 20 世纪 90 年代，欧洲核子研究组织（CERN）进行了实验，通过分析 Z^0 粒子的衰变速率，并将世代数限制为 3 个。

► ▷ 超越标准模型

找寻比夸克与轻子更为基础的物质，这样的探索为当前模型的复杂性所激励。该模式并不简单：6 类夸克乘以 3 种颜色，总计得出 18 种夸克，3 类轻子及其相对应的中微子，共 6 种轻子——总计得出 24 种粒子，同时存在与之相应的 24 种反粒子。而算上相互作用粒子则包含 8 种胶子、光子、3 种弱相互作用玻色子、引力子与希格斯玻色子——共 14 种粒子，这样，基本粒子总数达到了 62。理论上还存在 20 个数值参数——物理常数、夸克质量、轻子质量以及玻色子 W 与 Z 质量等用以描述相互作用力大小强度的各种参数，这些还都只是我们在要素不尽如人意的理论里所寻到的。

此外，这些常数的值在宇宙的存在中起着重要的作用，我们将在第 7 节中讨论。最后应该指出的是，与粒子的内在属性同周围环境无关的原子理论不同——在粒子的新视野中，粒子的属性与周围真空的属性息息相关。

标准模型没有阐明为什么有三代粒子，这不但无法解释各种粒子或其他物理常数的质量是否具有内在关联，也无法说明为什么质子的电荷绝对值与电子的电荷绝对值相等。为了超越这一切羁绊，曾有过几次试图超越标准模型的尝试。

试图统一电弱与强相互作用的理论被称为大统一理论或GUT[1]。其中一些理论允许夸克与轻子互相转变，并且还有将导致在非统一理论中稳定存在的质子产生衰变的预测。然而多年的研究得出了这样一个结论：质子不会分解，或者其半衰期比宇宙年龄长。

在第六章中所讨论的高能量子真空的能量密度，推动了物质玻色子与作用费米子的超对称的假说。柏拉图已引入过超对称概念，他提出，除了一般他归结为四元素原子的凸正多面体以外，也有四个非凸的正多面体对应于四元素多面体，从而形成超对称。所述超对称性增加了新的基本粒子数量（超对称量子自旋）——每个已知费米子对应一个未知玻色子，且每个已知玻色子对应一个未知费米子[2]。尽管上述对称尚未被观测到，但介于费米子与玻色子互补，所以此种对称原则得以降低真空中的能量密度。

在20世纪80年代末，超弦理论（是一种引进了超对称的弦论，其"超"字源于"超对称"）的提出极大推进了思考物质基本结构

---

[1] 大统一理论（Grand Unification Theory），缩写为 GUT。

[2] 超对称是费米子与玻色子之间的一种对称性，该对称性至今尚未被观测到。这种对称性被认为是自发破缺的。超对称模型能解决三个难题：在大统一理论尺度，它能够促使规范耦合常数收敛合一；给出暗物质候选；合理地解释列问题（hierarchy problem）。

的新方法。该理论认为，已知的四种相互作用是统一的，并且根据这些相互作用可以将粒子看成超微观的基本弦线表达。弦理论某种意义上统一了四种基本相互作用，并且在高能量态下展现出极高的对称性。而当能级降低时，该种对称会破裂并产生多重相互作用的痕迹。该理论中时空具有十个维度，其中的六个维度是折叠或压缩在半径比质子还要微小亿万倍的球膜之内。

20 世纪 30 年代，卡卢查 [1] 与克莱因 [2] 在试图统一电磁与引力的过程中，提出了空间应存在超过三个维度的概念。目前，超弦理论在数学上存在极大的论证困难，对能级低微的预测又使得观测难以进行，同时缺乏独特的解决方案，等等，这些都致使该理论进展缓慢。然而该理论的确启发了基于威滕 [3] 成果的拓扑或数论等数学领域的进步，截至 20 世纪末，已经发现了五种数学理论上相同的结论。由于所渴求的是单一、明确，且物理参数翔实的理论，所以，这种结果的多重性令人失望。然而 21 世纪早期发现的五个超弦理论之间存在着微妙的对耦或等价。因此，以统一的理论破除未知黑暗的曙光似乎又一次降临在了地平线上，这所谓的 M 理论 [4] 鼓舞着科学家们展开更为深入的研究。

---

[1]　卡卢查（德语：Theodor Franz Eduard Kaluza，1885.11.9—1954.1.19）。

[2]　克莱因（德语：Felix Klein，1849.4.25—1925.6.22）。

[3]　威滕（英语：Edward Witten，1951.8.26—　）。姓氏亦译为"维腾"。

[4]　M 理论（M-theory），是物理学中将各种相容形式的超弦理论统一起来的理论。此理论最早由爱德华·威滕于 1995 年春季在南加州大学举行的一次弦理论会议中提出。威滕的报告启动了一股研究弦理论的热潮，被称为第二次超弦革命。

5. 自不变的决定论原子至模糊的非局域性物质

原始的唯物主义与感官联系最为密切。在这种直观的元素唯物主义之中，物质被认为是真实自然的存在，是一种无可辩驳且无可替代的现实。物质的形状、颜色、味道、密度、黏性、硬度与流动性都赋予其存在即时的感觉。物质的存在赋予了现实客观且翔实的基础，即便如此，却也并非代表了全部的现实——物质运动及其转变的重要性甚至更胜于其存在本身。在古代可见的物质曾与其他不可触见的假设物相互结合，例如风、精神、灵魂、神等，以证明物质的活力与激荡。而这种魔幻唯物主义激荡被视为物质与无形世界之间相互通信的标志。对物质及其动力之间关系的研究，贯穿了整个人类历史——自可见的物质到化学元素、原子与元素粒子，自神秘力到多重力到基本相互作用的量子场。在这些现实的层面，无垠宇宙的深处与生命所展现的复杂性，都被假设归因于粒子在力间的相互作用，而永无穷尽的概念挑战与意外惊喜，终将谱写一曲难以磨灭的赞歌。

▶▷ 唯物主义、神与灵魂

古典哲学原子论将物质升华为理性，以这种方式在某种程度上提升了认知的高度与深度。首先假设原子是一种永恒且坚不可摧的存在的实体展现；其次，原子间聚集与离散的组合，成就了我们所观察到的大千世界的多样与变化。这种原子论对于它所诞生的那个时代而言，既无法通过实验验证亦不可能为实践所证实。其理论动机纯粹源于一次试图解决统一与多样、永恒与变化之间显而易见矛盾的尝试。原子论这一学说提供了对立间的互补，与其说是一种改变世界的工具，倒不如说是对智慧贪婪的满足。有趣的是从历史角度来看，原子论不仅预知了原子这一概念，甚至对于其不间断的运动与守恒也作出了准确的预测。

物质、神祇与人类的联系引发了激烈且持久的争论。一方面，物质凭借其直觉可证、贴近实际的强大优势，似乎成为神祇的有力竞争者。但当我们将目光放得更为长远，在不可抗的衰老与死亡面前，其种种优势依旧未能给我们任何便利。然而，哪怕物质的现存状态可以被详尽描述，但由于物质本身乃至其自身运动都并没有任何神秘可言，所以深层物质的本质犹如毫无生气的惰性偶像。另一方面，如若我们从绝对唯物的角度来看待周遭事物，我们将质疑自己由看似准确的切身经验而产生的世界观——例如精神与自由。

　　严格意义上讲，物质难以抹消神祇与灵魂的存在，因为神祇与灵魂全然可以由比我们所知更为微妙的事物构成。伊壁鸠鲁与其他古典唯物主义者亦没有否认物质神由难以名状、微妙且轻巧物质构成的可能性。在他们看来，神祇可能存在于不同宇宙间广阔的空隙内，忙于神秘且睿智的活动之中并对人类漠不关心。不过，哪怕舍弃灵魂的存在会感觉更为轻松与自由，但也的确无法否认由未知物质所构成灵魂的可能性。

　　事实上，对物质的研究与探讨一直充满惊喜——原子的多面体数学化引发了对以太或第五本质的预测（尚且不用说这种预测本就已考虑到了非凸多面体）；对合理但却并不存在的热质或热能实质说的错误假定；对电、磁、引力场等非物质且难以测算的领域概念的形成；对反物质及其与物质相湮灭瞬间发光的痕迹，与能够穿透地球的中微子的发现；对丰度 [1] 远高于已知物质，却依旧未揭开面纱的暗物质与暗能量的探索。显然，一旦接受物质超越感官的理念，那么除极简外，没有任何唯物主义能够限制物质本身的可能性，更不能决定性地探讨神祇、灵魂或自由。但若假设一切都归结于我们所熟识的物质本身，那么其所呈现的简约、明晰的魅力又将使我们砥砺前行。

---

[1]　丰度（西班牙语：abundancia；英语：abundance），在此借以表示宇宙中物质含量的多寡。

根据德谟克利特在其原子论中的描述，原子在碰撞的间隔中将保持直线移动。为挽救在其论著中将之予以否定的自由存在，德谟克利特原子论的继任者伊壁鸠鲁与柳克里修斯引入了运动中原子随机衰落[1]（clinamen）的概念，并以此来解释原子论世界观中的非确定性因素。在某种程度上，其以偶发性破裂的决定论敲开自由之门的某些概念领先于量子物理学，对于这些作者而言，原子论即意味着灵魂抚慰与道德愉悦的源泉。

纵观历史，宗教通常宣扬源于阴间的威胁，以迫使人们遵循并接受其教条。而唯物主义与无神论都倾向于将物质视为现实的唯一来源，性质上都具有共通性，即将人们从死后阴间世界的胁迫之中解放出来，所以，唯物主义往往与无神论相互交融，紧密地联系在一起。此外，伊壁鸠鲁学派的阐述所赋予的心灵自由与身心愉悦，显然也颇为诱人。因此，15 世纪该学派的复苏俘获了无数人的青睐也就不奇怪了——与其说是局限于并不具有任何实用影响的原子论，倒不如说是其拥有的解放心灵的充沛活力更令人心驰神往。

虽说唯物主义与无神论间的关系，是制约原子论传播的一大阻碍，但物质同样也与某些宗教观点产生了不调。在这些宗教理念中，物质是怠惰、昏暗且沉重的现实，将我们与光明轻盈的

---

[1]　即"克里纳门"（clinamen），源于柳克里修斯的哲理长诗《物性论》。用以解释原子的"偏离"与"趋向"。其偏离转向不可预测并且其发生没有固定地点或时间，也正是这种微偏使得宇宙的变化成为可能。

善与自由相隔绝，故而物质理应招致非难。诺斯底派[1]认为，世界非由最高造物主所亲创，而是出自一位下等神祇之手。但某些实体的最深处仍留存有神性的火花，正是这神性的火花隐藏在物质内部，并对理解真正上帝的知识有所助力。四时轮转、人世变迁，对欲望诱惑与肉体驱引的抗拒，终究还是折磨着无数人的灵魂——些许须臾的踟蹰或欲望，都曾被认为会造成严重的永世堕落。相较之下，伊壁鸠鲁略带自恋的观点虽在精神层面上稍受局限，也缺乏对正义与集体理念的承诺，但无论如何，似乎显得更加明智且令人愉悦。

▶ ▷　物质在艺术上的投影

　　相较于我们日常生活中的物质存在，土、水、气、火四元素论更多作为艺术灵感的源泉或创作架构，至今依旧延绵不息。正是因为这四种元素与我们的生活经验相接近，并与四季时节一一对应，也借此在哲学思辨与普罗大众的好奇之间，建立了恰当的联系。虽则柏拉图的原子数学微妙且高深莫测，但仅通过我们身边所缭绕的诸多事物，也能较为直观地认识到这四种基本元素的存在。

---

[1]　诺斯底（希腊语：γνωστικός；西班牙语：Gnosis）一词源自希腊语，意为"知识"。这种"灵识真知"是指透过经验所获得的知识或意识。诺斯底主义者相信，透过这种超凡的经验可使之脱离无知与尘世。

金银珠宝、绫罗绸缎、斑驳陆离的染料与品类繁盛的药用植物（以及催情剂和毒药），人类的贪婪与欲望唤醒了对物质的兴趣。与此同时，物质也在财富、奢侈、优雅与健康四个方面，以极强的吸引力回应着人类的兴趣。也正因此，人们对物质的研究全然不须怀有任何实在的哲学好奇。

自中世纪末至文艺复兴初期，炼金术在科学与魔法之间、在医药与宇宙之间、在灵性与贪婪之间，提供了另外一个联结我们与物质的纽带。炼金术在利用碾磨、混合、熔炼、混凝、炖煮等种种方式，找寻黄金转换公式与哲人石嬗变方法的同时，超越了物质存在本身，并指导着其间的转换。在炼金术的世界中，矿产丰饶的大地与苍穹繁星相共鸣协奏，地上人体与碧落星座相辉映回响。无数的诗篇与诡计、数不清的轻信与猜忌，无声诉说着难以言表的过往。但伴随着这些不堪的曾经，也同样存在执着而努力的钻研，以及改变物质、精神与社会的理想奉献。而这作为一种比纯粹哲学更具体且经改良的、比朴素唯物主义更为微妙且严苛的唯物主义而言，将陈腐而肮脏的物质点化为闪耀黄金的隐喻，也正是炼金术留存于艺术之中的、对生命转变所发出的无尽慨叹。

▶ ▷　作为工业革命推动力的物质

18 世纪晚期的科学聚焦在蒸汽与煤这两种物质之上。此二者与铁相结合，孕育出了波澜壮阔的工业革命：蒸汽机、纺织机、铁路与轮船皆是这场革命的产物。铁路的建设要求人们开山辟水、钻探隧道，这又使人们可以更为广泛深入地了解多样的地质层，并发现沉睡于岩石之中千万年，令人惧怖不安的古生物化石。古生物化石的发现，又进而开启了人类对于地球与生命历史认识的新篇章。

　　19 世纪初，科学家将关注点转移至电流与热质及其相互作用。电学研究揭示了物质未知且极具潜力的特性，将铜与锌相互组合进而产生电力的伏打电堆[1]，引发了人们对金属活动性的探究。电解给予人们一种分解与提纯物质的新方法。所有这些新奇事物，都使人们将探究原子与物质的终极构成一事抛之脑后。直至 20 世纪初，当科学家发现电子是原子的构成物质，而放射性是异常能量的表现后，人们对原子与物质构成的兴趣才得以强势回归。这也标志着原子物理学成为科学研究的主线。

▶ ▷ 　物质于当代物理学中的模糊性

　　在原子物理与核物理蓬勃发展的 20 世纪 90 年代中期，电子、质子与中子俨然继承了古代原子的种种特性，并且逐渐演变为可以

---

[1]　伏打电堆，最早的化学电池，于 1800 年由意大利物理学家亚历山大·伏打发明。电堆由多个锌板与铜板各一的单元堆积而成，其间夹有浸润盐水的纸板或布条。其中每个单元越可产生 0.76V 开路电压。

被分割并具有可变复杂性、内部具有大体积真空等属性的粒子。但在现今的物理学观点中，物质模型已与经典模型大相径庭，甚至在惊异与着迷于未知之间产生了一种令人困惑的唯物主义。基本粒子的定义逐渐模糊——它们可以是能量或物质，也可以是粒子或波；它们可以表示为物质粒子（费米子），也可以表现为相互作用子（玻色子）。与此同时，物质与反物质间的本质也不再有区别，不再能够明确表明其各自的独立存在。并且它们的性质也具有了可变性——仅仅通过赋予其更多的能量，就可以将之转变为其他粒子，或与反粒子相碰撞湮灭。与此同时，由于粒子的性质并非源于内在，而是取决于其与真空之间的关系（希格斯场、量子真空的波动等），所以无论是粒子的电荷还是质量都变得不再稳定。我们可以通过以下三个方面概括由于引入狭义相对论与量子物理所产生的新变化：

现实作为全局性实体，其呈现完全依赖于观察，以至于基本粒子的位置、速度、极性等属性直到受相应测量前都处于缺省状态。但基本粒子不受空间限制，并且不具备完全独立于局部测量的客观存在能力，而与之相对的真空是通过不断创造与湮灭成对粒子与反粒子的变换实在。

物质其实是多变的实体——它既可在辐射中消逝，亦可由辐射产生；或分解为其他粒子，或聚合为更大的粒子。另外，也使我们难以明确定义什么是基本粒子——它们是量子场的奇点吗？它们是在更多维度的时空中激发更深层次的实体吗？等等这些，我们实难判断。

现如今，唯物主义所面临的问题截然不同于 20 世纪的发展初期。那时的唯物主义曾明确地将物质定义为，严格遵循确定性法则的原子核与电子，时至今日，唯物主义所需要考虑的问题则更为深奥——从认识究竟何为物质，到由物质运动法则进而推导出的决定论。这些研究的深刻程度不论是在量子层面，还是在混沌体系中确定性方程的不可预测性上，都得到了充分的体现。

言而总之，无论是古典时代抑或 19 世纪末期的哲学原子论，与我们都已相距甚远，而调和变动与永恒从未改变的必须性，也催生出了无歇的流转与认同的危机。实际上，我们所感知的有限外界实在，其本质应为两个符号相反的无穷相互抵消之结果，例如电子的所带电荷数等。因此更为深邃的实在，一次又一次碾压了肤浅感知上的现实。炼金唯物主义作为道德、艺术、科学乃至人文主义源泉，所带来激励人心的幸福幻觉，与古典唯物主义所带来的明智暖光，都业已熹微，几近消失。与此同时，所逝去的还有那物质所赋予的安全感，这份安全感在背离直觉、错综复杂的内容中被稀释得荡然无存。在物质的安全与物力论的神秘之间，似乎后者更具主导地位。

| 第二章 |
物质宇宙

宇宙之基石，万物之起因

　　宇宙由什么组成？各种定律受怎样的限制？萦绕我们的万物源自何方？世间是否皆为永恒？若一切并非永恒，那么它们又如何形成？星辰因什么而汇聚？那浩瀚群星之间的空隙又被什么填满？太阳的能量从何而来？恒星又将何时衰亡？尘寰宇宙向我们揭示了怎样的奥秘？我们从何而来？又将去往何方？所有的文明都曾自发地对这一系列问题进行过深入思考。每一代饱学之士都曾遥望银河满天繁星，苦苦求索；每一位哲人先贤也都细致地探求过周遭世界。但是对于这些问题的解答并不简单。宇宙存在的永恒与否、群星的结构组成等，这些问题曾一度被认为超出了人类理解的极限。由于哲学与科学曾在一些超越物质的问题面前保持缄默，所以宗教对于这一系列问题的解答较科学或者哲学更为透彻也并不奇怪。这些问题曾经间接地指向世界与生命的意义和秩序，但是现如今，在不折损其哲学吸引力的条件下，科学已经将这些领域纳入了它的范畴。

6. 量子真空与万物初开

我们曾经认为，作为一个整体的物质至少会构成某种稳定的存在，然而，宇宙学中，宇宙动力背景下的物质历史、物质存在的偶然性，乃至宇宙本身都为我们开辟了全新的认知视角。

不如让我们在步入宇宙诞生理论之前，先思考一下整个宇宙脆弱的存在可能性吧。如若我们宇宙的量子真空是亚稳定[1]的，而一些剧烈的扰动会使之变得不稳定的话，那么地球、太阳乃至整个太阳系，这些我们所认知现实中最好的部分，就有可能在顷刻之间消逝得无影无踪。这种扰动同样也可以为空间的加速提供动力，导致超光速产生。还可以将地球自太阳轨道剥离，并在行星之间快速扩张，从而产生一个新的宇宙并取代现有宇宙。曾经微小的区域变得广阔，并且充满新的物质内容。产生的可能将是一个与我们所知的宇宙截然不同的新世界：或许不存在物质，或许不存在星系，而且毫无疑问的是，绝对不会有生命存在。作为先

---

[1] 亚稳定，是介于稳定与非稳定的状态。

前宇宙或原始量子真空不稳定性的爆炸产物——或许这本身就是我们宇宙自己独特的诞生方式。

在如今的物理学范畴之内，由于物质的缺席，导致有关真空的研究议题更为庞杂，且又令人惊异。不论是从量子力学还是自相对论的角度来看，对于宇宙起源领域的探讨，都已远超经典物理的范围。或者再退一步，仅仅是对于宇宙起始过程之中的某一阶段的思量，甚至单纯只针对宇宙起源研究的可能着眼点来说，经典物理学都已难以企及。从顶夸克质量（约为 173 GeV, 其中 $1\ \text{GeV} = 109\ \text{eV} = 1.6 \times 10^{-10}$ 焦耳）与希格斯玻色子质量（约为 126 GeV) 的比率之中，我们可以一窥量子真空的所处状态。这一迹象表明，若该比率数值超过 1.35，则此量子真空处于稳定态。若该比率数值介于 1.34 与 1.38 之间，则其状态应接近不稳定的极限。届时，客观现实将远比我们的想象要脆弱。而若该比值大于 1.41 时，其量子真空状态将不再稳定，这也意味着我们的宇宙不应存在。基本粒子的质量数据就这样，为我们揭示了近乎形而上学特征的现实。

▶ ▷ 经典真空简史

辨别存在与空无，是对物质最为显见的二重性的思考。然而，为了定义空无，实际上，我们不仅需要将物质排除在外，而且要考虑到一系列诸如弱电场、强子场以及引力场等其他各种相互作用场。自古以来，各种对真空相互矛盾的论断从未断绝：对于巴门尼德而言，真空并不存在，所以对真空的探讨毫无意义。而在德谟克利特的原子论中，真空是原子运动所必需的媒介。到亚里士多德，仅仅只能观察到速度有限运动的这一事实，就已构成了对真空的驳斥。实际上，根据亚里士多德的理论，施加在一个物体上的速度值与其移动介质的阻力成反比。由于真空中斥力为零，物体在真空中理应以无限的速度运动，然而这种状况从未被观测到。此外，亚里士多德假设，物质的运动会根据其内部所含四元素的相对含量而自然地发生偏移，火与气倾向于远离地心，土与水则相反。但如若一个物质是真空的，那么没有任何东西可以指示其移动方位。

关于宇宙空间是否存在真空的观点可能与原子论不同。斯多葛学派将这个世界想象成一个完整的球形空间，并为另一个空的宇宙空间所包围。由于担心打破世界和谐与统一，他们否认内部世界存在真空。但另一方面，也并未否认独立于主体空间的外部真空。

对于笛卡儿而言，物质紧密联系于延展及运动。在他 1644 年的著作《哲学原理》[1]一书中，他强调延展性作为物质实体的事实，

---

[1] 《哲学原理》: *Principia philosophiae*。

其重要性远超硬度、重量或其他属性[1]。虚空若没有物质的延展是不可想象的，笛卡儿的太阳系模型认为，太阳的旋转是通过某种流体传递给周围行星，并以此拖动其他行星在涡流中运动[2]。这一理论给出了行星旋转周期及其轨道半径之间的关系，然而，这种关系并不符合开普勒第三定律，而后被牛顿真空中超距引力模型取代。

托里拆利[3]于1643年、帕斯卡[4]于1648年对气压表与大气压力的实验、冯居里克[5]1653年的马德堡半球实验（将一对独立铜质空心半球中的空气抽掉，然后驱八匹马从两侧向外拉也难以将两半球分离）都在以不同的方式宣示着真空的存在。的确，如若真空并不存在，那么在灌满水银并密封的气压柱中，液面又是如何降低直到维持平衡的呢？

1865年光的电磁理论提出以太的存在设想。由于该理论假设以太作为电磁波的传播媒介，就这样，真空再一次被填满。然而，

---

[1] 广延物（res extensa），是著作《哲学原理》中提出的三种实体之一。另外两种分别是思维物（res cogitans）与上帝。在拉丁语中，"res extensa"意指"延展的东西"。笛卡儿也常将这一概念解释为"物质实体"（corporeal substance）。在笛卡儿的"实体—属性"模式的本体论中，广延是物质实体的主要属性。

[2] 旋涡说由笛卡儿创立。他认为真空中充满了空间物质，它们围绕太阳形成旋涡，这种旋涡导致了太阳系的形成，这一关于太阳的旋涡说，是17世纪最有权威的宇宙论。由于宗教裁判所的耽误，他于1662—1663年撰写的 Le Monde（Traité du monde et de la lumière）在他1664年过世后才出版。以他的观点，宇宙中充满了旋涡状粒子的涡流，因某种原因太阳与行星从某个巨大的涡流中收缩、冷凝。

[3] 托里拆利（意大利语：Evangelista Torricelli，1608.10.15—1647.10.25）。

[4] 帕斯卡（法语：Blaise Pascal，1623.6.19—1662.8.19）。

[5] 冯居里克（德语：Otto von Guericke，1602.11.20—1686.5.11）。

这一理论存在难以回避的缺陷：这种以太必须极具刚性才足以协调高速的光；与此同时，以太又必须极易被穿透，才能不对行星的运转产生阻碍。所以，以太这种问题重重的假设，最终于1905年被狭义相对论淘汰，真空也由此再一次变得纯粹。

在1910年卢瑟福的原子模型与哈勃[1]1920年发现的星系之间，存在巨大间隔的事实都给予了真空以物理学地位。得益于相关领域的推动，有关真空的研究产生了飞跃式进展。在卢瑟福的模型中，由于原子大部分的质量集中在仅占原子半径万分之一的原子核内，所以，该理论中物质的固体丰满性备受质疑。这样看来，物质内部几乎都是"真空"的，而只有中子星内才不存在这种"真空"。所以，物质的不可穿透性并不意味着它与真空背道而驰，而是表现为一种没有体积点之间的排斥。实际上，这种排斥性就是原子外围电子之间的静电与量子排斥。将视角转到宇宙之中后，人们逐渐发觉，诸多星系都为广袤的真空所隔绝。无论是原子内部还是宇宙深空，真空就如同物理实体中的主角（虽显然是被动的），无处不在。

▶ ▷ 量子真空

然而，量子理论以不断出现又消失的虚粒子和反粒子，再次

---

[1] 哈勃（英语：Edwin Powell Hubble，1889.11.20—1953.9.28）。

将真空填满。海森伯不确定性原理意味着，在真空中随时都在成对产生粒子 – 反粒子对。而且，这种粒子对的相互湮灭时间永远小于 $h/(2mc^2)$，其中 m 代表产生粒子的质量，而 h 则是普朗克常数。由于场的时间与变化率都存在零不确定性，如若像电磁场等不同的力场保持为零，则会违反不确定性原则，所以量子理论要求真空中不停产生这种波动。

在这样条件下产生的粒子统称为虚粒子，它们的持续时间不足以被直接观测到，然而其效应能够影响到可观测的属性。因此，电子的电荷实际上并非电子恒定特性的常数，而是在我们接近电子很短距离之内，所克服的不同屏蔽壳层真空波动。事实上，正反虚粒子对的正电部分也往往更趋近于负电电子，这也使得其远距载荷表现不如近距大。根据重整化理论[1]，电子有限的电荷可能缘于两个符号完全相反无穷大的和。那么由此可见，经典原子理论中的粒子固有属性，实际上全然依赖于它们与动态实体真空的相互作用。正如电荷一样，夸克与轻子等基础粒子的质量可能也并不只有一个固定属性，其质量有可能是它们与如希格斯场的其他真空元素相互作用的结果。

我们可以间接地观测到虚粒子所引发的各种效应，并确定量子真空的动态视图。兰姆位移（Lamb shift）便是诸多效应中的其

---

[1] 重整化理论（Renormalization），量子场论、场的统计力学与自相似几何结构中解决计算过程中出现无穷大的一系列方法。

中一种。这种位移是氢原子两个能级间存在的微小能量差，而这种差异源于虚粒子对屏蔽场产生的耦合摄动所导致的原子核所带电荷的小幅降低。真空中两片中性（不带电）金属板会出现微小吸力的卡西米尔效应（Casimir effect），则是由于虚粒子对的板外压力大于板内。霍金于1975年预测了黑洞的蒸发，我们可以将这种蒸发理解为以下过程：在黑洞的视界边缘产生了一对虚粒子，黑洞捕获了虚粒子对中的一个虚粒子，而另一个虚粒子却摆脱了黑洞的束缚。而这个粒子在我们看来就是由黑洞释放的。

阿罗什于巴黎进行着对量子真空迄今为止最为细腻的研究，并且确认了，在腔体中激发的氢原子半径略大于未受限激发氢原子半径。根据量子电动力学：激发电子的衰变速率，取决于其与量子真空的电磁波动的相互作用的强度，该波长对应于将在衰变中发射的能量的波长。那么，如若原子所在的腔体尺寸小于该波长，缺少相应波动影响的电子的激发态应持续更长时间。事实上，阿罗什的确观察到，该情况下受限电子激发时间百倍高于不受限激发电子[1]。

压力与能量密度之间的关系，是量子真空物理一直悬而未决的开放疑题。压力曾被认为绝对值相同而符号完全相反的能量密

---

[1] 非相对论性的量子力学无法解释自发辐射，根据该理论，如果一个孤立原子处于定态，即使是激发态，它将一直处于该态，而不会跃迁到其他的态。但是量子场论指出，一个电磁场系统即使处于真空态也有振动，孤立的原子是不存在的。当处于激发态的原子与场发生相互作用的时候将导致自发辐射。

度，反之亦然。然而，根据广义相对论，这将导致空间加速膨胀。但是，其最大矛盾在于其能量密度数值：根据现有理论，其密度数值应该为每立方米 10^{113} 焦耳，然而其观测数值小于每立方米 10^{-9} 焦耳。这种 120 个数量级的差异或许可以通过超对称来缩短，但这依然将是当前物理学的一大难题。

▶▷　量子真空与宇宙源起

无论是广义相对论还是量子力学，真空都不意味着真正的空无所有。在相对论中，时空具有其潜在的动态实体。在相对经典的宇宙学中，时空与物质同时产生，而大爆炸之前并不存在虚无时空。

量子理论中的真空并不仅仅是粒子与反粒子、虚粒子间的糅杂，还包含了具有不同能量密度的区域的混合以及它们相互之间的转化，这些转化导致了诸如宇宙某一阶段的快速膨胀等宇宙效应。与此同时，局部固有的时间与空间在流逝过程中持续地扩张与收缩。在这个视角下，量子真空在很小范围内可以看成被搅动的泡沫，扰乱越多泡沫越细碎。空间与时间的尺度对这种搅乱程度与普朗克长度、普朗克时间相对应，并限定于普朗克常数 h（量子物理）、光速 c（电磁学）与引力常数 G，且该尺度下的引力（由广义相对论所描述）必将呈现量子态特性。这种尺度大约在 10^{-35}

米与 10^{-43} 秒这一数量级左右。迄今为止，这一搅动还只是假设，因为现今高能物理学所观测到的最小长度仅对应于 106 GeV（千兆电子伏）或 10^{-20} 米。显然，在这一尺度与普朗克尺度二者之间还应该大有文章可做。

宇宙起源于大爆炸，但这种爆炸并非物质的爆炸，而是时空与能量的爆炸：在狭小的空间内聚集极大的能量，而后产生极为快速的空间扩展。这种能量堆积可能对应于量子真空的时空波动，由于波动的持续时间与其总能量成反比，那么，整个宇宙能量波动可能仅持续无穷小于一秒。然而，宇宙的能量也有可能为零。由于星系之间能量与质量的总和是极大的，那么这种为零的可能就足以令人惊异。不过，介于吸引物质的引力表现为负，所以正能量与物质的和加上负的引力之后所得出的结果依旧可以为零。那么，由此起源于量子涨落的宇宙可能就会具有近乎无限的持续时间。

然而很多其他波动所具有的能量有限且持续时间较短。目前存在一种假说，认为量子真空的时空波动每时每秒都在产生着宇宙，但大多数宇宙持续时间不足百万分之一秒。这些宇宙伴随着短暂的扩张，顷刻之间又收缩乃至消失。在后续章节之中，我们将利用结构化的物理定律来重新审视这种多元宇宙观点。

▶ ▷　万物初开与宇宙膨胀

　　宇宙内容与物质起源，二者是基本物质概念中不可分割且已萦绕千年的问题，这些问题与宇宙本源以及创世与永恒谜团间有着密切而悠久的历史。上帝与物质之间的二元论一直是令人着迷的思想问题。物质是绝对现实么？物质是否由上帝创造？宇宙又是由什么组成的？这些问题全然根植于现实中物质的主次属性。

　　古代先哲认为，从本源上存在分别由火与以太所构成的两种不同世界——满布变动与腐败的月下界（sublunar）、秩序且永恒的月上界（supralunar）[1]。有关宇宙内容的问题也远非表面上那么显而易见。即便是我们所了解的夸克与轻子等物质，其能否解释整个宇宙的所有内容，我们都还尚不确定。正如本书所述，普通物质与辐射的总和不过占宇宙内容的 5% 而已。

　　原子的吸收与发射光谱可以表明其具体成分，对恒星的光谱线进行分析就可以得知恒星的物质构成以及星系速度。20 世纪 20 年代早期，斯里弗 [2] 就研究了星系的氢谱线相对于其静止

---

[1]　月下界（sublunar），也称"terrestre"，即地下世界，由四元素组成，其特点是变化。月上界（supralunar），也称"celeste"，即苍穹世界，由以太第五元素组成，月球或其他更高的球体中不变性占主导地位。四元素会相互转换所以表现为腐败，以太不会转换所以永恒不朽。二者的不同也就对应于尘世与天堂。
[2]　斯里弗（英语：Vesto Melvin Slipher，1875.11.11—1969.11.8）。

谱线的位移，从而得以测量其速度。他通过光谱线的红移（长波长方向）得出判断，惊讶地发现几乎所有的二十几个星系都在远离我们。曾经人们认为，有渐进有远离的星系才是常态，而这种全然不同于原本预计的现实就显得大出所料。哈勃测量了更多的星系，以观察其相互之间的分离。这种测量使得他可以观测到所述分离的剧烈程度，并也由此推广至整个可观测宇宙。哈勃不仅观测到了类似表明宇宙在膨胀的星系移动，还看到了来自遥远星系光线的红移与它们的距离成正比。并且由此推断出了过去星系的运动，乃至直到所有星系重合的瞬间，而这一瞬间便是宇宙的开端。据此推断，宇宙必然具有有限的年龄。将之与观测数据对比后，根据 2012 年普朗克卫星的数据显示，宇宙年龄约为 137 亿年。

这种扩张意味着，并非星系在太空中移动，空间本身才是这一运动的主角。实际上，根据广义相对论，时空是一个动态的实体，它可以扩张收缩，也可以弯曲震荡。早于哈勃观测前几年的 1916 年，爱因斯坦就已将广义相对论方程应用于整个宇宙的描述上了：将宇宙想象成如同一个自身封闭的四维球体于三维尺度上的投影。当他得出宇宙必将扩张或收缩的结论时异常惊喜，而后又对该结果惴惴不安，毕竟，如此大规模活动的迹象从未被任何人观测到过。由于爱因斯坦追寻永恒自然的不变真理，他试图添加一个名为宇宙常数的定义，以修饰其方程，它以固有的排斥倾向抵消了星系之间的吸引。即便如此，宇宙配置的静态解决方案也表明：宇宙必须是动态的。如若爱因斯坦确信他自己的方程，他本可以预测宇宙的扩张。但他的做法也是正确的，如若他的原始方程在数学角度涵盖了表面上不存在扩张这一可能，那么他对之进行适合于他所处时代的调整也是符合逻辑的。

广义相对论是宇宙膨胀的基础理论框架。在这一理论中，动态的空间准许解释，膨胀并不是星系在静态的背景上进行相对运动，而是空间自身的膨胀导致了星系之间的分离。星系之间的相对移动与空间膨胀相比近乎可以忽略。这种空间膨胀致使星系散发的光线波长越发拉长，换句话说，光线逐渐红移。因此教学上通常使用橡胶气球举例来解释宇宙膨胀：在气球上标注几个点，代表不同星系，对气球充气时，橡胶的扩展就代表了空间膨胀。虽然气球上点与点之间的距离越来越大，但是这些点与点之间相较原先气球的相对位置并未产生改变。

►▷　有关宇宙膨胀的一些评论

虽然我们已经概述了宇宙扩张标志着一切的开始，但值得注意的是，星系之间的漂移与永恒宇宙之间并不相互驳斥。乍一看这似乎并不可能，因为，如若星系在逐渐漂移，而宇宙又是永恒的，那么星系之间的分离将是无限的，而这种情况下我们理应望不到任何其他星系。20 世纪 50 年代由霍伊尔[1]、邦迪[2]等人提出的稳恒态宇宙模型表明，宇宙是连续且均匀的。伴随宇宙扩张，其密度保持不变，新的物质会不断产生并构造新的星系。这种构造将保持可见星系数量与星系间平均距离始终相同。为了使得该模型产生物质的节律与所观测结果相兼容，那么，宇宙应该每年每立方米产生一个氢原子。从实际角度出发，对这一理论实证的观测尚且无法进行（实际上是不可观测的。）。而后发现的宇宙微波背景辐射，以及深空类星体的丰度等，都指明了原初宇宙处于极热状态。这就导致了假设宇宙保持恒定不变的温度与密度为前提的理论，面临着难以逾越的阻碍。

宇宙的膨胀并没有指定的中心，而是均匀同质的：一切都在相互远离，每个点都是中心。这种膨胀扩张并未赋予我们特殊的地位，我们认为，任何其他星系中的任意一个观察者都会观测到与我们大致相同的景象。这犹如宇宙学原理的假设实际并不是一条原理，而是与观测数据相兼容的数学简化。前文将宇宙比喻为气球的例子，同样说明了这种情况：我们将球面上的任意一点作为参考系起点，那么球面上的其他所有点都远离了这个起点。

根据广义相对论，自辐射主宰的原始阶段起，星系之间的分离就已经开始进行了。然而，由于强子相互作用与电弱相互作用

[1] 霍伊尔（英语：Fred Hoyle，1915.6.24—2001.8.20）。

[2] 邦迪（英语：Hermann Bondi，1919.11.1—2005.9.10）。

之间统一破裂所导致的量子真空相变，进而引发的暴涨阶段比曾经预想的要快，约在 10^{-32} 秒—10^{-28} 秒，现如今这一理论亟须更改。（量子真空的能量将加速膨胀，如若其能量密度足够高，那么其膨胀速度也会极快。）这也再次突显了现代宇宙学中量子真空的相关性。同样的，这一加速阶段也解释了，为何源自宇宙之中截然相反两个点的微波背景辐射具有相同的温度。如若不是因为这一暴涨阶段，那么任意两点间，宇宙微波背景辐射所具有一致的平均温度，就将只能是一个令人费解的巧合。

7. 遗传与物质权变

当代宇宙学详细描述了物质的形成过程。这一答案揭示了物质存在的偶然性，以及一系列对于对称性破缺[1]的依赖与各宇宙物理常数之间的和谐。在大爆炸标准模型中，宇宙起源于无限的质量与无限的温度。如果将量子效应也考虑进去，则将是一个极高但有限的值。伴随着宇宙扩张，其温度逐渐下降，而宇宙的内充物也在产生着奇妙的变化。将宇宙物质以温度与时间的函数所进行的表述，就构成了宇宙热历史。

▶ ▷ **为何世间存在物质，而非仅仅有光？**

物理学给予我们一个令人惊讶的问题，即万物之初如若只存在光（电磁辐射）而不包含物质，将更加合乎逻辑。由于应该存

---

[1]　对称性破缺，系指物理学中具有某种对称性的物理系统临界点附近发生的微小振荡。高对称性的系统，出现不对称因素通打破了这物理系统的对称性，并决定了这物理系统的命运。

在同负粒子相同数量的正电荷，所以，宇宙原则上应该包含与粒子相同数量的反粒子。这是狭义相对论与量子力学复杂相融得出的结果。如果出现了完美对称，在稠密的原初宇宙之中，物质与反物质将会在百万分之一秒之内相互湮灭。那样，宇宙中将只有光留存下来，或更为准确且恰当地将这"光"称为电磁辐射，即得到了一个仅存光子与引力的宇宙。这种自发对称破缺对于现今物质的存在是必需的，而关于它的研究也是当代物理学中极为重要的课题。

因此，为了配适这种对称破缺，就必须存在三个世代夸克与轻子。请注意，这里所指的存在并不意味着真实的存在，由于第二世代与第三世代的粒子很重，它们将很快瓦解。尽管在很久之前存在某种程度上与顶夸克以及底夸克相关联的物质，但相比于真实存在的物质现实，更多意义上是一种物理定律的数学结构。

我们所知的物质由质子、中子与电子所组成，而反电子、反质子或反中子并不在物质范畴之内，这些反粒子会与相应的粒子结合，迅速湮灭。以 CERN 的大型加速器 LHC 中产生反物质的速率来计算的话，将需要 1000 多年才能够形成 1 克反氢。

有一些假设试图证明，物质与反物质之间之所以出现巨大不对称，是因为二者相互分离形成了星系与反星系，然而我们并不知道导致这种分离的机制。一个更为可信的解释基于中性 K 介子与 B 介子，这些粒子的分解速度略微慢于它们的反粒子。这也使它们成为重点研究对象。

我们假设一个对称宇宙，起初由数量相同的某种未知重粒子及其反粒子构成。一旦它们裂解的速率略微不同，这些微量超出的粒子就足以产生具有物质的宇宙，比如每1亿个反粒子与1亿零1个粒子。当宇宙温度极高时，光子有足够的能量以产生粒子－反粒子对来弥补湮灭消逝的东西。而当宇宙温度降低，光子不再具有能够恢复粒子－反粒子对的能量的时候，粒子与反粒子之间将快速湮灭殆尽，而后就留下了1亿个光子与1个粒子。这就是宇宙微波背景辐射所呈现的起始光子与粒子比率的数量级，当然也有可能是反物质微微多过物质，那样的话，现在的我们都应该由反物质构成了。

因此，现在物质的存在与反物质的几乎不存在，完全是极度微小的不对称性结果。每一个构成我们的质子与电子，都是亿万个质子或电子与亿万个反质子或反电子相湮灭之后的，宇宙大灾变幸存者。这些粒子构成了我们，而湮灭残余的光子则形成了部分的背景辐射[1]。

然而，目前由中性K介子与B介子裂解，所产生的物质与反物质间的对称破裂程度，还不足以解释宇宙的物质含量。仅仅估

---

[1]　背景辐射，宇宙背景辐射是来自宇宙空间背景上的各向同性或者黑体形式和各向异性的微波辐射，也称为微波背景辐射，特征是和绝对温标2.725K的黑体辐射相同，频率属于微波范围。宇宙微波背景辐射产生于大爆炸后的30万年。

算这种对称性破裂来源的话，物质几乎不足以形成一千个星系。而目前宇宙中观测到有几十亿个星系。所以宇宙中存在的物质或许只是个令人惊喜的偶然，或许较重的颗粒会在更大的程度上破坏对称性。

▶ ▷　粒子加速器与早期宇宙

在宇宙诞生第一个毫秒内的物质与我们所认知的寻常物质有很大不同，由于诞生初期的宇宙温度极高，那时的物质存在更为基础。也因此，物理学中最为宏观的宇宙学与最为微观的基本粒子，彼此间由于宇宙内容物与其演化得以紧密地联系在了一起，并且在标准宇宙模型之中自然地收敛。而宇宙学观测则也就成为探究基本粒子构成最为前沿与推理性理论的试验库之一。

我们可以借由粒子加速器，对这一原始阶段的某些方面进行探究。实际上，绝对温度为粒子平均能量提供了良好的度量，了解极热宇宙中物质状态的一个方法是加速粒子直至其保有巨大的能量，并观察粒子之间的碰撞如何发生。因此，当我们制造越多更高能量的加速器、观测到更高能量下所产生的物理现象时，某种意义上来说，我们也就更加接近宇宙的诞生初期。目前所能达到的最高能量约为 14 TeV（14000 GeV），这大致相当于宇宙诞生后 10^{-13} 秒内的情形。

虽然这一数值看起来已经十分接近宇宙的起源了，但是我们渴求了解的宇宙加速膨胀产生于 10^{-32}—10^{-28} 秒。仅为接近这一时刻所需要的能量就已超过当前额定数值的十亿倍以上。同时，我们也要清楚，加速器之中的粒子束的密度相较原始宇宙的密度要低上数万倍，因此，加速器所能带给我们的信息与原始宇宙并不完全对应。然而，这已经是我们所能得到与宇宙初期最为接近的情形了。虽然饱含兴趣，但我们也要谨慎而节制地对待其局限性。

►▷　极简热历史概括

先让我们在详细研究之前，简要地梳理下宇宙热历史的主要阶段：

最初，刚诞生时的宇宙仅仅包含纯粹的能量。这些能量即刻产生了包含辐射与所有种类质量粒子在内的混合物。在这团混合物之中的主要是大质量粒子，并且很可能包含许多未知的粒子形式。这些粒子的解体，产生了夸克与轻子，即构成物质的基本组成物。伴随着宇宙的逐渐降温，夸克进一步以三三或二二的形式结合为强子，而这两种组合形式也分别产生了重子与介子。

温度进一步降低，不稳定的强子与轻子大量消失，只有寿命更长的质子与重子留存了下来。这些质子与重子合并产生了氢、氘、氦、锂等较轻的核。当宇宙诞生 3 分钟后，宇宙的温度低于了核聚变的融合温度，新元素的合成便戛然而止。

在宇宙诞生 38 万年之后，温度继续冷却到大约 3 千开尔文。一直保持电离态的电子与正粒子逐渐结合构成中性原子，自此，辐射将不再影响物质，而星系也在此时开始形成。

星系之中，恒星凝聚。在恒星的怀抱里，重核开始形成。第一代恒星大多巨大而短命，随其爆发，重核被抛射向太空。而这一过程，使星尘与第二代恒星得以汇聚重元素，行星也由此逐渐形成。

►▷　原初物质

我们将原初物质理解为最古老星系形成之前的原始物质。原初物质形成于宇宙的前 3 分钟内，在这一原初核合成阶段，物质的温度与密度均高于我们目前太阳的核心（温度要高几千万度），并且进行着众多核反应。基于核物理学与宇宙学的计算，当宇宙抵达它生命的第一个 3 分钟时，宇宙冷却至核反应所需的温度之下。那时的宇宙之中仅有氢与氦存在，并且质量上二者各占 3/4 与 1/4，这一结果与最原始的星系观测结果相符合。由此我们也看出，宇宙大爆炸模型并不能简单归纳为一次爆炸，还包含了其他对宇宙内容物的预测。

以下是那一时期最为关键的阶段：

核子的形成：当宇宙经历过 10^{-13}（万亿分之一）秒，温度低于几千兆度时，夸克三三或二二结合成为重子与轻子的强子。这些粒子大多不稳定，它们随后崩解直到剩下最为稳定的质子与中子。质子对各种作用都表现得稳定，而核外自由中子会以 18 分钟[1]为半衰期蜕变成质子，但核内中子则保持稳定。

该阶段可以在粒子加速器中，通过高能量重离子撞击模拟研究。正如我们在第四节中讨论的那样，研究质子与中子等核物质转变为夸克－胶子等离子体（夸克汤）的过程。这种转变与原初宇宙中所发生的转变相反。

轻核的形成：因由质子的质量大约是电子的 1700 多倍，质子与反质子、中子与反中子将比电子与反电子更早相互湮灭。由于温度足够高，一系列的核反应使质子与中子间存在平衡。（p 反应产生 $n + e^+ + v$；n 反应产生 $p + e^- + $ 反 v；$p + e^-$ 反应产生 $n + v$。）这些反应由弱核相互作用所介导产生，并使得中子裂解产生质子撞击电子，系统得以维持平衡。

由于光子的平均能量不足以产生电子－正电子对[2]，因此在几百兆度之下时，电子与正电子将大量湮灭。与此同时，由于电子数目急剧降低，维持质子与中子平衡的反应也将随之停止。而崩

---

[1]　勘误：自由中子平均寿命为 881.5 ± 1.5 秒，约为 14 分 42 秒。半衰期为 611.0 ± 1.0 秒，约为 10 分 11 秒。
[2]　在 $T = 5 \times 10^9 K$ 的温度下，光子可以较高程度地反应生成正负电子对，体系热平衡时正电子数量与光子数量大致相等。

解的中子无以替代，只能与质子相结合产生轻原子核。鉴于氘的不稳定性，这仅在温度低于该核崩解的衰变能量之下时，才有可能发生。

根据统计物理学计算，这一温度存在中子质子比为 1∶7 的比率，该比率对应在质量上，则导致产生了近 75% 的氢与 25% 由两个质子与两个中子构成的氦 -4，以及很少一部分的轻核，诸如氦 -3 与锂。

大爆炸模型的预测与这些观测数据相吻合，并因此为该理论提供了论据支持。而与之相对的稳态模型，并没能预测出任何一个足以热到产生核反应的阶段。微量轻核如此之低的比率对强子数量极为敏感，并在确认宇宙现存普通物质总量时起到了重要作用。

▶ ▷ **星系的形成**

在而后的 3 分钟到 38 万年之间，宇宙主要由氢核与氦核、电子中微子与大量的光子所充满。由于各种粒子所持能量高于原子电离能，所以，负电子与正电核之间并不相互结合。在这一时期内，宇宙除了扩张与冷却外再无其他。

当宇宙历程大约行进到 38 万年时，宇宙温度大约是 3000 开尔文。由于光子的相互作用较低，此时电子与正电核结合产生电中性的原子核的比例远高于光子，光子也即停止了与中性物质之间的反应[1]。

自此，辐射与物质相互并行，各自遵循自身的演变：伴随膨胀，辐射逐渐冷却并构成今天的、绝对温度以上约 2.5k 的微波背景辐射。由于微波背景辐射难以被静止宇宙论所解释，故而能够适当预测并描述背景辐射的大爆炸理论被认作标准模型。

由于不再受到强烈的辐射压所扫射，物质在引力作用下汇聚，星系开始逐渐形成。起初是大形气云体，而后越发稠密并形成恒星，最终，星系的质量使得引力的吸引效应高于使之弥散的效应。

通过对宇宙微波背景辐射的探查，可以使我们定位早期星系的形成位置与未来星系之间的大真空区。1992 年的 COBE[2]，2002年的 WMAP[3] 以及 2012 年的 PLANCK[4] 等卫星捕获了这些点的空间分布，并且，根据原始宇宙的光流体力学与暴胀时期的量子涨落进行解释。

恒星主要形成于星系内部高密度气体区域。得益于海量的太

---

[1] 复合（Recombination），宇宙论中带电的电子与质子在宇宙中首度结合成电中性氢原子的时代。当自由电子、质子与中性氢原子的比率下降至约为 1∶10000 之后，宇宙中的光子与物质退耦。尽管复合与光子退耦是不同的事件，但复合有时也替代光子退耦。当光子与物质退耦也就不与物质产生自由交互作用，构成我们今天所观测到的宇宙微波背景辐射。

[2] COBE，宇宙背景探测者（Cosmic Background Explorer），也称为探险家 66 号。

[3] WMAP，威尔金森微波各向异性探测器（Wilkinson Microwave Anisotropy Probe）。

[4] PLANCK，普朗克巡天者于 2009 年发射升空。原名：宇宙背景辐射各向异性卫星和背景各向异性测量（Cosmic Background Radiation Anisotropy Satellite and Satellite for Measurement of Background Anisotropies，缩写为 COBRAS/SAMBA）。

阳系外行星系统，恒星与各自的星系系统形成是目前天体物理理论研究与观测的重点。现有超过一千个行星系统的观测资料，而其中至少有一半包含一颗以上行星。而根据 COROT[1] 与开普勒空间望远镜的观测数据，至少还有数千个候选星系。行星系统内部的物质分布，与轨道半径及恒星质量之间的关系极为多样，可以尝试将行星系的形成开始理解为拥有一定起始质量与旋转速度的尘埃。由于涉及湍流、磁流体动力冲击波与机械共振，这一问题呈现出了极大的复杂性。

图 7-1　根据普朗克卫星（2013 年）拍摄的宇宙背景辐射温度波动图像，可以推导出大约 38 万年时的宇宙质量密度局部波动。自此，物质与光分道扬镳。也正是此时，星系开始形成。图中亮点聚集区域与星系形成密集区相互对应

同时，我们也尤其对太阳系的形成报以极大兴趣。对彗星陨

[1]　COROT（COnvection ROtation and planetary Transits, COROT），对流旋转和行星横越任务。

石与小行星尘盘化学成分进行分析，可以使得我们了解其聚合物质的构成信息。特别是 ^{207}Pb 与 ^{206}Pb 等不同的同位素丰度，可以让我们估算出太阳系年龄大约是 46 亿年。碳质球粒陨石的各种元素成分与太阳极为相似，可以说它们是太阳系形成之初留存下来的真化石。

▶ ▷　重元素的形成

当宇宙诞生 3 分钟后，温度与密度都已下降至无法发生任何后续核反应。氦原子与其他原子核的合成被中断，似乎在宇宙中只应该有氢、氦以及少量的锂与铍。那么其他元素又是如何形成的呢？

由于氢与氦等物质在引力的作用下形成恒星，它们的引力势能转变为了气体与辐射热能。当温度足够高时，核子之间的碰撞能量将变得足够高，而后轻核聚变成为更重的核并释放巨大能量。这股能量将加热气体使之膨胀并抵消掉引力的压缩。

在第一阶段中，4 个氢原子核通过将 2 个中子转化为质子后聚合成为 1 个氦原子核。就太阳而言，这个聚变反应只发生在其温度高于 1000 万度的核心区域。而太阳的表面温度仅约为 5700 开尔文，因此，太阳表面并不会发生核反应。为了形象生动地解释核反应区域的面积，我们可以将之类比于人体：就平均每单位质量而言，太阳的辐射功率较人类小 100 倍。这是因为尽管太阳释放出了巨大的能量，但其庞大的质量限制了对外能量的输送。

　　一旦核反应核心的氢被耗尽，恒星将在引力的作用下坍缩并持续升温。当达到足够的温度后，3 个氦核将聚变产生碳。当这种聚变产生时，恒星将持续膨胀到氦耗尽。这也就是我们的太阳在大约 50 亿年之后将会发生的事情：在 1 亿摄氏度氦燃烧开始时，太阳会膨胀吞噬水星与金星，并炙烤地球。而如果恒星质量足够大，在 5 亿摄氏度时以碳为原料的聚变将开始，并产生更重的元素。但可惜的是，太阳并没有足够的质量产生碳聚变。

　　在较大的星体中，后续的核反应将继续进行。这类恒星皆具有同心的层状球形结构，越靠近核心则温度越高。在这些区域中可以发生更重原子的聚变反应，直到产生了最为稳定的铁元素。如若恒星质量足够大，当其核心的硅核聚变形成铁结束之时，恒星的内部核燃料全部耗尽，这时，恒星将迅速坍塌。恒星的外部物质将跌落至核心并撞击释放能量，并以超新星爆发的形式抛射其外层物质，且形成如金、银、铅、铀等比铁更重的元素。这一过程所辐射的能量，可与太阳在其一生中辐射能量的总和相当。

　　这种超新星爆发的结果是导致星系周边富含重元素，而这也使得恒星星系内得以形成含有重元素的行星系统。这场爆炸所产生的其中一些原子将构成生命。并非某种文学比喻，现代宇宙学已经揭示了，我们都是由货真价实的星尘所组成。由于重元素比轻元素有着更大的静电排斥，这些过程导致星系随着重元素比例的提高而老化。

▶ ▷ 重核存在的条件

根据对元素的产生顺序进行分析所得出的结论，我们发现，物质丰度与宇宙物理常数值之间的关系紧密到令人诧异。特别是为了具有足够产生生命的碳元素，就必须先形成碳核，而两个氦-4原子核必须要形成铍-8核之后才可以进一步形成碳。为了能够更高效地合成碳元素，就要求铍元素的原子核不能太过稳定也不能过于不稳定——一方面既要保证与氦原子核碰撞时能够吸收氦原子核而不是弹开，另一方面不能因为不够稳定而不足以持续足够长的时间与其他氦原子核发生碰撞。所以这就规定了氦、铍与碳的核能水平之间存在某种关系。此外，为了使得碳元素不会再与氦-4碰撞过程中完全转化为氧-16，又要求一定的碰撞稳定性以避免不产生氧或全然转化为氧。这又为碳与氧的核水平限定了另一个束缚。

对这些条件的详细研究表明，普遍物理常数需要有极为明确的数值，如普朗克常数、光速、引力常数、电子电荷、电子质量等。如果其中任何一个常数发生了变化，那么碳元素的丰度都将大大降低，以至于难以产生生命。而仅仅根据这些常数数值判断，元素的合成甚至不会达到铍。并且，根据这些数值所假设构造出的宇宙元素周期表不会超过三到四种元素。简而言之，比起现实中丰富的物质而言，设想中的宇宙只能由氢，或者氢、氦与其他少数一些丰度更低的元素组成。

8. 宇宙与生命：令人惊异的调谐

构成生物的碳、氢、氧等物质，很大程度上合成于 60 亿年前的恒星爆炸。虽然对于我们来说，这些原子的存在很自然，但是对它们形成所需条件的详细研究表明，如若物理常数数值稍有变化，那么它们将很有可能不复存在。在本节中，我们将通过双重视角探讨生命和宇宙之间的关系——生命、广袤宇宙与物理法则构架之间的深层关系；以及宇宙中相对丰富的生命存在。解答第一个问题同时也多少将给予我们一些有关第二个问题的启迪，如若没有适当的物理常数数值，在任意一个行星上，单个细菌的出现都将是不可能的，而人类的存在亦是如此。但是除此之外，还有什么其他因素，能够干预广袤宇宙中丰沛漫衍的生命呢？

▶ ▷ 宇宙的广袤与生命的存在

通过对浩瀚宇宙的探索，微小的我们感受到了无限世间的无穷无尽。然而，如果从物质历史的角度进行解释，这一比例符合逻辑。事实上，构成生物的碳、氮、氧、磷以及其他原子的形成过程需要相当的时间：首先形成原始星系，而后形成第一颗恒星（庞大而短暂）；之后恒星爆炸，在宇宙空间内，这些散射的原子核逐渐富集并形成第二代（或第三代）恒星；聚集足够多而丰富的重核形成可以承载生命的行星。……在整个过程中，宇宙也在持续地进行着扩展。因此，如若宇宙想要形成一个包含微生物的行星，那么其半径约为几十亿光年（约60亿光年）。而为了存在更为进化的生物物种，我们必须增加宇宙年龄（也因此可以观察到宇宙的大小）至大约35亿年。因此，乍看起来可能会认为一个星系大小的宇宙就可以包含生命，但是我们计算之后所得出的结果很显然地证明，宇宙想要生命存在必须比一个星系大得多得多。如若没有物质形成的逻辑概念，那么这种关系将会被忽视，随之而来的则是对这一问题可能的哲学解释也逐渐模糊化。

►▷　人择原理

物理常数的相关性不仅体现在重原子的形成中，在其他方面也很明显。举例来讲：如若引力常数较现在略低，那么过快膨胀的宇宙将会只由稀薄的氢与氦构成，难以形成星系。而如若引力常数较现在略高，那么在星系形成之前，宇宙就会再次收缩；如若电子电荷与现在不同，化学键的强度将会产生变化导致分子过

图 8-1 如若基本物理常数略有改变，那么宇宙的内容与结构都可能将与我们所认知的世界极为不同。也不排除具有众多常数值与内容皆不同的宇宙存在的可能

于坚固或不稳定；如若弱相互作用常数较现在更高，氢气聚变反应成氦的过程将更快，进而导致恒星将在很早就爆发而没有为重核的形成留存于世间。星体中核反应的速率取决于质子所带电荷、强相互作用常数以及引力强度——如若其中任何一个数值与现在不同，那么恒星的演化与原子核的形成都将与现在大相径庭。

在当前理论中所出现，作为试验参数的宇宙物理常数实际上并没有理论的合理性。物理学的一大愿景即是实现对物理定律中的物理常数值进行统一表达，目前这一愿景还远未实现。超弦理论是这种统一的一大希望，这一不指定常数数值的理论为物理定律带来了各种可能性。

鉴于以上情况，人们设想出了基于人择原理的解释——将物理常数与宇宙中生命存在相关联的原则，并且特别讨论现存的宇宙本身为何是现在这样。例如，我们可以设想存在无数物理常数数值都随机的宇宙，只有当某个宇宙中的常数适合生命，才会有生命体存在于该宇宙中。无穷宇宙的存在，在假设上则与原始量子真空的时空波动息息相关。

在其他的仅停留在推论阶段的理论之中，宇宙会通过黑洞不断重现并产生新的宇宙。在这一过程当中，物理常数将受到类似生物体基因组突变现象般，产生微小而随机的变化，并朝着导致更有利于恒星与黑洞产生的方向改变，而这将逐渐导致宇宙重启。这些常数数值对于重核形成与生命诞生的值理应相同。另一种可能性是以变分法补全物理定律，尽管对这种补全尚且一无所知，但是其可能与宇宙复杂性相关，而这种变分法将导致合适的常数数值，那意味着有更高的生命存在的可能性。这就如同莱布尼茨[1]所述："我们的宇宙，在某种意义上是上帝所创造的最好的一个。"

无论用何种方法表述，这些可能性皆表明，宇宙内部生命存

---

[1]　莱布尼茨（德语：Gottfried Wilhelm Leibniz，1646.7.1—1716.11.14）。

在的概率取决于其可观测的宇宙结构，哪怕其生命体并非智能观察者。这一表述既没有肯定也没有排除现今宇宙已被设计为兼容智能观察者的看法，但如若事后某些条件无法满足，则该观察者亦不存在。

▶ ▷　生命体存在的星群条件

但是生命存在的必需条件并不仅仅是各种原子，同时还要满足合适的恒星与行星条件。星系的大小以及每个星系之中难以计数的恒星，使得我们面对着苍穹繁星时不禁自问，苍茫宇宙之中是否只有地球拥有生命。对于这一系列问题的系统分析通常遵循德雷克[1]所提出的公式。德雷克作为 1961 年美国地外文明搜寻（SETI）组织的先驱者与创始人之一，他所提出的"宇宙文明方程式"旨在评估我们星系之中可能与我们通信的文明的概率。当然，这一共识可以进行更为广泛的运算，例如求索非智能生物存在的概率，或者智能但尚未能够进行通信的高智生命概率。

德雷克公式的意义在于，解释与定量合理化生命存在所需的因素，诸如恒星、行星与物理化学等。为了评估生命存在的概率，需将银河内形成宜居星球的速率乘以星球存在时间，这取决于我

---

[1]　德雷克（英语：Frank Donald Drake，1930.5.28—　）。

们所考虑的生物是单细胞、多细胞抑或智能生物。在地球上，单细胞作为唯一生物，统治地球的时间大约是 13 亿年，智能生命的存在只不过是几十万年间的事情，而人类能够与其他星球进行通信的历史才不过短短 200 年。

为了获得潜在宜居星球的行星数量，首先需要计算每年形成的恒星数量，再乘以该恒星内具有适合生命体存活条件的行星系统的概率，并乘以该行星系统内具有一颗潜在宜居星球的概率，而后将这一数值乘以生命出现的概率。其中，生命出现的概率取决于行星的大气条件与化学组成。最后再乘以智慧生物产生的概率，这一概率则需求一定的星球气候稳定性。

据估计，每年在星系中形成 10—20 颗恒星，而在大约 50 亿年前的速度高出这一速度近 1000 倍。伴随着星系年龄的增长，恒星产生的速率也逐渐减小。与此同时，含有更多的氦或其他元素，因为它们的电子排斥性比氢要高，所以更难形成新的恒星。由于联星系将会带来周围行星系的运动混乱，而智慧生命的演化需要行星具有一定的气候稳定性，因此，这一恒星系的恒星系统必须是单星系统。

恒星的质量必须是太阳质量的 90%—120%。如果质量较大，则寿命太短：一颗质量两倍于太阳的恒星只能持续燃烧约 10 亿年，这个时间太短，无法使得生命超越原核细胞阶段。实际上，由于引力压缩的原因，大恒星比小恒星燃烧得更快也更热。如果恒星太小，它的能量辐射功率会较小，若它周围的行星想要获得足够能量，那么它们之间的距离理应更接近。然而，这将使其公转周期与其自转周期同步[1]，就像月球在绕地球轨道时发生的那样，并且它总是将同一面朝向地球。另外，过小的恒星发射的光子能量更少，将不足以维持光合作用。

行星系是否能够支持生命生存，某种程度上也取决于其恒星系统自身的所处环境：临近恒星的密度不能太高，以免面临高强度宇宙辐射与超新星爆发的风险。因此，星系边缘存在生命的可能性要高于星系中心，毕竟星系中心由于高密度的恒星体与气体加速坠向星系内部黑洞的同时，将会释放出高能辐射，这会致使该区域的辐射密度极高。但是恒星亦不能太过边缘，因为缺乏重元素。

我们将上述考虑到的各个因素概率总结如下：单行系统而非联星系统的概率为50%；恒星质量在指定范围内的概率为1%；为了避免位于大密度恒星之间，该行星系处于适当的星系范围内的概率为30%。我们归总概率后大约可以估算出：每600颗恒星中大概只有1颗可以容纳生命生存的环境。

---

[1] 潮汐锁定，也称同步自转或受俘自转发生在引力梯度使天体永远以同一面对着另一个天体的现象。

▶ ▷　行星条件

探索行星与生命间的联系，研究行星是否拥有承载生命的条件是天体生物学的中心议题。行星表面温度几乎必须是0℃—100℃，这一区间的温度保证了该星球表面或至少一定深度范围内存在液态水。它也就意味着该行星与恒星的距离必须得当，即在宜居范围内。其行星轨道离心率亦不宜过高，以便接收稳定且持续时长足够的日照。如若我们只对单细胞或多细胞等低级生命形态感兴趣，我们也可扩大范围，在木卫二[1]与土卫二[2]绵延数公里的冰面之下搜寻。得益于潮汐摩擦，这两颗卫星据信存有液态水。对太阳系外业已探知的数千行星系统观察表明，尽管并不在潜在可居住范围内，每1/12类似太阳系的行星系中就有一个具有接近地球质量的行星。其中，离我们最近的适宜行星距离太阳12光年远，其他8个质量与地球相仿的行星则太过炎热，不适宜居住。距离太阳最近的恒星也要有大约4光年。

如地球般相近的质量对星球大气的存留至关重要：小行星无法提供足够的引力以截留大气，而质量太高的星球重力过大又不益于大型陆地动物的进化。此外，行星需要有足够强的磁场，以抵御恒星所散发的离子束。那么该星球就必须存在内部岩浆运动，

---

[1] 欧罗巴（拉丁语：Europa；希腊语：Ευρώπη）。
[2] 恩赛勒达斯（拉丁语：Enceladus；希腊语：Ἐγκέλαδος）。

而这又意味着将有火山、地震与大陆漂移的构造运动。

盘

古

大

陆

特提斯洋
（古地中海）

图 8-2 由于地球内部的地幔对流会使得板块不断产生漂移，进而致使地球表面的大陆分布随着时间的推移不断发生变化

除此之外，行星适宜的自转速度提供合适的自然日，以免昼夜温差过大。并且为了防止突然且混乱的气候变化，行星的自转轴线也不可太过震荡。值得一提的是，月球的存在有助于地球稳定其旋转轴的倾斜度。如若失去月亮，地球不会以现在介于22—24度的小幅度且有规律的震荡，而是将会以 10—70 度大幅度且混乱的方式进行旋转。这将会导致混乱且不规则的气候变化，复杂的生物体难以在这样的行星表面生存。恒星大小的限制、是否存在质量适中的卫星、行星的大小以及与恒星的距离这些因素都大大减少了高等生物所能够栖息行星的数量。就现在而言，尚且

缺乏拥有稳定倾角行星数量的信息。

我们对行星系统形成过程的细节知之甚少，因此很难谈论这类行星形成的概率，更不用说具有适合的质量与距离能够稳定行星倾角的卫星存在的概率了。但无论如何，把这些条件综合起来后，其概率结果应小于1%。最后，再把这些因素与恒星相关性的概率结合起来，其计算结果表明，每12万颗恒星中将应该可能有一颗星球存在生命。

一旦某颗行星满足了生命体适宜友好的基础条件，那么就必须考虑到该星球中生命体存续所必要的物理化学条件。这就要求该星球具有液态溶剂介质、水、适宜的大气成分与气压，以及有利于大分子合成的能源。

对于生命源起的概率我们无从知晓。有人认为只要行星条件适当，生命自然出现，另外一些人则对此持悲观态度。在此继续我们的假设，根据估算，若在宜居星球出现生命的概率在50%这个范围内，并且该种生命持续80亿年。那么在这些条件下，我们的银河系中可能具有微观生命的星球数量在100万个左右，远小于我们所推断的银河内的110亿个类地行星数量。事实上，可观测到的1800多个行星中，也只有8个类地行星。也就是说所观察到的上千个行星系中仅有8个与地球类似有概率孕育微生物级的生命体，其中的两个理论上或许可以容纳复杂形式的生命。

而论及可与外界沟通交流的文明时，这个数字又会大大缩减。

试想，如若在一个拥有生命的星球上，能够达到这种科技程度的智慧生物的概率大约为10%，这种智慧生命的寿命又究竟会有多久？是否先进科技的发明会导致自我毁灭？是否这个物种会因为战争或者仅仅因为无聊或缺乏精神刺激而自杀？它们的地位会被其他物种所取代么？我们现在先忽略这些问题。让我们预估能够进行星际交流的智慧生命存在时间是1万—10万年。即便在这样最理想的条件下，在我们的银河系中也仅有两颗星球能够拥有智慧生命。然而，由于银河系的半径大概在3万光年，那么这两颗星球之间相隔如此遥远，相互之间的信息交流需要成百上千年，因此我们与另一种智慧生物之间无法取得联系也是显而易见的了。

然而进化的过程不仅产生了新的物种外形，同时还伴随着物种的灭绝。除去能够更好地与其生存环境相适应的物种之外，地球上至少发生过四次大规模的灭绝事件，这也就意味着超过物种总数79%的生物灭绝。然而灾难发生千年之后，地球将再次郁郁葱葱、充满生机。

▶▷ 生命与行星大气

大气与生命体之间的联系十分紧密。地球上的早期大气与现今截然不同，那时很可能富含氨（NH_3）、甲烷（CH_4）、水（H_2O）

以及原行星盘[1]气体中所富含的其他分子。然而，当星体内部的核聚变开始时，冲击波将席卷新形成的行星，并点燃它们的原始大气。而后，行星内部的气体以火山喷发的方式喷出并形成其后的大气，其组成成分主要是二氧化碳（CO_2）、水蒸气（H_2O）、氮气（N_2）与二氧化氮（NO_2）。根据氨基酸在不同气体中合成的研究不难看出，大气成分与生物大分子的构成关系密切（第二部分大气综合来看，远没有第一部分大气有利于氨基酸的合成）。

现今我们所生活的大气可以看成第三大气。如若没有 2600 万年前，微生物在阳光照射下吸收那时大气中丰富二氧化碳时所进行的光合作用，那么如今大气中的氧气将无从得来。在水、二氧化碳与光线照射的美妙作用下，光合作用产出了丰富的生物质碳水化合物，同时向大气释放氧气。在这将近 20 亿年的岁月里，海洋表层悬浮的铁元素与空气中的氧气相反应，氧化并沉入大洋深处。在那里，铁元素历经复杂的地质构造过程，逐渐转化为大型矿藏。而在海水中溶入了足量的氧之后，氧气进一步进入大气层，并在高空形成臭氧层保护地球免受紫外线辐射。大约 5 亿年前的寒武纪，水中繁育出来的生命体终于得以开始向陆地与天空进发。

------

[1]   原行星盘（英语：Proplyd or Protoplanetary Disc；西班牙语：El disco protoplanetario），是在新形成的年轻恒星外围绕的浓密气体，因为气体会从盘的内侧落入恒星表面，所以可视为一个吸积盘。但不能将该过程与恒星形成时的吸积混淆。有时原行星云也会被称为原行星盘造成混淆，但二者并非相同。原行星盘的半径可以达到 1000 天文单位，但其最内侧的温度也不过 1000K，并且经常伴随有喷流。

谁曾想到，那时微生物微不足道的基因突变足以改变整个行星的环境。

因此寻找生命并不一定需要到达这个星球，研究它的大气成分就足够了。如若该星球大气中各种气体处于化学平衡状态，那么基本可以排除该星球上生命存在的可能。地球大气中的气体浓度就不处于化学平衡状态：如植物中的碳与氧反应，产生水蒸气与二氧化碳；而甲烷的存在必然归功于生物活动。自星体间水、碳、氮、磷与钙的大循环，到一个细胞内的代谢循环，生命体自身就是一种平衡外的现象，物质亦随之而循环。

对平均温度一定程度上的控制，是星球上生物反馈的另一种方式。植物蒸腾作用中无意排放的物质，可以充当水蒸气的凝结核，有助于调节雨滴的大小与丰度。如若水的温度增高，同样的过程也会反应在浮游生物及其代谢产物上。浮游生物的多寡与代谢排放随着温度的增高而增加，因而形成更多的小液滴。相较于少而大的液滴，细密的液滴所形成的云朵更易反射阳光并冷却地表。另外，少而大的液滴形成的云则会吸收由地表发射的红外辐射进而使大气升温。

天体生物学研究其他星球上的生命形式。正如同进化中基因突变与行星碰撞的偶然一般，地外生物的演化过程与外表形态可能与地球截然不同。小维度上的历史似乎不可重复，但当我们将尺度扩展，生物体的基本结构、遗传代谢模式似乎有迹可循。计算机对进化过程的模拟也在某种程度上验证了这一点。

▶ ▷ 群星宇宙内生命的终章

浩瀚群星也绝非无穷无尽，其能承载生命的时间也不过 90—120 亿年。大约 1.5 亿年后，伴随着太阳中心氢的消耗殆尽，由氦合成碳的聚变将开始。太阳升温并膨胀，进而吞噬水星、金星及至地球。在这强大力量面前，地表的温度会上升到足以融化岩石。地球的生命将在大约 30 亿年后灭绝，届时，太阳日渐强烈的炙烤将蒸干海洋中的最后一滴水。

首先，智慧物种理应迁移到如火星那样远离太阳的星球发展，其次，当太阳逐渐熄灭时迁徙到足以承载生命的年轻星球。然而新的星系亦有终焉，不过数十亿年弹指一挥间又将面临迁徙。况且，这样游牧的苟活并非不会终结。随着银河星系年龄的增长，恒星的形成速度将逐渐减缓并富含重元素。大约 600 亿年后，宇宙中的生命也不过将如此消逝。

9. 暗物质与暗能量

迄今为止，我们所讨论的物质模型仅仅局限于质子、中子与电子，更具体细分为夸克与轻子。这些对物质的认识，来源于地球上我们已知的世界与粒子加速器或宇宙射线中所捕获的证据。但是，我们又是如何认定整个宇宙皆由这些物质所构成的呢？希腊人曾经也思虑过相似的问题，他们曾认为已知物质由四种元素构成，但宇宙空间内则充满了未知的以太。

最近的研究理论表明：对星系的光谱分析证实了它们的构成原子与我们所熟识的相同。而现在越来越多的质疑与迹象表明，我们所已知的物质形态却最多只占据宇宙内容成分的5%。而宇宙中的剩余物质大概由25%的暗物质与70%的暗能量所组成。虽然我们观察到了许多受它们的存在影响而产生的细枝末节，但是其具体构成依旧是一个谜。

▶ ▷ 暗物质与星系运行

暗物质是一种基于假设推想而出的物质，它只会受引力相互作用的影响，而不受其他物理相互作用干扰。因此它与电磁相互作用无关，更不会发射辐射。这导致了只能够依赖星系的旋转速度，星系团、星系形成过程和原始轻元素的相对丰度等迹象推断暗物质存在。

观测现象表明，其星系边缘的旋转速度远快于纯粹由物质组成的星系旋转速度。也就是说，如果星系中只包含物质，那么快速旋转产生的离心力将会足以克服向心的引力，这将拉扯并最终导致整个星系撕裂 [1]。这也就是为什么自 20 世纪 30 年代以来，兹维基 [2] 提出星系中的物质应该比可见更多。虽然其中这部分物质很有可能组成了白矮星、黑洞与小行星等一般物质星体，但是所观测到的这类星体远不及其差值。出于这个原因，他提出了能够赋予引力却未知的物质存在，即暗物质。

这类物质会以环晕状围绕星系，并且越远离星系中心，其富集程度越高。与能够以电磁辐射方式释放能量的普通物质不同，

---

[1]　对星系转速的观测使我们发现，星系外侧的旋转速度较牛顿引力预期得快，所以可以推测是有数量庞大的质能拉住星系外侧组成，以使其不致因过大的离心力而脱离星系。

[2]　兹维基（英语：Fritz Zwicky，1898.2.14—1974.2.8）。

它们只会产生微薄的引力辐射，这类环晕状物质甚至会延伸至星系可见范围半径的 2 倍以外。某些关于对星系之间碰撞的详细研究，可以解释暗物质晕可能产生的影响。

星系团内的星系运动已经证实了由星系旋转获得的暗物质丰度指数，在这些星团之中，如若该星团仅仅包含一般物质，则星系的角速度明显高于其星团质心。

▶ ▷ 暗物质与星系的形成

虽然暗物质不能被直接观测，但是其存在可以通过银河效应推论判断出来。除此之外，亦可通过观测源自遥远星系发出的光，射过临近星系时产生的引力偏差，而被更一般地证明出来。对夜空中 2.5 万个星系间引力偏差的测量，使我们得以对太空中暗物质的分布进行系统研究。这项壮举性的研究结出了丰硕成果：间接地观察表明海量的暗物质存在跨越了无垠苍穹。在宇宙汇聚暗物质的怀抱之中，零星点缀着可见的星系，也因此，我们可以将积聚的暗物质团看作可视宇宙的构架。

星系的形成是一个缓慢过程，宇宙在形成后的 38 万年左右时，辐射才与物质不再相互作用。均质效果的辐射压力不再阻止物质间因引力所导致的聚集，星系进而逐渐形成。1992 年的 COBE、2002 年的 WMAP 以及 2012 年的 PLANCK 等卫星传回的数据，为我们揭示了宇宙微波背景辐射中存在的小各向异性[1]。这些各向异性与物质的局部密度分布不均性相关，它们就如"星系的种子"一般汇聚，兼并它们的构成物质。因此，对背景辐射的详细观察研究，可为我们提供在星系形成之前的宇宙状态。

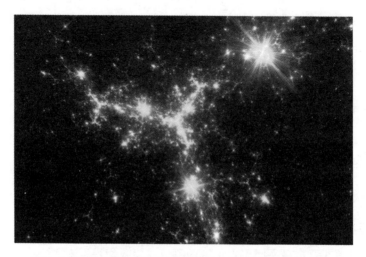

图 9-1　不受电磁辐射压影响的暗物质，将会比普通物质更早地受引力影响而开始聚集。而后，它们又将加速引力聚集，并进而有助于第一个星系的形成。暗物质在我们宇宙中组成了众多无垠通途，在其中点缀着可见的星系

　　背景辐射各向异性的微小差异表明，当前宇宙如若仅由普通物质所组成，在目前的持续时间内不足以形成星系。对于该问题的解释之一便是，假设星系形成始于先前的暗物质积累，而由于

---

[1]　各向异性，即非均向性（anisotropy），指物体的全部或部分物理、化学等性质随方向的不同而有所变化的特性。

这类物质对电磁相互作用不敏感，导致其未受到最初 38 万年以来普通物质所累积的辐射压力影响。也正是因此，最初暗物质只会被引力所相互吸引，并在之后的岁月中牵引普通物质的运动。

这一假设模拟了两种可能的暗物质类型[1]：由轻质且快速粒子构成的热暗物质；由重质且慢速粒子组成的冷暗物质。前者被用于解释大爆炸之后，星系和星系团等宏观大尺度宇宙结构的产生。这类暗物质首先形成了星系团，星系团再逐渐解构为较小的星系[2]。后者的过程则与前者完全相反，从平滑初始状态的小结构逐步构建，汇聚为更巨大的结构[3]。二者之间的差异导致不同情况的星系空间分布。对星系形成过程的计算机模拟以及这一模拟结果，与星空分布观测的比对表明，冷热两种暗物质的相对比例与事实相符。

尽管我们掌握了相当详尽的暗物质性质及其所能产生的效应，我们依旧对其成分一无所知。重暗物质可由本书第 4 节中提及的超对称粒子构成，它也是我们所主动搜寻的对象之一。然而可惜的是，至今我们尚未在大型强子对撞机（LHC）中捕捉到它的踪迹。

---

[1]　该分类并非依照粒子的真实温度，而是依照其运动的速率。
[2]　热暗物质的结构不依层级增长（由下而上），而是以断裂的方式发展（由上而下）。
[3]　在冷暗物质的结构依层级增长，在连续和逐级增长的过程中，少量的物质先塌缩和合并在一起，逐渐形成越来越巨大的结构。

►▷ 可能的动力学扩展

　　一些学者认为，与其假定暗物质的存在，倒不如直接修正异于广义相对论的牛顿的万有引力定律。这一提议的支持者援引了两个太阳系内所遇到的实例——即发现天王星的轨道存在扰动后，根据牛顿定律计算并假定另一颗星球的存在。凭借这种计算推理，确实发现了海王星。在这一情形之下，假设新行星的存在是成功的。然而在另一个例子之中，水星轨道近日点旋转异常[1]被观测到之后，对水星内层另一颗行星存在的假设，或受太阳旋转效应的拖动所展现的非常规引力效应，都不是合理且令人信服的解释，因此，必须对万有引力定律进行修正。

　　这一修正最初通过引力磁性理论[2]表达。在这一理论中，假定球体和点质量之间的吸引力不仅取决于质量，还取决于球体自身

---

[1]　即水星近日点进动问题。在牛顿物理中，一个独立天体围绕一个带质量球体公转时，这二体系会描绘出一个椭圆，带质量球体位于椭圆的焦点。两个天体最接近的那一点为近心点（围绕太阳的近心点为近日点），其位置固定。在太阳系中有若干效应导致行星的近日点有进动，围绕着太阳公转。这主要是因为行星不断对其他行星进行轨道上的摄动。另一个效应是因为太阳的扁椭圆形状，但这只造成很小的影响。因此，水星的实际轨迹和牛顿动力学所预测的有偏差。而广义相对论中，引力是由时空的弯曲造成的。这机制能够解释椭圆形轨道为什么会在轨道平面上改变取向，从而造成近日点的进动。

[2]　旋转的电荷除了原先即有的电场外，还会产生磁场。当质量旋转时，除了原先即有的引力场（引力电性）外，还会出现相伴场，称为引力磁场（引力磁性）。引力电磁性（西班牙语：las teorías gravitomagnéticas；英语：gravitoelectromagnetism，GEM）与电磁学并无直接关联，此名称来自引力现象与电磁学现象的类比性。

的旋转速度对该点质量产生的切向阻力，并将这一效果类比于磁场影响中的某类效应。也因此将麦克斯韦的电磁方程式引入引力，并设定引力的描述并不仅是寻常的标量势（potencial escalar），而且是与切向阻力有关的向量势（potencial vectorial）。通过这一势能的调整，可以合理解释水星近日点进动问题。除此之外，这一理论还对具有有限速度引力波的存在进行了预测，但其解释不同于爱因斯坦的后续推导。

25年后的1915年，广义相对论运用时间与空间扭曲的概念，创造了一个全然不同的引力理念架构，使得处于弱场条件以及慢速状态下的牛顿定律依旧成立。而在慢速情形下，正确参数化后，牛顿形式的万有引力定律也依旧成立。除去完全不同的概念构建以外，广义相对论还预先作出了引力磁场理论所未曾涉及的强引力场阐述。

对于万有引力定律的修正提议，在某种程度上讲，是暗物质的替代理论，它设法以非引力方式描述某些星系的异常旋转模式。然而还存在另外一种声音，即对牛顿运动定律进行修改。这种修改限定牛顿运动定律仅对数值超过某一极小且无限接近于零的加速度有效，它可以在避免修改万有引力定律的同时变更星系外部的动态。然而现今这一提议尚未产生预期结果，或已被部分驳斥。但是无论如何，这些理论猜想都是有趣的，因为它们教会了我们探究，种种异常究竟是源于受未知定律影响的已知物质，还是源于受已知定律约束的未知物质。同样的，这种探究也激励了我们对已知定律展开更为详细的探索。

▶ ▷ 暗能量与宇宙加速膨胀

宇宙存在的未知并不只如此。1998 年，科学家通过对远星系超新星爆发的观测得出了令人诧异的结论。宇宙膨胀并未减缓，相反，正在加速。介于引力作用存在而产生阻碍星系相互分离效果的影响，常理来讲宇宙减速膨胀应更符合逻辑，故而宇宙实际的加速膨胀令人费解。这就如同我们向天空扔出一枚石子，首先我们观察到了石子逐渐减速，然而突然之间这枚石子开始了向上加速。如同这枚石子一样，宇宙的膨胀也存在一个初始且短暂的快速膨胀阶段。而后将是持续 60 亿年的缓速扩张，直到宇宙膨胀再次加速。

加入了宇宙学常数的爱因斯坦方程，在某种程度上，已经预测出了这种加速膨胀。目前学界将这种加速膨胀归因于暗能量或精质[1]，这类物质可能由未知粒子构成。这些未知粒子通过尚且未知的作用力相互排斥，在这一点上，与普通物质或暗物质所表现出来的相互吸引截然不同。暗能量与暗物质之间的不同还表现在

---

[1] 精质（西班牙语：Quintaesencia；英语：Quintessence；亦译作"第五元素"），是一种用于解释宇宙加速膨胀观测结果的暗能量假设。

其分布上，与围绕星系与星团的暗物质所不同的是，暗能量分布在整个太空之中。从它们相互之间所表现出的斥力来看，这种分布很符合逻辑。

在广义相对论中，引力源相当于能量密度与压强的立方。如若压强表现为足够的负压，那么引力也就会转变为斥力，这是一种在牛顿理论中不可能发生的改变。然而，暗能量表现出的斥力符合广义相对论。但问题是，如何想象出一种物理实体能够具有如此的属性。或许它与量子真空密切相关，抑或其并非表现为物质，而只是微型的空间拓扑缺陷。根据推断，宇宙膨胀的第一阶段引力吸引将占主导地位，宇宙膨胀将会减缓；但由于辐射的存在，普通物质与暗物质将逐渐被稀释，之后，暗能量的排斥效应将逐渐占据顶峰，扩张也将逐渐加速。

也有人提出，所谓暗物质存在的设想纯属多余，而且事实正与暗物质理论相反。我们观测到的宇宙的加速膨胀单纯只是由于我们所处星系位于宇宙的低密度区域之中，在这种情况之下，所观测到的加速缘于局部密度低于平均密度，而导致的局部缓速降低。然而加速的各向同性[1]标志了这种理论必须限定我们所处的星系，恰好位于这一低密度区域的中心，而这种位置限定所表现的可能性太过于偶然，以至于显得有失公允。

---

[1]　向同性（isotropy），指物体的物理、化学性质不因方向而有所变化的特性，即在不同方向所测得的性能数值是相同的。

►▷ 　物质与宇宙的未来

我们对宇宙过去的探究远超于未来，但宇宙的未来很大程度上取决于其成分组成，特别是其自身所含的物质密度。宇宙的扩张起初较快，之后将受星系间引力的阻碍而减速。当然，较大的宇宙密度则引力较大，那么减速也越大。如若宇宙密度很小，则引力并不足以阻止膨胀，随着宇宙逐渐冷却，这种状态也将无限持续下去。相对的，如果密度足够高，膨胀将会减慢。假设量子效应并不对此过程产生阻碍，那么最终宇宙将会被压缩到密度与温度均无穷的极限状态，而后产生内爆。永久性膨胀的宇宙与膨胀到极限后收缩的宇宙之间的临界密度值为每立方米 3 个氢原子核。由于宇宙中存在大片空无一物的真空，它亟待为高密度区间所制衡，所以，尽管这一密度看上去远比地球或太阳的密度小得多，但这是宇宙平均密度。

因此，宇宙的终局完全取决于其自身密度：或无限期走向越发寒冷的扩张；或产生新的内爆与炙热的结束。对于后者而言，或许存在某种未知机制，能够在宇宙内爆之后令其重新膨胀并展开一次全新的循环。在历史上曾有过众多认为宇宙具有周期性质特征的理论：阿格里真托的恩培多克勒就曾做出将宇宙归总为 3 万年周期循环的预言；而阿兹特克与玛雅文化则一致认为，冥冥宇宙之中存在破坏与重生的循环。

　　然而就目前观测结果来看，由于存在某些与暗能量相关但尚不明确斥力的作用，当下的扩张可能会持续加速。这意味着很有可能我们正朝一个无限加速扩张的未来走去。但是，我们尚且无从知晓，这一加速阶段是否将无限地持续下去，抑或这种加速仅仅是阶段性的。也有可能暗能量在大时间尺度下表现出其不稳定性，最终将暗能量转化为物质。抑或当宇宙持续膨胀直至其密度足够小的时候，量子真空所表现出的局部不稳定性就会催生并孕育新宇宙的诞生。

10. 自必要永存的物质到历史偶然的物质

物质与宇宙的起源问题与唯物主义的两个基本辩论息息相关：即物质的永恒性，以及物质作为现实构成要素的绝对性和相对性。很多情况下，这些辩论的主旨都是在讨论物质与上帝之间的关系，究竟哪一个才能作为现实基石与核心。这里我们仅视为设想情况下的知识现实，而绝非某种意义上忏悔性的宗教信仰。这些问题之中难以确定的因素在于：我们并不真实确切地知道现实是什么，上帝是什么，而物质又是什么。

当前宇宙观为我们提供了四种角度来审视物质：饱含历史的物质；完美符合物理定律对称，并终将消逝为光的物质；其存在与物理基本定律息息相关的物质；以及仅占宇宙成分5%的物质。物质的偶发性及其量子不确定性使得唯物主义陷入了困惑，由此，我们可以引入一种具备非凡宇宙潜能，源自泛神论与唯物主义交相辉映、相互共鸣而产生的神秘唯物主义：物质产生于恒星内部，并且其存在与数学关系密切。这种物质为受宇宙动力效应支配的超量黑暗存在所漫溢。

▶ ▷ 物质与上帝：宗教与哲学[1]

我们综合前述有关上帝与物质世界联系的方法，进而以之描述有关物质与上帝、宗教、哲学间的问题。一方面我们要探求二者间深层紧密的联系，另一方面要将二者完全分离单独讨论。在这之前，我们要意识到，物理宇宙学与宗教二者共享世间存在所带来的一切惊喜，而这种惊喜也是科学与灵性的深层基础。然而，科学宇宙学侧重于研究宇宙规律、内容、结构与时间演变；而宗教宇宙论则倾向于讨论宇宙与生命的存在意义、世间善恶存在及超脱现实的可能性。从某种程度来讲，宗教的超脱不仅包括了时

---

[1]　本节包含三个不同且易混淆的哲学思潮与理念，在此辨析：

　　泛神论（西班牙语：Panteísmo；英语：Pantheism），源自希腊语"所有"（πᾶν / pan）与"神圣"（θεός /theos）两词加和而来，是将大自然与神等同并强调自然至高无上的哲学观点，自16世纪起便存在。其哲学观点认为神存在于自然界一切事物之中，除此以外，不存在任何超自然主宰或精神力量。代表人物如布鲁诺，将宇宙、自然与神等同，并认为自然物质永恒存在，且自身在不断变化之中；而斯宾诺莎直接用"神"与"自然"两个术语统一表达万物存在原因与最高实体的概念。

　　自然神论（西班牙语：Deísmo；英语：Deism），源自拉丁语"上帝"（deus/dios），是认为上帝创造世界以及其存在规则之后便不再影响世界的一种哲学观点，盛行于17—18世纪的西欧。这一观点的提出主要是为了回应牛顿力学对传统神学世界的冲击。自然神论推崇理性原则，反对神秘主义，否定违反自然规律的迷信与神迹。并且坚信上帝代表的是"世界的理性"与"智慧的意志"。上帝作为"始因"并不参与照顾世界。这一理论的本质是为了证明人类对上帝的信仰是合乎理性的。

　　泛自然神论（西班牙语：Pandeísmo；英语：Pandeism），源自希腊语"所有"（πᾶν / pan）与拉丁语"上帝"（deus/dios）两词加和而来，是将自然神论与泛神论相结合而产生的一种哲学观点，源于19世纪的德国哲学思想界。其哲学观点认为，上帝在创造了宇宙和它存在的规则之后，其自身就化身成为宇宙以及世界万物。

空束缚，甚至表现得比数学更为宽泛且更具创造性。我们将在以下段落中对这些概念一一进行总结。

一　由上帝创造的物质

——上帝自虚无之中创造世界，并不断对世界产生着影响：

这是《创世记》的观点：上帝从虚无中一步步创造出世界。根据《创世记》中的记载，上帝六天创世，但具体时间并不明确，因为对于上帝而言，很有可能是"天上一日，地上千年"。接着，上帝在这个世界上持续展现他的神威，不论是物理定律抑或是天佑奇迹。上帝持续保持着对世界的控制力。上帝即为道德与价值的基石，并赋予世界以意义。但是在这个前提下的基本问题是：上帝如何创造了世界？又是什么代表了上帝的永恒？如若上帝全知全能为何世间又有善恶？这一视角展现了多神教的过往，在那时，各种自然力量都被视为神。而到了一神教，至高无上的力量存在超越了所有其他自然力量，并将它们团结合一。我们可以观察到自多神论转变到一神论过程间的共存，以及在统一各种物质相互作用过程中，现代物理学所做出的努力。

——上帝创世，而后弃之不顾：

科学自然神论将上帝解释为一种自然的合理性。正如毕达哥拉斯学派所认为的那样：对上帝最纯粹的表达将出现在数学与物理学的基本定律之中。上帝并不直接介入世界，只是通过这些物理法则间接地对世界产生作用。同时，上帝不会照料人类，亦不会维持世间道德准则，更不会赋予宇宙以意义。在牛顿的力学中的世界不再被视为一个整体，而是表现为一种精确的机制。上帝就如同钟表匠，在宇宙创世之后旋即停止了对世界的干预，并准许宇宙根据其自身定律逐步进化。在如爱因斯坦等其他人眼中，上帝所代表的是纯粹物理与数学定律的合理性。在某些情况下，这种理性被视为对世界的超然；而其他情况下则是内在于世界的，并由此催生出了一种理性主义的泛神论。

二　物质与上帝是两种不同的永恒实在

　　——部分合一的原初混乱：

　　在某些宇宙论中，宇宙并非始于空无，而是由上帝或造物主从原始的混沌物质中整理而来。巴比伦宇宙观中原初的水 [1]，柏拉图《蒂迈欧篇》中的混沌，以及《创世记》第一行的那句神秘的"Tohubohu" [2] 都从不同方面印证了这一点。《蒂迈欧篇》中这种秩序的自然可以是数学的，但是柏拉图眼中的造物主并未完全辟除

---

[1]　巴比伦神话世界起初只有汪洋混沌。咸水、甜水两股水流代表阴阳两性并逐渐交汇生出众神。其中包括转写苏美尔语拼写为 Abzu 的神，苏美尔语中 Ab 即意味着水或者精液。这一神祇神力强大，巴比伦与亚述庙宇中部分圣水槽也称为 Abzu。后世宗教也部分吸收接纳了这一神学概念。

[2]　源自《创世记》1:1："地是空虚混沌"（希伯来语：וְהָבֹ֫הוּ，tohu bohu）。由于 tohu/bohu 韵脚相同，故二词连用并表示双重加重。

世间混沌[1]。所以尽管造物主是善的，但世间仍存邪恶。在某些模型中，这种秩序存在的时间有限，而后宇宙将再度陷入混乱。

——上帝与物质相结合：

在另一种情况下，物质与神的二重性被看作相互融合。在斯多葛派的唯物主义中，世界被看作物质与神的结合[2]，神圣且神秘。神的身体与世界相融合，犹如水与酒，或是火中的光与热。人类透过理性与圣灵留存于体内的意识就可以接近神。斯多葛派的唯物主义往往与伊壁鸠鲁唯物主义对抗，其理论基石并非物理思维，而是医用思想[3]，并且他们还将宇宙设想为一个有机整体。

——物质与上帝相对抗：

在这种解释之中，物质被看作邪恶的黑暗力量处于上帝的对立面。马自达主义即最著名的例子。波斯人琐罗亚斯德[4]于公元前7世纪所创立的祆教[5]中认为阿胡拉玛兹达（Ahura Mazda）即至

---

[1] 柏拉图认为宇宙源于无区别的混沌，混沌的终结是超自然神活动的结果。依照柏拉图的说法，宇宙由混沌变得秩序井然的原因是造物主为世界制定了一个理性方案。这种方案付诸实施的机械过程即各种自然事件。

[2] 斯多葛派学说以伦理学为重心秉持泛神物质一元论，反对任何形式的二元论，强调神、自然与人为一体。"神"是宇宙灵魂和智慧，其理性渗透整个宇宙。

[3] 对于斯多葛派而言，哲学具有治疗功能，而逻辑就是解决万物难题症结的解药。"逻辑"一词源于"逻各斯"（希腊语：λόγος；英语：Logos），希腊语意为："话语"，哲学中用于表示万物规律与原理。各种学科的字尾（-logy）也来源于此。"逻各斯"的拉丁语译为"ratio"，后转为法语"raison"，最后成为英语中理智（reason）与理性（rationality）的字根。

[4] 琐罗亚斯德生卒年份不可考，据信卒于前583年，且大概活了70岁。

[5] 琐罗亚斯德教（波斯文：ﺯﺭﺘﺸﯿﮔﺭﯖﯼ；Zoroastrianism），也称祆教或拜火教，是伊斯兰教诞生之前中东和西亚最具影响力的宗教，古代波斯帝国的国教。琐罗亚斯德教思想的二元论对犹太教以及后来的基督教与伊斯兰教有着深远的影响。

高无上的神，而其宿敌阿里曼（Ahriman）则代表了一切罪恶与黑暗之源。摩尼教[1]中光明的善与物质的恶相对立：自物质的恶中诞生恶魔，标志着邪恶的力量。直至公元 1 世纪末，犹太灵知派[2]也依旧对物质抱有负面看法。同时认为，在神与世界之间存在一系列递减的神圣衍生物，其间众生有限而无用，以此彰显造物主的全知全能全善。只有某些存在可以通过埋藏在其意识之中神性的火花认识上帝。岁月流转至 12 世纪，卡特里派[3]也同样吸纳采取了这种不信任物质的看法：物质作为不安且有限的存在，是灵魂的监牢，其本身犹如一种痛苦的幻觉。这一类似看法历史上重复出现过无数次。

[1] 摩尼教（波斯文：یمانیکیآ；英语：Manichaeism），也称作明教，由波斯先知摩尼所创立。该教派哲学体系融合琐罗亚斯德教、基督教与佛教理念。吸收了琐罗亚斯德教的善恶二元论思想、基督教的耶稣崇拜、佛教轮回观念、犹太教天使概念与诺斯底主义灵知思想。摩尼教认为人类的诞生伴随着光明与黑暗的决战，物质是黑暗产物而精神是光明产物。所以该教派否认物质世界，寄希望以信仰与戒律获得灵知，并重归光明。
[2] 灵知（Gnosis），源自希腊语"知识"（Γνώσης），有意译为"真知"，也有音译为诺斯底主义。其信念认为通过个人经验可以获得知识，而透过超凡的经验，人可以脱离无知并超越现世。
[3] 卡特里派（Catharism），源自希腊文"纯净"（καθαροί/Katharoi），也称为纯洁派，是受摩尼教思想影响的中世纪基督教派别。此教派于 1145 年传入法国阿尔比城（Albi），也因此得名阿尔比派（法语：Albigeois；英语：Albigenses）。卡特里派融合了摩尼教及灵知派思想，主张灵魂高于肉体的二元论。与摩尼教相同，该教派信仰创造无形的精神世界的善神，与有形的物质世界的恶神。善神造灵魂，恶神造肉身，善恶是斗争不断。恶神把人的灵魂囚禁在这属物质的尘世身体里。物质世界中的死并不是解脱，而只是灵魂循环至另一个监牢内。世界充满疾病与痛苦，而该教派视物质为恶，所以物质世界也是恶的。

三　上帝与物质皆为真实

在某些情况下，对神与物之间的辨别是绝对的，并将上帝与宇宙相提并论，即认定世间万物一切皆为上帝的泛神论。1677 年斯宾诺莎[1]的《伦理学》[2]即泛神论标志性的著作。这一著作源于笛卡儿的机械论，包含了希伯来卡巴拉哲学传统，以及新柏拉图主义的残迹。此书的中心主题为肯定世界实质的统一只能源于上帝，而此种实质的统一即为上帝与自然之结合，犹如思想与物质的合流。上帝与自然之间的对应关系是精准的，并且不存在任何超越上帝统御的形式。世界秩序并非来源于至高之上，而是其自身会表达所有的现实。人类没有特权，也不意味着人类拥有能够与自然其他存在相互割裂区别的能力。人类只得被拯救于上帝的智爱之中。

四　物质即为唯一现实

——永恒不变：

在经典的原子唯物论中，物质是基本现实，永恒且坚不可摧，无须创造亦不会改变。物质之间的结合是短暂且偶然的。

---

[1]　斯宾诺莎（拉迪诺语：*Baruch de Spinoza*；拉丁语：*Benedictus de Spinoza*，1632.11.24—1677.2.21）。

[2]　《伦理学》：*Ethica Ordine Geometrico Demonstrata*。即《依几何次序所证伦理学》，简称《伦理学》。

——非永恒不变：

有关宇宙年龄有限抑或永恒的争论在哲学上几乎从未停歇，不存在权威性的观点也就无从判断对错。康德[1] 在 1787 年出版的著作《纯粹理性批判》[2] 一书中将这一讨论视为一种二律背反[3]——即阐述对同一个对象或问题所各自形成的两种理论或学说虽然各自成立却相互矛盾。另一层矛盾则介于物质无限可分的连续性与原子的不连续性之间。基于宇宙观测的大爆炸模型似乎表明了物质始于某个具有确切历史的特定时间而非永恒。然而，由于可以假设世界源于毫无动机、意义与必要性的偶然，因此这并不意味着必须接受创世者上帝的存在。

▶ ▷　现代宇宙学的贡献

不论与上帝关系如何，抑或从未感知过上帝，物质都启迪了我们思索宇宙根源。这一启迪方式亘古未有，并且比历史上任何一个时刻都更为直观与宏伟。宇宙学巨大的吸引力使人们不禁前赴后继地对宇宙根源进行深入探究，这一热情最为常见的表现形

---

[1]　康德（德语：Immanuel Kant，1724.4.22—1804.2.12）。

[2]　《纯粹理性批判》：*Kritik der reinen Vernunft / Critique of Pure Reason / la Crítica de la razón pura*。

[3]　二律背反（西班牙语：Antinomia；英语：Antinomy），源自希腊语"违背"（ἀντί /anti-）与"规律"（νόμος / nomos）二词的加和。

式即热衷于占星术。某种意义上来说，神秘、玄妙而具有象征意味的占星术的确比科学更为恰到好处地迎合普罗大众的心理。然而，占星术也并不仅仅聚焦于对星盘的观察，而是更多地寻求人类对繁星的解释。也正是得益于精心制作的星盘，使得包括开普勒[1]在内的许多天文学家可以以此为生，穷其一生投入天文学的研究之中。

宇宙学中充斥着诸多精妙的细节，但在此，我们仅特别关注与物质有关的四个观点。古典唯物主义认为，物质是一种独特而明确的永恒现实，或者说至少从宇宙诞生之日起就亘古未变。在刚性空间与均匀流逝时间不变的框架内，物质扮演着现实唯一的主角。现代物理学在以下四个方面改变了这一看法：

第一，唯物主义认定物质是永恒且坚不可摧的，而宇宙学则表明质具有一个明确的开端与演化。物质通过这类演化拓宽了自身复杂性，以及与原子、分子结合的多样性。

第二，唯物主义认定物质即必要的现实，但宇宙学则揭示物质的存在取决于物质与反物质之间对称性的破缺。如果这种对称性没有被打破，则世界上唯一的存在将是电磁辐射与引力。那么，物质将不再是宇宙学的核心，也将不再是宇宙基本且不可或缺的因素。甚至完全可以想象并得出在数学上全然合理然而实际上并

---

[1]　开普勒（德语：Johannes Kepler，1571.12.27—1630.11.15）。

不存在物质的宇宙。

第三，核重超过碳元素的物质存在是偶然的，并且在很大程度上取决于基本物理常数。这些基本常数与重物质紧密相关，或者换句话说，与生命和宇宙间的基本定律密切相关。哪怕仅仅是物理常数一个很小的改变，都有可能导致产生一个全新且未知的宇宙。

第四，已知的物质由质子、中子与电子构成，或再细致一点，是由夸克与轻子构成。根据唯物主义理念，这些物质即唯一实质，而现实是，这些物质仅占总宇宙内容的5%。宇宙内容的其余部分由具有引力相互作用的暗物质以及具有相互排斥作用的暗能量各自占比25%与70%。尽管我们了然二者各自呈现的宇宙效应，但至今难以哪怕浮光掠影地了解此二者的基本成分。

宇宙未来的命运取决于其自身的物质密度，根据其密度数据能够判断宇宙将无限膨胀还是会达到最大值后再次收缩。似乎宇宙将或以加速的方式无限膨胀，那么生命与之相比，则极为有限。

如若生命的存在与宇宙规律之间存在深刻紧密的联系，那么，被置于这无限扩张宇宙内的生命，其昙花一现的寿命相较于漫长宇宙时光，这弹指一挥间匆匆消逝的生命的确会令人困惑。当然，宇宙并非永恒生命的乐土，但伴随着宇宙的成长，似乎它与生命之间的联系也越发紧密。总有一天，宇宙会扩张到极限并开始收缩直至消失，由此对宇宙未来的思索又将激起比宇宙起源更多的反思。

▶▷　物理定律与宇宙

不仅宇宙与物质之间的关系令人着迷，宇宙与数学或物理定律之间的关系亦令人沉醉。物理定律具有极为特殊的地位，甚至我们可以认为这些定律超然于宇宙之上。因为只要物理常数产生更改，即便是同样的物理定律都有可能导致全然不同的宇宙结果。某些人认为，从那些我们还未能全部掌握的基础物理定律之中，可以探求到宇宙的意义。由于基础物理定律的合理性符合更高的表现形式，所以这些定律不仅适用于我们所存在的宇宙，同样也应该符合其他那些可能存在的宇宙，哪怕这些宇宙并不源于量子时空涨落。还有另一些人持相反观点，并且利用一系列由人类自己所精心设计的办法，尝试去探索可观察现实的各个要素。另一些人则认为，宇宙现实具备重现与修改的能力，而其中的物理常数数值所起到的作用就如同宇宙的基因。但如若简单将世界数字化地进行理解，则实难解释表象时空与深层宇宙之间的联系。因为数学在此并非数字计算或计量尺度，而是其本身就是实在的基础元素。

| 第三章 |

物质科技

存在之功用，应用之局限

　　将群星间的作用与原子内的活动相统一，整合全宇宙与所有基本粒子的万有理论畅想，常常使人们忽略宏观与微观之间的尺度，忘记了行星之内与人类的世界。在对物质思考的过程中，我们不应只局限于其元素成分或宇宙维度等大视角远景，同样，我们也应将视界拉回周遭环绕着我们的大自然，以及为我们服务的技术之中。从最原始的雕琢石斧、火的使用与车轮的发明，到冶金、印刷、蒸汽机、电力、电磁波、石化产品、电子产品、计算机等新技术的发展，科技决定性地塑造了我们的生活方式，乃至延伸到了人类行为的基本方面。而科技的发展则通常伴随着新的结构与设计或新材料的应用。

11. 物质、形式、能量与熵

调和变化与永恒、统一与多样的尝试，催生了物质元素概念与原子不变理念的起源。然而，在世间繁杂万物的不断变化之中，总有不变留存下来：形式与守恒。由此我们得到了能量结构、能量守恒与能量退降的概念。这些将逐步引导我们在现有应用背景下对这一问题进行深入探索。与此同时，在漫长而悠久的历史长河之中，对物质与形式之间进行的二元性思索，也是深入反思物质的主要线索之一。这种思索将引领我们在艺术、科技乃至形而上学之中不断前行。

▶ ▷ 能量

原子论从不缺乏在变换的现实之后找寻永恒的抽象尝试：毕达哥拉斯求索于数学；阿那克西曼德于无限定中找寻；而物理学家则在守恒量与普遍物理常数中探求。17 世纪，伽利略与笛卡儿分别提出了惯性原理与动量守恒定律。这同时也标志了与亚里士多德物理学的彻底决裂。因为在亚里士多德物理学中，物体需要受到持续的力的作用，其运动状态才会保持恒定。动量守恒这一概念使其成为创世与宇宙能够永远维持所必须的属性之一。如若没有运动，物质将是静态且惰怠的。守恒的概念削弱了上帝对于世界不断产生着作用的这一说法，并为日后上帝创世后便袖手旁观的自然神论铺平了道路。

在 19 世纪中期，迈耶[1]与焦耳提出了热力学的第一定律。这揭示了另一种普遍的守恒定律：即比运动更抽象的能量亦遵循守恒原理。为了阐明这一原理就必须否定当时所盛行的热质说。在热质说中，热质被描述为无质量微妙流体存在。在拉瓦锡的化学理论之中，热质代表了热量。尽管这一理论最终被推翻，但是这一启发了热机、热传导以及声速等方面研究的热质说模型在当时看来依旧是富有成效的。因此，以公式表达能量的守恒就成为摒弃热质说所必须克服的第一个难关。

例如慕尼黑的拉姆福德伯爵[2]与伦敦的化学家汉弗莱·戴维英[3]等多位科学家，都注意到了通过摩擦可以无限生热这一现象。这不禁使得人们开始质疑热质存在的真实性。然而，由于替代理论的缺乏，使得热质说短时间内难以被淘汰。在其替代理论

---

[1]　迈耶（德语：Julius Robert von Mayer，1814.11.25—1878.3.20）。
[2]　拉姆福德伯爵（德语：Reichsgraf von Rumford；英语：Sir Benjamin Thompson, Count Rumford，1753.3.26—1814.8.21）。
[3]　汉弗莱·戴维英（英语：Humphry Davy，1778.12.17—1829.5.29）。

的愿景之中，热量与功是两种不同形式的能量交换，且就其总体而言是守恒的。那么在这里，我们也再一次看到了针对物质的讨论：是否我们应该像四元素论、燃素论与热质说所述，将热量也看作特殊的物质？我们又是否应该将冷与热看成两种不同的物质对待？我们又能否通过降低热量的手段以影响粒子系统的内部运动？

能量守恒的普遍性使得这一概念的先驱者们感觉仿佛触及了现实物理的最底层。然而对能量的解释是多种多样的。对于某些人而言，通过一系列表征事件的数字就可以对能量进行简单的解释，并且，这一系列数字测量与计算的规则业已确立。同时他们还坚持认为能量的引入并不会导致任何新实体的产生，而其他人则会试图将实质归因于能量并视其为存在之基础。最后，还有人将能量视为物质潜力的表达，这种充满活力的特性显然与经典学派之中怠惰且迟缓的观点相左。

能量是产生变化的能力，它可以由不同的方式呈现：动能、引力势能、电势能或弹性势能、磁势能、化学能、热能、核能等，但无论如何其总量守恒。因此，相较于原子，一些作者更期冀于将巴门尼德的"存在"甄别为能量。如若将古典原子论与唯物主义的立场相混淆，则能量抽象的本质更倾向于唯心主义的世界观。

　　到了 19 世纪，唯能论 [1] 如此声势浩大以至于相当多的科学家都否认了原子的存在。原子表现得似乎并不具有存在的必要，且原子这一存在本身在那时也从未被观测到。与此相对，能量的变化却是显然且直观可测的。马赫、奥斯特瓦尔德在内的唯能论者与波尔茨曼、麦克斯韦所代表的原子理论人士曾展开一系列激烈的论战。开尔文勋爵将原子设想为充满能量且具有多种拓扑结构的以太旋涡，这一设想并未在物理学上产生很大影响，却激发了数学纽结理论 [2] 的研究。事实上，开尔文的这种解释某种意义上预料了反物质概念的存在——当一股顺时针旋涡与逆时针旋涡相互撞击时，二者将全部消失并产生以太波。这与粒子与反粒子之间湮灭的本质完全相同。

▶ ▷ 形式

　　尽管物质形式多样或转瞬即逝，但读到这里，我们已将其视为基础与永恒的存在。但形式本身的存在可能比物质要更为持久，它们的存在或具多重性：例如两簇水晶、两条狗、两棵树，这些事物都具有类似的形态，而这一形态本身独立于其构成原子；或

---

[1]　那时的能量学认为能量是唯一真实的实在。物质本身并非能量的负载者，其存在只不过是一种能量表现形式。唯能论本身是一种唯心主义思潮。犹如感官的能量过程能够引发感觉，进而意识的能量过程造就了外部世界。
[2]　纽结理论，拓扑学的一个分支，研究纽结的拓扑学特性。

其形式存在于由运动物质暂时性的构成之中：例如洪流之中的漩涡由不断奔驰的水流所形成。在活体动物之中，物质的留存是短暂的。构成我们身体的细胞每隔几天或几周就会发生变化，甚至每隔六七个月，我们的身体都将由不同的物质组成。然而物质更替之后，其形式依旧长存。这也难怪在亚里士多德物理学与中世纪神学中都认为形式与灵魂紧密相连。

基于以上原因，柏拉图在其对话录中，特别是在《斐多篇》[1]中，将形式阐述为比物质更为永恒与深刻的现实，并假设理念或形式是纯粹的，远比有生有灭的具体事物更为真实。他认为，形式将成为感官诸多感知形式的永恒参照，只有哲学的探究精神才能使我们接近这些纯粹的形式，缺少这一探究也就不可能存在任何真正的知识。其《理想国》[2]中的地穴寓言[3]尤为著名，在这篇对话中，柏拉图将感知的现实与理想的阴影进行了深刻的比较。

但亚里士多德并不赞同这一观点：他坚定地捍卫了物质真实的完整性与连续性且不参照永恒的现实，并从行为到潜力，多方

---

[1] 《斐多篇》：（拉丁语：*Phaidōn*；希腊语：*Φαίδων*；西班牙语：*Fedón*）。
[2] 《理想国》：（拉丁语：*Res Publica*；希腊语：*Πολιτεία*；西班牙语：*La República*）。
[3] 地穴寓言：囚犯们束缚于洞穴之中，面前是墙壁而身后是篝火。无法转身的囚徒会通过墙壁上的影子认识世界，并认为影子也是真实存在的。当逃脱枷锁的囚徒离开洞穴第一次看到真实事物并为其他人解释影子的虚幻与指明光明的道路时，其他囚徒反而会觉得他比逃出洞穴前更加愚蠢。因为对于囚徒而言，除了墙壁上的影子，世界再无他物。这则寓言表明"形式"是阳光下照耀的实物，而我们感官所反馈的不过是墙壁上的阴影。而自然比起理想世界来说是单调且黑暗的，只有哲学家能够在真理的阳光下看到外部事物，而其他人所看到的不过是影子罢了。

面精确而细致地审查了物质与形式 [1]。对于柏拉图而言，如若具体形式是一种比确切事物更为现实的理念或原型存在的话，那么对亚里士多德来说，则不存在任何超脱于物质独立存在的形式。形式不受约束，由物质对象赋予其理解与本质 [2]，并且物质的潜能由其形式所决定。因此，这个世界一切实体存在的本质是由物质而构成"形式"。由此，灵魂即为肉体的形式。或许有可能存在独立于物质的纯粹形式，这种"独立的实体"即第一推动者或不动之动者 [3]。其为思考自身的思想，纯净的美，且静态而不动，也即神。对于亚里士多德而言，凡感性实体即存以下四因 [4]：质料因、形式因、动力因、目的因。物质即事物四因之一，而非现实本身，更是一种关系：事物自身并不重要，而其与另一事物之间的关系才是重点。因此石头即雕塑之质料；词语即句段之基石；抑或英勇业绩即成史诗之基础。

---

[1] 此处指的是"现实"（entelecheia）与"潜能"（dynamis）的概念。现实即成果（telos）；而潜能又可分为"行动"（poiein）与"被行动"（paschein）。

[2] 亚里士多德认为自然界中无法观察到纯粹的形式或纯粹的质料，一切自然实体皆由质料与形式复合而成，即质料与形式密不可分。

[3] 第一推动者（拉丁语：primum movens；希腊语：δοὺ κινούμενος κινεῖ；西班牙语：primer motor inmóvil；英语：unmoved mover）；亚里士多德《形而上学》（拉丁语：Metaphysica；希腊语：Τα Μετα Τα φυσικά）。

[4] 亚里士多德在《形而上学》之中阐明个人经验之上的事物原理与原因的知识即智慧。这类知识比感知经验更难获得，但亦可解释宇宙万物。四因说用以解释事物变化与运动的原因。质料因：即构成事物的材料、元素或基质；形式因：即决定事物的本质属性，或者说决定某一物样式的原因；动力因：即事物的组成之动力；目的因：即事物所追求之目的。

现代科学将理型论[1]的某些方面转化为对物理结构的思考，并致力于对其复杂形式进行研究、测量与分类。由精确几何特征所构成且具有结构重复性的原子或分子晶体，即最为明确的形式之一。除此之外，结构有序但不具备几何特征的准晶体[2]也是很好的例子。化学已经成功合成了具有高对称性的非凡分子结构，例如富勒烯，一种具有60个碳原子作为顶点的正多面体。在晶体中，物质与形式都代表着永恒的稳定性。然而存在另一种被普里果金[3]称为耗散结构[4]的形式，与稳定的晶体相反，这种结构是开放且不平衡的。例如旋涡，维持这个远离热力学平衡状态的开放系统需要能量或物质的不断做功。

曼德尔布罗[5]的分形几何学对自然形态的分析产生了新的推动力：分形可以理解为一种在所有观察尺度内物体形状与复杂性都能良好保存的几何结构。分形形式可以很好地重现云朵、海岸、山脉、悬崖、旋涡、肺脏内部乃至大脑的形状，而经典多面

---

[1]　理型论认为在人类感官能够感受到事物的共相之上，存在一种抽象的完美理型。柏拉图认为人类感官可见的事物只是完美理型投射的一种表象，而非真实。柏拉图以理型论来作为共相问题的解答。共相相对于自相或殊相，指某种特征或性质可由不同个体所分享。柏拉图的理型发展出唯识论。而亚里士多德认为共相由人类感官所虚构，所以共相不实存，他的观点影响了唯名论与概念论。

[2]　准晶体（西班牙语：Cuasicristal；英语：Quasicrystal）。

[3]　普里果金（俄语：Илья́ Рома́нович Приго́жин；西班牙语：Ilya Romanovich Prigogine，1917.1.25—2003.5.28）。

[4]　耗散结构具有自发生的各向异性对称缺以及复杂混沌的结构。经典物理学认为能量越低系统越稳定，高能系统将能量转化为熵的过程使得系统不稳定，而耗散结构具有独特的动态机制。所以在高能状态下，其开放系统亦能够维持稳定。

[5]　曼德尔布罗（法语：Benoît B. Mandelbrot，1924.11.20—2010.10.14）。

体几何与球面几何难以对以上这些形状进行恰当的描述。多面体、螺旋线、分形、球面、手形、树形，如此多样形式的自生外观，及其根据外部环境而呈现的选择也是一个具有广阔空间的研究领域。

▶ ▷ 转换

在讨论原子、能量或形式时，我们一直坚持寻求永恒与统一。然而，另一种世界观强调了变化与多样性的重要作用。相比永恒不动的假设，这种世界观能够为现实做出更为深入而真实的表达。例如在 20 世纪马克思主义鼎盛时期流行的辩证唯物主义，借由黑格尔[1]曾经为精神设计的辩证法，辩证唯物主义将正题、反题与合题的黑格尔辩证法延伸至物质领域。在这一理论之中，物质的定义尚且含糊，从原子到社会现实，自生产系统至意识形态无所不包。其间，运动则被解释如同现实之本质。相较于自然科学，辩证唯物主义更被社会科学所青睐。以恩格斯为首的一部分人相信，一切皆物质，而在最为繁复的社会关系之中，可以发现最为深刻与真实的自然法则。

尽管在现代科学中表现得较为谨慎，但实际上，辩证唯物主

---

[1]　黑格尔（德语：Georg Wilhelm Friedrich Hegel，1770.8.27—1831.11.14）。

义并不排斥使用相同的法则来描述自然与社会。首先要理解最为简单系统内的规律——如物理学、生物学、分子学、动物学，以及日益复杂的人群，而后尽可能多地将之应用于人类社会。这一过程难以以相反的方式进行，即试图从社会中推断出物质定律。就如同当代物理学试图从基本粒子及其相互作用，来描述所有现实的"万有理论"一样，辩证唯物主义的实质也是一种"万物理论"，它试图从最为复杂的人类社会现象中获取解释所有现实的能力。人们都习惯从简单到复杂的还原论，而较难以复杂到简单这一相反的方式进行思考与想象。在宇宙与生物进化的历史长河之中，走过了从简单粒子到生命与大脑的历程；在知识与人类行为的历史中，我们又从大脑转向了基本粒子知识。在实践之中，辩证唯物主义对科学真理是有害的：在斯大林主义[1]掌权期间，门德尔[2]遗传学与达尔文[3]进化论所遭受的迫害给农业发展带来灾难性的后果，同样，量子力学与相对论也曾被认为与辩证唯物主义不相容。尽管物理学在核军备竞赛中所发挥的重要作用，使之并未受到如遗传学那样的迫害，但苏联依旧对"资产阶级唯心主义"的代表及其教学表示了明确的批判。

---

[1] 斯大林主义思想理论表现为高度集中的计划经济体制模式，高度集权的政治制度以及文化思想的专制统治。
[2] 门德尔（德语：Gregor Johann Mendel，1822.7.20—1884.1.6）。亦译为"孟德尔"。
[3] 达尔文（英语：Charles Robert Darwin，1809.2.12—1882.4.19）。

▶ ▷　熵：退降、信息与多样性

　　理解了能量守恒的概念之后，我们清楚地了解了，无论如何能量都不会凭空产生与消失。因此，在一个孤立的热系统内，其系统变化只能由热至冷而无法逆向进行。相似地，也能够得出将功可以完全转化为热且不产生其他影响，但反过来热无法做功。有以上两点基础，便构成热力学第二定律的第一个表述[1]。这一表述由苏黎世的克劳修斯与汤姆孙所制定。此汤姆孙即而后的开尔文勋爵，他于 1850 年被授格拉斯哥男爵。克劳修斯与汤姆孙二者的表述都指出能量总值虽守恒不发生改变，但是其能量品质会退降。

　　例如，我们有较冷与较热两个热源，我们可以从后者中提取能量并使用热机将之转化为功。而如若我们有两个温度相同的热源，那么我们无法进行做功。由于在后面这个例子中的内部能量并不能转化为功，所以，由此可见，能量并非表示做功的能力。1865 年，克劳修斯首次引入了熵的概念，并对其进行了数学归纳导出：熵是热量与绝对温度的比率。热力学第二定律也因此由熵

---

[1]　其规定表述分别为 1850 年由克劳修斯所提出的：热不可能自发地、不付代价地从低温物体传到高温物体；以及 1851 年由开尔文所提出的：不可能从单一热源取热，把它全部变为功而不产生其他任何影响。二者表述本质上是等效的。

增加原理获得了定量表述 [1]。对于一个孤立系统而言，其熵状态永远只会增加或保持不变，而不会减少。由于熵存在明显的方向性，所以有时亦被称为时间箭头。熵增量越大，其能量品质退降量度越高。

熵与能量逻辑上具有类似地位：二者都是规则确定的数量，且其作用于表述状态顺序而非辨别分类。但由于熵不会保持不变，所以不像能量那样被尝试视为一种物质。熵增所描述的不可逆性限制了科学家们的想象力：对于很多人来说，热力学第二定律宣判了宇宙的热寂。在这种热寂状态下，宇宙所有物质温度达到热平衡，自然也就不存在任何形式生命存在的可能性。

1872 年，波尔茨曼通过统计概念出发，利用分子动理论完美阐释了热力学第二定律，使得熵这个概念向前迈了一大步。就此，熵亦被用于计算一个系统中的失序现象，也就是计算该系统的混乱程度。晶体的粒子间构成结构极为有序，所以晶体的熵值较低；而气体中分子可以随意移动，所以气体的熵较高。平衡状态下的熵最高，其内部也是最为混乱的。在这一理论下，其无序程度通过由其所构成的微观态数量所表达。也就是说，其微观特性或每个分子的位置与速度在某一宏观系统参数状态下相兼容。其中，微观态以每个组成的原子的位置及动量予以表达，而宏观系统参

---

[1] 由熵统计力学对热力学第二定律进行的表述为：孤立系统的自发过程总是从热力学概率小的宏观状态向热力学概率大的宏观状态转变。

数则包含物质量、温度与压力。

对混乱增长的肯定几乎与达尔文进化论形成于同一时代。与之形成鲜明对比的生命系统，无论是在结构上还是复杂性上，几乎都一直在不停地增长。这种直观差异使一段时期内，人们都认为生命系统并不遵循物理定律。能量的退降似乎意味着物质结构的退化与生命可能性的否认，而后我们才得以了解，如若是开放非孤立的物理系统，其分子秩序是可以增加的。与此同时，这种秩序的增加将伴随着外部足以抵消这种秩序的熵的增加。我们摄取大分子食物并产生小分子排泄物，在这一过程中，排出分子的混乱程度较大分子要高，因此其熵值也更高。也就是说，我们增加了环境内的熵，与此同时，降低了我们自身体内的熵。就地球而言，也同样发生着类似的事情：地球发射 20 倍于从太阳那儿接收的光子数，而其中每个光子的能量都较太阳低 20 倍。由此，地球向宇宙释放了大于其吸收量的熵，并且增加了宇宙内的熵。这种释放可以使得大气圈与生物圈的熵降低。

直至 20 世纪 50 年代末期，人们才开始理解如何在非平衡系统中产生秩序。图林[1] 对生化系统内形态的研究[2]，普里果金

---

[1]　图林（英语：Alan Mathison Turing，1912.6.23—1954.6.7）。亦译为"图灵"。
[2]　即《形态发生的化学基础》：*The Chemical Basis of Morphogenesis*。

对耗散系统的研究，以及哈肯[1]协同学[2]或非平衡系统的自组织理论，都标志着重大的进步。其关键理念在于，结构因子（factor estructurador）与均质因子（factor homogeneizador）之间的竞争。结构因子通常倾向于增加不均匀性：例如化学中的自催化反应，其中某种分子浓度越高，其生产率也越高；而均质因子更倾向于均一扩散，使分子倾向于从高浓度区域转移至低浓度区域。非平衡系统中，结构因子要胜于均质因子，使得整个系统具有独立自主的暂时性结构排序。

1949 年，香农[3]开始对数量化信息和改善电话或电报信号传输质量产生了极大的兴趣。他翔实地论述了信息的定义：信息是抽象的度量，其本身与该消息的含义毫不相关。根据这个概念，香农研究了摩尔斯电码、二进制编码，模拟信号编码与几种密码在内的多种编码。这些编码或不易受传输噪声影响，或能以更短时间传输更多的信息信号。同时，其理论可以应用于通常的语言信息，并且分析其冗余程度，这可以避免传输过程中由误解所引起的干扰。

香农对信息量的表达方式与波尔茨曼对熵的描述极为类似。

---

[1] 哈肯（德语：Hermann Haken，1927.7.12—　）。
[2] 协同学（Synergetics），主要研究远离平衡态的开放系统在与外界有物质或能量交换的情况下，如何通过自己内部协同作用，自发地出现时间、空间和功能上的有序结构。也就是通过分类、类比，来描述各种系统和运动现象中从无序到有序转变的共同规律。
[3] 香农（英语：Claude Elwood Shannon，1916.4.30—2001.2.26）。

布里卢安[1]是第一个察觉并意识到信息能量成本问题的人。尽管并非能够决定性地完全解决一切矛盾，但是他设法为曾由热力学第二定律所提出的一些悖论找到了一个恰当的出路，包括麦克斯韦妖在内。在麦克斯韦妖这一悖论之中，两个容器之间存在一个孔洞，这一孔洞将准许高速分子与低速分子分别进入其中一个容器且禁止反向通行，直至二者全然分离。当一个容器充满高速分子而另一个充满低速分子的同时，我们也就在全然不做功的前提下分离了冷与热。这也就违反了热力学第二定律。而现在，如若我们考虑麦克斯韦妖所获取分子速度信息所需要的能量消耗后，我们将发现，其采集信息所消耗的能量并非任意小。因此，实际其本质是符合热力学第二定律的。目前，将熵的增加归因于删除而非添加信息。诸如 1 + 3 = 4 的基本操作是不可逆的，尽管 4 可以写作 0+4、1+3 或 2+2 等，但除非我们不仅知道结果总和，而且知道加数间的差异，否则从 1+ 3 到 4 这一过程无法单独逆转。由此操作的不可逆性将使得最后的信息被擦除或丢失。信息论与热力学理论都被运用到计算理论之中。

　　熵与信息概念的结合，使其获得了广阔的理论应用空间。在生物学中，熵被用于评估生态系统多样性以及进化过程中多样性的增长。其中马加莱夫[2]在此方面做出了突出贡献。经济学、句

---

[1]　布里卢安（法语：Léon Nicolas Brillouin，1889.8.7—1969.10.4）。亦译为"布里渊"。
[2]　马加莱夫（法语：Ramón Margalef López，1919.5.16—2004.5.23）。

法学，乃至通信工程等领域也都得益于该理念的应用。保证不受熵增而影响记忆则需要长期的努力，且将是人类所面临的最大风险之一。

▶ ▷ 物质的描述

对由多原子组成的系统而言，存在两种不同的解释方法：一种直接从全局宏观地对整个系统以及彼此之间相关关系的特征进行表述；另一种则是通过原子及其相互作用来解释整个集合的性质。前者解释主要与热力学相关，而后者则与统计力学紧密相连。第一种得出独立于某一具体物质的整体结论，诸如恒定压力与体积下的比热、等温压缩性等各种宏观性质间的关系。如若我们坚持原子或微观粒子所构成的最终现实存在，那我们则能将第二种方法看作主要描述，并见微知著地用"小"解释"大"。而如若我们假设宏观微观之间的唯一区别，在于其不同微粒数量级所带来的数学尺度区别，那么在实践以外，我们更应当应用一种否认整体性质的还原论[1]思维将宏观描述进行简化。然而相反，我们也可以认为从部分到整体这一过程不仅是定量，而且是定性的。伴

---

[1] 还原论（Reductionism），一种认为复杂的系统、事务、现象可以通过将其化解为各部分之组合的方法加以理解与描述的哲学思想。还原论在哲学观念上表现为认定某一给定实体由更为简单基础的实体组合而成的集合；或者该实体表述能够以更基础实体的表述进行定义。

随着量变到质变的过程，展现出了全新的现象与涌现属性。这种涌现属性并不表现在独立的部分之中，并且，其所受规律约束与部分无关。例如，温度的概念抑或固、液、气三态的概念。这些特性与单个原子无关，且只会表现在其原子集合之中，并且转换规律也受特殊的定律约束。

自 20 世纪下半叶以来，还原论逐渐淡出，不同层次间的物质描述也开始得到认可。基本上，每种描述都既有最基础的论述，也涉及最实际的应用，而且无论哪一种，都无须从前者中找寻论据，以证明其合理性。我们可以尝试思考，化学是否可以纳入物理。即便通过物理，推导得出了各种物质与化学过程，但我们距离用物理代替化学还相距甚远。不过透过物理定律，的确能帮助理解很多观察到的化学现象，众所周知，元素周期表即是由物理定律指导化学推断的著名例子。那么现在，不论在物理学上是否能够对其完全理解，元素周期表本身就已经具备了有效性与实用性。因此，对现实某个独立层次进行探索依旧是合理的，且每个独立层次都具备充分的解释而无须寻求更为微观尺度下的支持。不过，如若能够得到更低维度的支持，那么终将受益匪浅。

世间万物的多样性，并不仅仅体现在其物质的化学差异上，同样也体现在其不同的状态与其多样的转换阶段上。例如，水可以具有固、液、气三相。不同状态与阶段的全景总和使得世界更为丰富多彩。除去寻常的固、液、气三态，更为极端的状态也会大大提升世间物质的多样性。其中就不得不提由强电离物质所呈现的等离子态，在这一状态中几乎可以找到构成宇宙万物的所有物质，不论是恒星、星系气体抑或是星系间气体。恒星通常处于等离子体状态或处于夸克—胶子等离子体态，它们具有极高的压力，并呈现更为奇特的状态，例如中子星。

除去以上这些极端物理状态，众多中间态的发现也令人啧啧称奇。比如：液晶、超流体、超导体、铁磁性材料、顺磁性[1]、介电质[2]、铁电性[3]、太阳能、凝胶等。由于具有诸多应用，我们将在接下来三个章节中选取某些方面详细进行讲解。

---

[1] 顺磁性（Paramagnetism），指材料可以受到外部磁场的影响，产生与外部磁场同样方向的磁化矢量的特性。这样的物质具有正的磁化率。与顺磁性相反的现象被称为抗磁性。
[2] 介电质（Dielectric），是所有可被电极化的绝缘体。
[3] 铁电性（Ferroelectricity），某些材料存在自发的电极化，并在外加电场的作用下可以被反转的特性。

12. 饮食：从大地之母到食品工程

与我们日常生活最密不可分、息息相关的物质无疑是食品，它们是用以构筑身体最重要也最具价值的材料。如若质疑水的价值没有黄金珍贵的话，那么就请尝试三天不饮水；如若十天不进食，对食物的渴望将会主宰一切欲望与幻想。珍馐美馔除去纯粹的必要性之外，更可以提供精致的满足感，这种满足感无疑是幸福的源泉，但同样也是一个很值得研究的课题。对富饶土地与肥美草原的占有欲自古至今从未衰减，这一欲望亦导致了千万年来无数的冲突与战争，而找寻香料的探险更是推动了整个人类文明前进的脚步。

人类与所有可食用物质之间互动的基本行为，主要在于获取食物、准备食物（烹饪）与贮存食物。对于食物在人体内部的消化与吸收并不在本书的探讨范围内，在此我们按下不表。人类对以上这些方面的认识在历史进程与科学认知的支持中逐渐深化，至今俨然已成为复杂且广泛的社会焦点，融入生活的各个方面。

▶ ▷ 食物与人类早期历史

人类最早掌握的技术皆与食物直接相关——制作尖锐的器械（刀、斧、箭头）来狩猎与防卫，以及生火做饭。这两种技术对人类物种的形成起着至关重要且意义深远的影响。荒野求生中，人类的大脑伴随着这些技术的成熟而逐渐被开发，并获得了进化优势。

对食物的烹饪赋予了我们若干决定性的优势——不但可以减少病原体对人体的侵害，而且准许人们食用蛋白质与脂肪更为丰富的肉类食物。人体将近 1/4 的能量要供给大脑，而更高效的进食大大有利于这位身体耗能大户的成长。另外，在用火烹饪的过程中，食物会变得更加柔软可口，这也就减少了对咀嚼的需求。灵长类动物的嚼肌与头骨顶部的矢状隆起 [1] 有关，而摆脱了咀嚼肌肉对颅骨的钳制则有利于大脑的生长发育。除去狩猎、捕鱼与烹饪之外，还需要考虑如何对食物进行储存。最早的食物储存技术是烟熏、风干与腌制。在温暖的时节或地区，对水果和肉类的风干是极为常见的；而当空气变得寒冷，冰冻与烟熏则是对大自然资源的充分利用——气候显而易见地干预了食物的储存技术和

---

[1] 人类的矢状隆起位于婴儿的前后囟门之间。嚼肌力量越强，对该部位的钳制越厉害，囟门就会早早闭合，进而影响脑容量。

方法。

人们由猎人与采集者变成农民和牧民，这种从游牧到定居的转变，是新石器时代[1]最为伟大的社会变革。城市开始建设，权利面临分配，土地与牲畜产生了价值。从农作物的选种到牲畜的繁育，人类获取食物的手段逐渐丰富。陶器的出现更为食物与饮水的运输与储存提供了便利，贸易的开端也就此显现；对丈量田野与计算牲畜的需求，又催生了几何[2]与算数。

在增加食物种类的道路上，面对未知毒副作用的食物，无数人付出了宝贵的生命。对小麦、大米与玉米三种不同粮食作物的消耗，区别了三大不同文明的范围。每个文明范围都有各自产出的水果（杏仁、葡萄与苹果）以及偏好饮品（水、牛奶、啤酒与葡萄酒）。其中，由于致病微生物的繁殖，最为常见的水却是最不安全的。烘焙与发酵技术的成熟，面包与奶酪的多样，甚至来自远方的食物（土豆、西红柿、巧克力、糖），等等，这些都构成了蜿蜒曲折的人类历史。这些故事令人着迷，而对它们的探究也就是从侧面认识人类自身。

---

[1]　新石器时代，考古学上石器时代的最后一个阶段。从 1 万年前开始，结束时间从距今 7400 多年至 2200 多年不等，以磨制石器和制作陶器为主。
[2]　几何一词最早来自希腊语 "γεωμετρία"，由 "γέα"（土地）与 "μετρεῖν"（测量）两个词合成而来，指土地的测量，即测地术。后来拉丁语化为 "geometria"。

▶ ▷ 从绿色革命到基因工程

得益于医学对分娩卫生与产后护理的加强，以及预防医学的发展与药物的研发，世界人口数量在短时间内迅猛增长：在 1800 年达到 10 亿人；在 1927 年，翻番至 20 亿人；在 1959 年，达到 30 亿人；1974 年有 40 亿人；1987 年，突破 50 亿人大关；在 1999 年，达到 60 亿人；在 2012 年突破 70 亿人。显然，食物的充分供给对人口的激增不可或缺、功不可没。

图 12-1 诺曼·博洛格[1] 是绿色革命的发起人与领导者之一。通过对全新水稻与小麦品种的育种选择，以及农业机具与农用化学品应用的增加，大大提高了农业大规模生产粮食的能力。他的贡献也使之荣膺 1970 年的诺贝尔和平奖

---

[1] 诺曼·博洛格（英语：Norman Ernest Borlaug，1914.3.25—2009.9.12）。

1960—1975 年，特别是以印度为代表的人口增速极高的国家中，食品的生产能力似乎达到了顶峰。由此，催生了包括所谓的"绿色革命"[1] 在内的，多种技术的联合应用：选育更好的农作物种子，提高单位产出（更多的粮食产品与更少的茎秆浪费）以及发展灌溉。农业机械与农用化学品（肥料与杀虫剂）使产量在短短的 10 余年间提高不止三倍。

这种食品生产体系对能源的需求远高于传统农业，因此非常脆弱。农作物高度密集化的种植，对化肥的施用有着极强的依赖性。种植植被品种的单一性，又要求使用大量杀虫剂。这些都造成了极大的环境污染。大规模扩张与经济资本的富集又将决策权集中在少数人手中，贸易壁垒导致的粮食分配不均与少数兼并土地的所有者又使得增加的产量在庞大人口面前难以为继。与此同时，截然不同于食物短缺地区，富裕地区过量富足的食物在被浪费的同时又带来了肥胖等疾病。

无节制毁灭性地竭泽而渔，是目前食品供应体系面临的另一个问题。巨大的拖网刮损着海底，声呐搜索着鱼群的方向，这些高科技手段的应用大大超出了鱼群的繁殖能力，在给海洋带去污染的同时，也阻碍了海洋物种的生存与繁育。这几乎是一场不平

---

[1]　绿色革命是发达国家在第三世界国家开展的农业生产技术改革活动。为区别于 18 世纪的"产业革命"，故称为"绿色革命"。其主要内容是培育和推广高产粮食品种，增加化肥施用量、加强灌溉和管理、使用农药与农业机械，以此提高单位面积产量，增加粮食总产量。

等的战争，经济至上原则对环境的破坏几乎是堂而皇之的。就能量消耗的角度来看，我们对肉类消耗过高——每提供 1 卡路里的动物性肉类，需要消耗 20 卡路里的植物源食物。若就此来看，我们现在多食用植物源食品则更符合宏观利益。

对基因工程的探索可能给我们带来更多抗旱、抗病、抗虫等新型转基因作物的同时，提高粮食产出。因为可以减少农药和化肥的污染，所以理论上这是一个好消息。但或许，这可能并没有我们想得那么积极——异种蛋白的引入会导致过敏与中毒风险的同时，还可能催生难以抵御的新型害虫，甚至哪怕是大公司对产量的过度控制，都可能为我们带来意想不到的危害。

▶ ▷　防腐储藏技艺：高温

对食品的处理技术于 1810 年上升到了一个全新的高度。易于储存与运输的食品无疑是四处机动军队后勤保障中极为重要的一环，于是将食物密封包装并煮沸的罐头也自然应运而生。半个世纪之后，伟大的生物学家路易斯·巴斯德[1] 开始对酒与牛奶的腐败原因进行系统研究。他发现，如果经过高温灭菌，食品可以储藏更长的时间。

---

[1]　路易斯·巴斯德（法语：Louis Pasteur，1822.12.27—1895.9.28）。

巴斯德的研究彻底改变了食品工业。煮沸牛奶可以很好地杀死其中的致病微生物，但这种消毒方法仍受两点制约：首先，牛奶温度难以提高至 100 摄氏度以上，而牛奶表层温度通常会更低，这样某些细菌依旧有存活的可能；其次，长时间煮沸牛奶会降低其营养含量。众所周知，液体的沸点随压力成正比，巴斯德的方法就是提高牛奶容器内的压力，使其温度可以超过 100 摄氏度。显然，在高温条件下杀菌更为彻底，因此，短时间高温对牛奶或其他食物进行消毒不但可以达到杀菌的目的，而且还可以减少高温对维它命等营养物质的破坏。这种方法我们称之为巴氏杀菌法。根据杀菌时间以及杀菌温度，巴氏杀菌法又细分为超高温消毒法，(Ultra-high-temperature，UHT，或 ultra-pasteurization) 以及高温短时杀菌 (Hightemperature shorttime，HTST)。

▶▷　防腐储藏技艺：冷藏

低温延长了食物储存的时间，因为它同时降低了包括微生物体内酶活性在内的化学反应速度，以及微生物的繁殖速度。这种储存方式保持了食物原始的风味，所以明显优于其他储存形式。但获得低温要比加热困难得多，其中最原始的方法是将食物置于冰上。那么就不得不在冬日在山洞或深井中储存冰雪，并做好密封以便夏日使用。可是将山上的积雪运输到城市中是昂贵且低效的。

那么下一步就是如何制冷了。通过结合气体压缩与膨胀间吸放热的变化，1870 年，冯林德[1]于柏林发明了一种制冷方法，允许其大量生产和销售冰块。在冰箱中放置冰块利用其缓慢融化吸收热量的过程可以将保持食物在较低的温度。而直接将制冷技术应用于冰箱本身显而易见地可以提高效率，并且避免了重复更换冰块与清理融水等缺点。结合发动机冷却技术上的发明，大型制冷设备得以长足发展。对于地处炎热地带的国家来说，这必不可少。同时，伴随着新技术的进展，冷冻食品贸易的篇章也展开了它的扉页。

现代急冻食品技术始于 1930 年。如果冷冻速度较快，食物可以更好地保留其质地与风味。但由于细胞和组织间隙含水，冷冻时会形成比液态水更大的结晶。如果这些晶体生长得太大，则会使细胞与组织受到严重的机械损伤。这样的话，当食物解冻后，细胞成分流失，风味发生改变并影响口感。而如若冷冻速度足够快，则不会有时间形成大的晶体，这样一来，细胞也就不会裂解，即便解冻后食物也能几乎保留原先的状态。在当前的技术条件下可以非常迅速地利用液氮进行冷却。

后期改进的冷却装置除了改善压缩和冷凝的机械过程之外，还选用了高潜热[2]、高导电性、无毒、无腐蚀性且无臭无味的流体

---

[1] 冯林德（德语：Carl Paul Gottfried Linde，1842.6.11—1934.11.16）。
[2] 潜热在热化学中指物质在物态变化（相变）过程中，在温度没有变化的情况下吸收或释放的能量。

用以进行热交换。1890 年前氨气与其类似气体备受青睐，而后逐渐被氟利昂以及氟氯化碳（由碳、氟与氯组成的分子，称 CFC 或称 chlorofluorocarbon）等更理想的制冷剂所取代。然而，随着制冷器寿命的结束，这些气体会被释放到大气层中，逐渐累积催化并破坏臭氧层（O_3）。为了避免可能的生态灾害，1987 年的蒙特利尔议定书全面禁止了氟氯化碳的使用。自那时起，氟氯碳化物逐渐被不含氯的氟氢碳化合物所替代。在这里，我们看到了一个在某些特定领域极为成功的技术，如何在意想不到的方面带来危险的有趣案例。

▶ ▷ 食品添加剂：从天然香料到合成添加剂

向食物中添加调料以储存食物并且增加其风味，是自古流传下来的方法——大多数情况下，温暖且临海或拥有盐矿的国家与地区倾向于用盐腌制食物；而在寒冷的国家或地区则会更多地对食物进行熏制以便储存。即便在古代，香料、药草等都用于调味品以添加食品的味道、颜色或者药性：马鲁古群岛 [1] 的肉桂与肉豆蔻、印度的丁香与胡椒、中国的生姜等，在中世纪的大部分时间内，香料的贸易为阿拉伯人所垄断。葡萄牙与卡斯蒂利亚统治

---

[1] 马鲁古群岛（印尼语：Kepulauan Maluku），今印尼苏拉威西岛东侧，传统上"香料群岛"即指该群岛。亦译为"摩鹿加群岛"或"东印度群岛"。

者对于打开直接连接印度商路的尝试，催生了对非洲海岸探索的浪潮与美洲的地理大发现——产生了巨大的经济、人口和文化效应。原先由香料所提供的某些功用，现在为合成添加剂所逐渐替代。这其中着色剂、增味剂、乳化剂、抗氧化剂、甜味剂、增稠剂、酸化剂、稳定剂、防腐剂与胶凝剂的生产与流通，都伴随着巨量的资本运行。而食品技术也并不仅仅局限在添加物质——提取或消除脂肪、麸质或咖啡因，这些操作都刺激了新技术的产生。例如，使用超临界二氧化碳脱咖啡因。

食物的颜色五彩斑斓：橙色与黄色调的橙子、香蕉、胡萝卜；红色系的西红柿、草莓、石榴；绿色的生菜、菠菜、唐莴苣；棕色土豆与紫色黑莓。所有这些绚丽的颜色都源于吸收某种颜色并反射其他颜色分子的作用。植物的很多种叶绿素都是绿色的，因为它吸收了红色与蓝色，所以反射出了绿色。而类胡萝卜素则吸收蓝色与绿色域。在春季叶绿素占据主导地位，但在秋季它会在类胡萝卜素之前消失，树叶褪绿变黄也正因如此。在欧盟，根据其颜色范围，着色剂被归类为从 E100 到 E199 的添加剂。

红葡萄酒所呈现的迥异色调（紫色、雪青色、石榴色、红宝石色、血红、铜红、砖红、樱桃红）主要受红葡萄皮中存在的一些红色和蓝色的花青素影响。此外，其他类型可溶于水的物质（丹宁、原花青素）也有助于颜色表现。根据花青素的含量不同，葡萄酒会有不同的颜色，而花青素的含量取决于葡萄皮的厚度、光照、雨水以及酿酒过程。一旦葡萄酒酿制结束，它们还会随着年份的变化而变化。在桃红葡萄的酒酿制过程中，通常会使用让葡萄皮与葡萄汁短暂混合的接触法。这样可以控制不会溶入过多的花青素，进而保持其可人的颜色。

▶▷　烹饪过程

烹饪是极为多样与复杂的物质混合，而厨房也是家中最神秘的空间。食谱为我们展现了食物的基本成分以及烹饪方法——煎、炒、蒸、煮、炸、烤、烧是热学；切、片、削、剁、劈、剔、拍、磨、旋、刮则是力学；油、盐、酱、醋、糖、柠檬汁与香料的添加又是化学。这之间的处理以及每个过程所持续的时间与温度，都涉及了一系列物理变化（软化、相变、蒸发、挥发或溶解）与化学变化（难以胜数的反应）。

加热的方式多种多样，无论是明火还是烧炭，热辐射还是微波炉，都可以进行加热。在微波高频振荡（微波炉常采用 2.45 GHz 的微波以免干扰通信）的电磁场作用下，物体中的电极性分子（尤其是水分子，可强烈地对微波做出响应）的方向会随振荡电场一起振动。分子振动就是内能，而增加内能就是加热。微波令物质中的内能增加，亦即令物质被加热，而不含极性分子的材料则不会被加热。因此，无须加热不含极性分子容器就可直接加热食物。电磁炉的原理则正相反：磁场的快速变化引起金属容器底部出现感应电流，通过容器底部感应电流产热进一步热传导给食物。

水被加热时只能达到 100 摄氏度，而后会蒸发为蒸汽。通过保持良好的气密性，压力锅向水增压并使之在较高的温度（约120 摄氏度）下沸腾，这缩短了烹煮食物所需的时间。橄榄油的沸点在 190 摄氏度左右，葵花油则在 260 摄氏度左右，较高的沸点使之可以用于煎炒。但油并不会单纯蒸发，它们中的大部分会受热分解，产生可燃性的烟雾与难以重复使用的降解物。

烹饪中最基本的物理变化即为相变。热食中挥发性物质的蒸发量高，所以热食更香。较高的温度同样意味着较高的溶解度，因此，水煮食物可以增加食物中营养的吸收率，而食物本身则发生了蛋白质变性与溶凝转变等重要变化。这些反过来又导致其机械性质的变化。

蛋白质是由细长氨基酸链折叠拼接形成的分子，随着温度的升高，蛋白质内的氨基酸链会展开并相互纠缠。在室温下鸡蛋的蛋白质相互独立折叠，当温度升高后，蛋清内部蛋白质链条展开并构建成复杂的网络。这也就解释了为什么煎煮鸡蛋时，常温下黏稠但依旧是流体的蛋清经过高温后会变得均一且不透明。当每种蛋白质都远离其他蛋白质时，冷却后依旧会再次折叠。但当它们相互纠缠后，则无法再次折叠并将保持稳定。这种现象不仅仅发生在鸡蛋清里，各种蛋白质也都会受高温影响而变性失活。

　　另一种典型的反应类型则是从凝胶到溶胶的转变，比如明胶受热会转变为流体。起先明胶内部相互连接的颗粒网络受热后相互分离。由于物质结构发生了改变，其相对刚性降低并表现出物质软化与可流动性（可流动性与温度成正比）增强。也正因此，高温可以打破筋膜连接、软化纤维与肌腱、将鸡肉从骨骼上剥离……

　　高温会加速化学反应。与此相关的马亚尔反应 [1] 发生在糖与氨基酸之间。该反应为食物增添了风味与香气（产生了数百种不同的风味化合物）的同时给予烤肉与面包等食物以诱人的色泽（深棕色）。当肉与蔬菜一同烹调时，高温破坏蔬菜内部的糖链，进而分解出可以与肉类蛋白质反应的单糖。马亚尔反应多种多样。仅葡萄糖与甘氨酸这两种最为简单的单糖与氨基酸一同加热就可以产生近 20 种不同的化合物。食物中同时可以存在 20 多种不同的氨基酸，而糖与蛋白质之间的反应产物则多到不可胜数。

　　言而总之，不论是从基本的生存到精致的乐趣，品类丰富的食物给予了我们种种选择。除此之外，在分享食物的过程中，我

---

[1]　马亚尔反应（Maillard reaction），亦称美拉德反应、梅纳反应、羰胺反应，是广泛分布于食品工业的非酶褐变反应。食物中的还原糖（碳水化合物）与氨基酸、蛋白质在常温或加热时发生一系列复杂反应，结果生成棕黑色的大分子物质类黑精或称拟黑素。除产生类黑精外，反应过程中还会产生成百上千个不同气味的中间体分子，为食品提供宜人可口的风味与诱人的色泽，以 1912 年首次描述这一反应的化学家路易斯·马亚尔（法语：Louis-Camille Maillard）命名。

们还能与亲朋畅谈闲叙。这些都是物质作为食物所给予我们的神奇的魔力。与此同时，它又让我们思考了工作、经济、正义、必需品与饥饿。这一切可以让我们更加清醒与积极地认识到我们所置身社会的局限性，以及赖以为生的地球的脆弱性。

13. 从原材料到全球污染

纵观人类历史，在人与物质的关系中，最为艰辛、可耻、难以见人的勾当，必定是对矿产资源的争夺。铅矿、铁矿、煤矿、铜矿、金银矿、油井、油气田、滨海砂矿，人类物用其极。战争、征服、劫掠、奴役、黑帮，人类不择手段。遥远大都市中的权贵剥夺了原本属于平民的土地，迫使其榨取土地上的每一寸矿产与财富；被胁迫的贫民破坏着大自然而又不能从中得到一丝收益。人类穷尽其极、竭泽而渔。不论是从地质学还是经济学，哪怕从工业自身的角度来看待这一切，原材料的发展史都具有我们难以忽视的阴暗面。本章中，我们尽可能用科学的态度来审视这一切。但同时我们要知晓："科学"并非总是意味"客观"，因为仅仅考虑"客体"而忽略该客体在交由科学家手中做公正纯粹的研究前所触之一切不公本身就并非"客观"的表现。

每当我们注视着外太空拍摄的地球照片时，它都传递了一个明确而又意味深长的图像——我们的一切不过是构筑在这颗有限的星球之上。人口的增长意味着食物、燃料以及一切产品消费的增长，而这一切又表示着更多废物的产生。我们有限星球所能承载的负荷并非无限，人类的扩张也会因物质资源的短缺而受限。

　　无论是短期还是中期，地球上有限的原料与燃料总有一天会被耗尽。相对我们不知节制的活动而言，地球降解与循环能力并非没有极限。尽管自然生物行为所产生有机物大多皆可回收，但除去偶尔的陨石拜访，我们生存于一颗物质上全然孤立的行星。这一切平实的焦虑将贯穿我们本节的主题。

图 13-1　从太空拍摄的地球图片向我们揭示了我们星球的有限。如若人口、消费与污染以目前的速度持续增长，这种局促感也将会伴随着食物、燃料与原材料的枯竭而日益滋长

　　"能源"被社会接纳为生产与行动能力的本源，并逐渐成为最常用的科学术语之一。能源的分布如此不均，乃至仅仅是对待能源态度的分歧，都足以成为发达国家与发展中国家所面临的难以逾

越的鸿沟。人们亟须怀着开放的态度，从科技、工业、商业、生活方式乃至文化、政治等许多不同的角度反思对能源的态度。

▶ ▷ 化石燃料

美国能源部的数据显示，目前所消耗的能源根据来源分类大致如下：总量的 84% 来源于煤炭、石油、天然气与核能；8.5% 来源于生物能源；水力发电占 6%；以太阳能、光伏和风能为主的可再生能源占比不超过 2%。50% 的能源以煤炭形式贮藏；24% 为石油；其余分别为 20% 的天然气以及 6% 的铀。煤炭、石油与天然气燃烧所产生的二氧化碳对气候有不利影响，并会导致温室效应。

据估计，能源储量总计在 1100 太拉瓦特左右（$1TW = 10^{12}W$），而目前的年耗费量估计在每年 20 太拉瓦特。如若维持目前消耗速度，所有的能源储备预计将在 60 年内消耗殆尽（至 2075 年），但是原油可能更早耗尽（至 2055 年）。可再生能源如若部署得当，完全可以占据更大的份额并最终取代化石能源：大约 90 太瓦风能、30 太瓦水能、8 太瓦生物能以及 10000 多太瓦的太阳能，如若正确累计分配都可以提供良好的适用性。这本身就是能源所面临的巨大挑战。

伴随石油矿藏深度越来越深与压力、温度越来越高等恶劣条件的刺激，目前石油研究的重点，偏移到如何克服如此之多的新挑战与新风险。北海海底石油的发现，无疑极大地促进了海洋石油钻探平台的发展与地质勘探工程的进步。另外，废弃油井的开采受时代科技因素限制，至今依旧存有近 40% 的石油。尽管面临一系列从岩缝内部榨取石油并提取的困难，但现阶段石油开采的明星领域依旧是油页岩。或许未来随着气候变暖的影响，北冰洋表层冰盖会逐渐融化，那时北冰洋海底的油气田就会得到更充分的利用。然而根据一部分学者指出，抽取石油的代价将会越来越高，并且将于 2020 年迎来石油开采高峰。就本书而言，我们更需关注这种接近极限的态势，而非资源枯竭的具体日期。

化石能源的有限性使得几代人之间建立了短暂的联系——现在所消耗的不可再生资源将会从后代的可用份额中减去。因此寻求可再生的太阳能、风能、生物能等新能源，或不可再生但能量巨大的核能将是当务之急。生物能源的开发不仅要以来自森林的木材为基础，还要重视所有植物来源的生物燃料——从适合植物的栽培到相应燃料的处理。更理想的是利用微生物的有机循环，并将处理废物所产生的气体等一并纳入考虑范围。由此，将目前所累积的各种废物进行合理调控，甚至可以弥补一部分的电力供给缺口。

▶ ▷ 核反应

二战结束以来，我们所掌握的链式反应使得 1 克铀 (^{235}U) 产生核裂变将释放将近 4 吨煤炭等量的能源。且该过程并不需要持续供给燃料，亦不会向大气中释放二氧化碳，所以核反应不会产生温室效应。第一座核反应堆由费米与西拉德[1] 于 1942 年在芝加哥大学建造。虽然相较于那时，我们的技术已经有了长足的进展，但政治争执或社会因素对其应用程度具有符合逻辑的重要影响。因为一切可能产生风险的抉择，都需要公众在获取足够知情权后民主地进行选择。法国在这方面是全球领先的国家，其产出电力中 70% 源于核能。而在欧洲的其他国家，由于政治压力纷纷冻结或关闭核计划，但这是以石油与天然气大量进口为代价的。同样，这也使得它们非常容易受到地缘局势的影响。

存在两种释放能量的核反应类型：裂变与聚变。其中，裂变是大核元素分裂为两种中型核，例如铀分裂成锶与氙。再或分解为两种其他中间同位素并释放两三个快中子。聚变则是轻元素聚合形成重元素，例如两个氘核聚合成氦。目前的核电厂都是裂变式的，它们的基本燃料为铀，这本身也是一种有限且昂贵的资源，

---

[1]　西拉德（匈牙利语：Szilárd Leó，1898.2.11—1964.5.30）。

它存在两种同位素分别是 ^{238}U 与 ^{235}U。自然界中绝大多数铀矿以 ^{238}U 形式出现，而适宜裂变的 ^{235}U 只占矿藏总量的 1%。对于铀元素处理，最重要的技术问题无疑是通过扩散室、离心机或电离同位素来浓缩 ^{235}U 中的铀，这一过程将耗费大量的能量。

裂变中一种有趣反应是增殖反应[1]。当慢中子撞击铀（^{238}U）时，它们会产生钚（^{239}Pu），而这种钚（^{239}Pu）与铀(^{235}U) 一样容易发生裂变。事实上，1945 年 7 月在阿拉莫戈多沙漠[2] 中发生的第一次核爆炸与长崎核爆都是钚炸弹，而广岛核爆则是铀。增加燃料持续时间的一种方法是确保反应器中产生的钚（^{239}Pu）的量足以供应所消耗的铀(^{235}U)。1986 年基于快中子增殖反应堆的超级凤凰号（Superphénix）在法国开始并网发电，与此同时，伴随有一系列高级反应堆的开发项目，使得公众产生了对武器化钚的担忧。

一个更严重的问题是反应所产生的废料具有放射性，并且半衰期相对较长。半衰期指的是放射性特征的衰减时间，这也就意味着其效应会逐渐累积。科学家们开展了一系列研究，旨在彻底解决这一问题，其中包括使用高速粒子轰击废料法——通过粒子轰击使废料转化为放射性较小的元素，并且释放能量。该方法的缺点是不同的同位素需要不同的处理方式，而这使该策略变得复

---

[1] 用慢中子撞击 ^{238}U，^{238}U 会吸收中子形成 ^{239}U。进行 β 衰变后形成 ^{239}Np，之后再相同的程序衰变为 ^{239}Pu。这也是中子增殖反应堆制造 ^{239}Pu 的方法。
[2] 阿拉莫戈多沙漠（英语：Alamogordo），位于美国新墨西哥州。

杂并且代价高昂。

　　核聚变是目前最有前景的长期能源解决方案之一。聚变反应是指两个轻原子核聚合形成较重的原子核，例如氘与氚反应产生氦与中子并释放能量。该反应的原料来源于海水中存量丰富的氘与锂，并且效率较裂变高，且残留无污染。然而核聚变所需求的 1000 万度的临界温度，几乎等同于太阳的核心温度。条件如此极端，没有任何材料可以作为反应外壁，所以必须使用强磁场对高温高压的等离子体原料进行束缚。另外一种可控的聚变尝试则是使用激光约束于一小粒氘与氚燃料球上产生超高温高压，以此启动核融反应。

　　为了维持核聚变反应堆中的能量平衡，使装置持续反应时间内所释放的能量，得以补偿加热等离子体所消耗的能量，以及产生限制磁场的能量，则单位反应核数目温度与单位体积和能量约束时间所必须满足的临界值被称为劳森判据[1]。受各种流体动力学或微观尺度的限制，压缩并加热等离子体是异常困难的，以至于目前上述输出的能量低于所需必要数值。欧洲各个研究中心已经携手联合：诸如 1983—1992 年在英国的 JET 项目（欧洲联合环状

---

[1]　劳森判据（Lawson criterion），指维持核聚变反应堆中能量平衡的条件。假定聚变堆中等离子体在聚变反应中提供的总能量以某一效率转换成电能，并回授给等离子体以补偿其能量损失（轫致辐射损失，由热传导以及粒子从等离子体逃逸引起的能量损失），使得聚变反应继续进行。只有当回授给等离子体的能量不小于等离子体的能量损失时，即当 $\eta(Pr+Pb+PL) \geqslant Pb+PL$ 时，才能进行再循环并获得能量。式中 η 为热能发电效率，Pr 是热核聚变功率，Pb 是等离子体的轫致辐射功率，$PL=3nT/\tau$ 为热传导及粒子逃逸引起的能量损失功率，τ 为能量约束时间，n 与 T 分别是等离子体的密度和温度。

反应堆 Joint European Torus，JET）以及 1993 年的 ITER（国际
热核聚变实验反应堆，International Thermonuclear Experimental
Reactor）项目中，欧洲的努力具体化，以期建立一个更接近工业
反应堆的试验反应堆。由于成本极高，欧盟、美国、日本和俄罗
斯已决定联手共同努力参与该项目。

　　该领域中存在一些亟待克服的问题：诸如中子弹射到容器壁
表面，会削弱材料并使之带有放射性；容器壁蒸发而使得杂质混
入等离子体并导致其失去能量。为了避免这些问题，新的内壁涂
料与新的磁场配比应运而生。新的磁性结构倾向于将离子杂质从
托卡马克[1]中抛除，该名称用于指定最常见类型的热等离子体环
形容纳腔室。

▶▷　可再生能源：获取与储备

　　主要的可再生能源是风能和太阳能。其中太阳能的应用形式
多种多样，包含了光伏、光热、电热以及简单的板式加热等。这
些都刺激了对新型半导体材料的研究，努力提高光转化为电能（光
伏）或热能转化为电能（热电）方面的性能。此外，还有更好的
风车设计与更合理的选址以增强其发电效能。然而，生产与建设

---

[1]　托卡马克一词音译自俄语单词 токамак（Tokamak），来源于环形（toroidal）、
真空室（kamera）、磁（magnit）、线圈（kotushka）的缩写。

这些材料和设施也需要消耗能源，且其使用寿命有限，这就是为什么即便是可再生能源也依旧会产生能源消耗与废料。

我们将在下一章更详细讨论半导体与太阳能光伏板，本节我们暂且聚焦源于赛贝克效应[1]的热电材料。太阳对平面的直接加热与目前生产生活中浪费的大量热能，都可作为热电来源。无论是烟囱、火炉、排气道、各种管道，甚至衣服在覆盖或添加薄片热电材料之后，都能够产生约为3％或4％的低效电力。但是考虑到所浪费的热量数量级，热电作为整体将提供相当大的电能。材料科学也在努力开发更为高效的热电材料。目前，碲化铋（el telururo de bismuto）或碲化铅（el telururo de plomo）表现良好，但可惜它们难以加工并具有潜在的毒性。

风能与太阳能的共同问题是，其生产过于依赖天气条件、季节更替与昼夜周期。因此，将其前进方向诉诸发展高级储能技术尤为关键。比如，利用新型电池与电容直接储存电能，或将风电光伏板、人工光合作用与风电站所产电能用以电解水制备氢气加以储存，这样产生的氢气不但可以燃烧，也可以利用在氢、氧电池上，通过慢反应使得它们之间产生电子交换而产生电流。尽管制取氢气再间接储能的方式会有所损耗，但该气体的确充当了有效的储能器与能量分配媒介。

---

[1]　赛贝克效应（西班牙语：El efecto Seebeck；英语：Seebeck effect）。

储能技术一直是材料科学重点研究的目标。水的电解需要适当的电极，现今的二氧化钛虽然性能优异但却价格昂贵。氢经济[1]的另一个基本目标则是，将制备的氢气以高密度的气态进行储存。截至目前，氢气都是以高压液态运输的。其能量虽已等价于同体积汽油的 1/4，但液化氢气需要额外的能源消耗，这意味着总能量中约有 30% 的能量被白白浪费掉了。研究的另一个领域是，开发可以吸收氢气并能够稳态储存与随时安全快速释放的高度多孔固体材料。在一系列备选名单中脱颖而出的是价格昂贵的钯，以及各类碳与有机金属化合物。

▶▷ 原材料

尽管煤炭有着燃烧时会释放二氧化碳的缺陷，但它依旧是地球上储量最高的化石燃料之一。其他传统原材料是铁、铜与铝，它们被广泛应用于钢铁冶炼与汽车、船舶、工具、电缆、容器的制造。其他重要原材料包括用于化肥与炸药的硝酸盐和磷酸盐，以及用于建筑物与基础设施建造的沙子与水泥。实际上，沙才是世界上消耗量最高的自然资源。其一半用于制造混凝土，另一半用于制造玻璃或获取用于电子设备的硅。

这些材料日渐稀缺。由于水库的建设，河流难以将沙子搬运

---

[1]　氢经济，指整个氢能源生产、配送、贮存及使用的市场运作体系。

到海边。而且伴随着采掘活动的越发激烈，海滩在许多地方都处于衰退状态。具有讽刺意味的是，沙漠中的沙子虽然储量丰富，但其聚集力较低，这样的物理特性，导致其难以用于混凝土的生产。人类日益增长的城市建设在过去的半个世纪内消耗了巨量的沙土与水泥，而所有这些材料的加工与运输都伴随巨大的能源消耗和二氧化碳排放。

越发复杂的新用途凸显了相对独特材料的价值。用于半导体器件的锗、铟、镓与砷，以及迄今为止使用最为广泛的半导体材料——硅。硅在自然界中以氧化物形式大量存在，而钽、锂与钶钽铁[1]由于其特性适用于二极管与半导体激光器，所以被大量应用于电脑、手机与电动汽车的电池中。钇与钡[2]具有的独特超导的性质，使之成为高临界温度超导[3]材料必不可缺的一部分。氦，特别是液态氦则被大量用于超导磁体的超低温冷却。以上这些与许多其他材料的使用，可以通过合适的催化剂来大大提高其自身性质。

许多这些元素由于存量较低，其矿藏具有明显战略价值，另一些如若释放到环境中则会产生毒害污染。所以对它们进行最大限度地循环利用至关重要。然而回收利用也存在极限，因为当这些物

---

[1] 钶钽铁矿（Coltan），非洲口语对钶铁矿－钽铁矿复合矿的称呼。钶钽铁矿广泛用于制造高科技产品。

[2] 温超导铜氧化物超导体 YBCO（$YBa_2Cu_3O_7$）。

[3] 高临界温度超导（高温超导（High-temperature superconductivity，High Tc），指一些具有较其他超导物质相对较高的临界温度的物质，在液态氦的环境下产生的超导现象。

质以合金或混合物使用时，其组成成分之间就已难分轩轾。

►▷　物质的降解：环境污染

　　许多废物能够降解为简单的成分并回归环境循环，因此也终将会归于大自然的水、碳、氮、磷等构成生命基础的元素循环之中。另外，若某些残留物的存在是相对永久或者难以降解的，这些物质或将占据空间，或将对生物体有毒害作用。在工业社会中，由于废物引起的问题日益严重，如何回收重复利用或降解废物演变成了一种担忧。塑料碎屑、工业灰渣、放射性废物与大气有害气体不断增加与累积所产生的问题，几乎同燃料短缺一样严峻。这类问题表现在两个方面上：伴随着生产效率提高而带来废物累积，以及水域与大气污染的非局部性扩散，这些问题所产生的恶果将在未来逐渐凸显。由于废弃物污染问题的跨国性与全球性，它也将在政治层面暴露得淋漓尽致。

　　在全球性问题中，由于人类活动产生的温室气体所造成的温室效应变得异常突出。如氟氯化碳 [1] 等气体会破坏臭氧层，而某些工业过程中释放的氮氧化物与硫化物会导致雨水酸化，形成酸雨、破坏植被、污染土壤、腐蚀建筑物。臭氧层的破坏增加了地

---

[1]　氟氯化碳（氯氟烃，Chlorofluorocarbons/CFCs），亦称氟氯烃、氯氟碳化合物、氟氯碳化合物、氟氯碳化物、氯氟化碳，是一组由氯、氟及碳组成的卤代烷。

球表面紫外线的辐射量，并进而导致皮肤癌与白内障发病率的提高。因此，根据 1987 年在蒙特利尔签订的《蒙特利尔破坏臭氧层物质管制议定书》，协定停止生产当时广泛用于制冷设施和气溶胶的最佳物质——氟氯化碳，并以危害较小的氟烃化合物取代。

▶ ▷ 全球变暖与气候变化

　　全球变暖与气候变化并不相同，当气候变暖超过一定程度，就会导致极端的气候变化。大气并不会阻拦太阳辐射中的可见光与部分红外线。这些辐射会穿过大气并直接加热地表，地表在被加热后会散发出长波长红外辐射。该类型辐射如若为大气中的气体所吸收，就会导致大气升温，这些气体包括水蒸气、二氧化碳（CO_2）与甲烷（CH_4）。而工业排放增加了这些气体在大气中的含量，特别是因燃烧而产生的二氧化碳。除此之外，甲烷的排放也因为畜牧业的扩张而增加。这些气体都提高了大气中红外辐射的吸收并提高气温。200 年前大气中的总碳含量约为 6000 亿吨，而现如今已增长为 8000 亿吨。随着碳含量的增高，大气对能量的吸收自然也增加了近 1 个百分点，且仍在持续上升。根据模型预测，截至 2050 年，大气中的二氧化碳含量将稳定在 15 亿吨，这也意味着地球的平均温度将会增加 1.5—4.5 摄氏度。如若不采取任何有效的措施加以稳定，直至 2100 年，温度极有可能上升 5

—6 摄氏度。

温度升高所带来的影响是广泛而多样的。其严重影响包括人类与动植物大量繁衍的中纬度地区沙漠化，暴雨、干旱、霜冻等极端气候的频率与强度增加，以及海平面上升。对于人口稠密的沿海地区，哪怕仅仅是一米或半米的海平面增高，都会带来恶劣影响，全球冰川的缩减融化与温度变化的统计则证实了这种趋势。就积极的一面看来，例如西伯利亚等高纬度地区的耕地可能得到扩展，但其影响并不足以弥补其他纬度由于沙漠化而造成的土地流失。

在全球化的视角下观察一些细节的微妙之处是很有趣的。由于云朵可以吸收地球散发的红外辐射，所以，它们应有助于气候变暖。但它们同时还会反射来自太阳的辐射，这理应也有助于降温。温度升高导致更多水分蒸发，而蒸发的水分又增加了云量，因此，了解两种效应究竟哪种将占主导地位是至关重要的。同时这也有助于作出更为准确的预测。显然答案并不简单，因为这不但取决于云层高度，还关系到云内液滴大小甚至云层所在区域，等等——高层云朵反射更多的阳光，同时吸收少量地球红外辐射；不同云滴大小各不相同，更细密的云层反射度更高而吸热也更少；云层下方的浅色土地反射量也高于深色土地。

浮游生物也可以成为影响云滴大小的因素：海水温度的升高会导致浮游生物种群增加，而这又导致充当液滴凝结核物质的释放提高。由于会有更多的凝结核心，云层中的液滴会更小，这会提高它们的反射率和冷却作用。因此，生物与气象间的稳定反馈关系有助于地球的整体稳态，洛夫洛克的盖亚假说[1]即倾向如此。另一个不确定因素是冻土融解后所造成的后果，西伯利亚以及加拿大北部大面积永冻层下含有甲烷（与其他气体）的植物纤维将会逐渐降解。由于甲烷是比二氧化碳更易吸收红外辐射的温室气体，如若这些甲烷释放到大气中会大大增强温室效应。

气候变化所带来的另一个结果可能是对大洋洋流的影响。墨西哥湾暖流[2]是地球上重要的洋流，其流量远超亚马逊河。该洋流于墨西哥湾为阳光所加热，并向欧洲西海岸延伸。在抵达足够高的纬度后，湾流下沉并沿着北美东岸返回墨西哥湾。水温的变化会导致湾流下沉并影响返回的纬度，并进而导致地球能量再分配模式的变更。

▶▷ 政治、经济与气候变化

因人类活动排放的二氧化碳与甲烷引发的气候变暖表明，人类

---

[1]　洛夫洛克（英语：James Ephraim Lovelock，1919.7.26—　）。盖亚假说，指在生命与环境的相互作用之下，使得地球适合生命持续的生存与发展。地球整个表面，包括所有生命（生物圈）会构成一个自我调节的整体。
[2]　源于墨西哥湾，经佛罗里达海峡沿美国的东部海域与加拿大纽芬兰省向北，最后跨越北大西洋通往北极海。在大约北纬40度西经30度的地方墨西哥湾流分支成两股。北分支跨入欧洲的海域，成为北大西洋暖流。南分支经由西非重新回到赤道。该暖流令北美洲以及西欧等原本高纬度冰冷的地区变得温暖，适合居住。该洋流对北美洲东岸与西欧气候产生重大影响。

实际有能力减少这些影响，并防止它们达到颇具破坏性的极限。这需求大量的金钱与现代化技术，因为在对现有设施的利用最大化方面，存在巨大的经济利益，所以行事时存在疑虑是可以理解的。

对这些趋势的反应需要在全球范围内进行努力，并争取广泛的国际支持。1997年在京都召开的一次国际会议，达成了减少向大气排放二氧化碳的协议，拟定遏止持续增加的二氧化碳排放，并于2015年将大气的二氧化碳排放数额控制在1990年的水平。2005年，蒙特利尔举行了一次新的国际会议，此次会议批准更新了《京都议定书》的主要内容。达到这一愿景并不容易，因为它意味着各行各业必须大量投资升级老旧工艺以降低排放。另外，许多发展中国家日益增长的工业化需求会增加二氧化碳的排放。该议定考虑到了国际补偿，以便每个国家都保有符合其居民生活水平与增长率的排放量。实际排放量低于该标准的国家可以向其他国家出售其多余的排放权利，因此加总后的排放量并不会高于预计设定值。同时，协定还考虑到了光合作用所应固定的二氧化碳，并规定了森林损毁地区的植物补植，以及工厂及车间将吸收的二氧化碳注入多孔沉积地层或玄武岩内，利用硅酸盐将之固定或转化等新技术。一些大国，例如美国这个最大的碳排放国则拒绝接受这一切涉及高投入的协议。随后召开于哥本哈根（2012）与利马（2014）的会议中，没能批准通过任何可以解决问题的行动。这一系列决议已经令我们大大落后于原定时间表。

14.材料科学：从半导体到智能材料

人类与动物的最主要区别在于是否会使用工具。除少数一些灵长类动物会使用大自然中直接存在的棍棒、石头以外，动物几乎不会使用工具。而生产工具需要合适的物质材料——石器时代的打制石器；新石器时代的打磨石器与陶器；青铜器的使用以及犁具与镰刀等农具的发明则标志了石器时代的结束；铁器优越的硬度又使得第一个使用铁器的文明可以轻易战胜他们使用青铜器的敌人。从最初纯粹的经验积累到日后不断增长的基础知识，伴随着一系列工具的发明与制造，逐渐改善的设计与复合材料的使用，等等，这一切都孕育了改变世界的意志的诞生。目前在强大计算机的帮助之下，人类已经可以通过适合的方程式研究新材料并模拟新的设计结果。力学、热学、光学、电磁学与化学性质在不同领域的应用带给了我们无限多的可能性与难以估量的经济利益。

▶▷ 材料科学

　　本节我们将关注重点转移至最前沿的材料合成与研究进展。材料与功能二者相辅相成，有时我们找寻某种材料用以完成某种功能，又有时新的材料为新功用开辟了新道路。时至今日，我们的文明发展奠基于石油、水泥、半导体与塑料等材料之上。

　　环顾四周，周遭诸多事物皆是材料科学的成果：计算机内存、文件设备与信用卡是分子级磁性材料的产物；赛车与航空业对减重减油耗的要求激发了高耐久轻质材料的研究；高能燃料与光伏太阳能板的进展水平推动了航天业的发展；高耐火材料的诞生扩展了人造卫星的大气再入技术；新型绝缘子与气凝胶又为管道与建筑物的隔热做出贡献；半导体激光器的发展已经应用在 CD、DVD 与 BluRay 的刻录上；光纤准许人们通过光线进行电缆通信；更高效的材料开发也推动了化学反应中催化剂的效率；新型电池与电容器的生产使得电能储存迈上了新台阶；全新的人造纤维又需求新型的合成染料。不断更新着的石化与制药业在能源与健康方面发挥着决定性的作用。尽管原则上，制药业并不从属于材料科学，但该领域也力求优化药品封装，并且着眼于研究药物最佳的释放部位与药效的持续时间。在上述这些林林总总的例子中，都少不了材料科学助力的身影。

　　基于宏观与微观不同的角度，在现实实验与虚拟模拟之间，物理与化学的紧密协调促进了更为先进材料知识的突破，激发着材料生产取得更为显著的进展。这一切都标志着全新材料认知的进展与生产效率进步。化学使得各种材料的合成变为现实，着眼于形状记忆材料与智能材料的前景，配置各类形变检测传感器，并从备选物质之中筛选适当特性的材料或进行结构修改，相关领域的进展突飞猛进。最新的纳米技术与三维打印机准许我们在非常小的尺度上处理物质，乃至点对点地逐个对原子进行排序。利用这种特殊的材料处理方式，我们可以生产具有特定结构与属性的设备和工具。以上这些新技术为我们带来了巨大的经济效应，并且在休闲、文化与办公领域产生着广泛的社会影响。商业材料的可持续性、回收能力与生态影响无害化则又是另一个重要标准。

　　除去前一章所述的能源管理（发电、储存、配电）以外，信息与通信技术、运输工具、建筑与土木工程以及医药产业都对材料科学的前进有很强的推动作用。在这里，我们着重讲述由电报与无线电发展而来的信息处理技术与通信技术。现代的信息通信起源于电报与无线电，发展于计算机与网络，同时，各种类型的光纤、通信卫星、移动电话与电子平板电脑进行辅助与补充。微电子学与光子学，半导体材料与量子光学则是上述这些产品的技术基石。

▶ ▷ 半导体

20 世纪基于量子物理学的两项重要技术成果，分别是发明于 1945 年的电子晶体管与 1960 年的激光器。对于前者来说，由于半导体材料具有导电率介于导体与绝缘体之间的奇妙物理特性，故被利用在电子晶体管上构建小型化电子器件。

半导体具有两个能带结构，即价带与导带[1]，二者之间为能隙[2] 所分隔。如若温度升高，更多的价带电子将得以跃迁至导带，这意味着材料的传导性更好。介于费米子的特性，电子跃迁入导带后会在价带留下空穴。空穴的移动就如同正电荷的移动[3]，同时，可以通过掺杂半导体杂质的方式使得价带与导带中，电子与空穴的密度发生改变。

硅是典型的半导体，也是一种典型的材料物质范例。基于对其量子特性的理解所衍生出的新技术，文明产生了大跨步地前进。

---

[1] 价带（valence band），指绝对零度中电子最高能量的区域。价带电子被束缚在原子周围，而不像导体、半导体里导带的电子一样，能够脱离原子晶格自由运动。在某些材料的电子能带结构图像中，价带位于导带的下方。
　　导带（conduction band），半导体或是绝缘体材料中，一种电子所具有能量的范围。这个能量的范围高于价带，而所有在导带中的电子均可经由外在的电场加速而形成电流。
[2] 能隙也被称为禁带，在固体物理学中泛指半导体或是绝缘体的价带顶端至传导带底端的能量差距。在金属中，价带和导带之间没有能隙。
[3] 相对于电子这种真实存在的粒子，空穴实质上是一种假想的粒子。但引入空穴这个假想的概念可以将半导体价带中大量电子的运动简化为少量空穴的运动，有助于理解与计算（即认为价带电子没有动，只是少量空穴在动）。

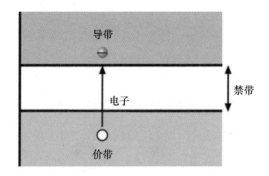

图 14-1　半导体的量子结构。价带（其中电子难以自由移动）与导带（其中电子可自由移动）二者之间由禁带或称"能隙"所相间隔。当一个电子自价带跃迁至导带时，将会在价带产生一个有助于传导且如同带正电荷的空穴

硅原子最外层有四个电子，如若引入最外层为五电子的杂质（如磷与砷），则其第五个电子将直接进入导带；而如若引入的杂质最外层仅具有三个电子（如硼与铝），则其对应第四个电子的位置将保持中空，产生一个"空穴"。这个空穴可能吸引束缚电子来"填充"。我们根据其材料所赋予自由负电子（negativo）与正电空穴（positivo）的不同，将二者相对命名为 N 型半导体[1] 与 P 型半导体[2]。现如今利用 PN 结的特性充当电的整流二极管；而 PNP 型[3]

---

[1]　N 型半导体：在掺入少量杂质磷元素（或锑元素）的硅晶体（或锗晶体）中，由于半导体原子被杂质原子取代，磷原子外层五个外层电子中的四个会与周围半导体原子形成共价键，而多出的一个电子由于不受束缚，所以较为容易地成为自由电子。N 型半导体是含自由电子浓度较高的半导体，其导电性主要是因为自由电子导电。

[2]　P 型半导体：在掺入少量杂质硼元素（或铟元素）的硅晶体（或锗晶体）中，由于半导体原子被杂质原子取代，硼原子外层的三个外层电子与周围的半导体原子形成共价键的时候，会产生一个"空穴"，这个空穴可能吸引束缚电子来"填充"，使得硼原子成为带负电的离子。P 型半导体由于含有较高浓度的"空穴"（相当于"正电荷"），所以成为能够导电的物质。

[3]　PNP 型：由两层 P 型掺杂区域与介于二者之间的一层 N 型掺杂半导体组成。

与 NPN 型 [1] 构成的双极性晶体管则被用作放大晶体管或开关三极管。由于它们是芯片逻辑门的基本组成部分，所以，对于计算机而言必不可少。

除去最外层同样具有四个电子的硅与锗，例如磷化铝（AlP）、砷化铝（AlAs）、砷化镓（GaAs）或氮化镓（GaN）等最外层具有三个或五个电子的材料组合也可以达到类似效果。虽然它们的技术发展程度尚未达到硅的水平，但其在发光与光吸收等领域的应用效果优于硅。

伴随着 1959 年第一代集成电路研发成功，小型化的半导体设备也应运而生。集成电路可以把很大数量的微晶体管，集成到一块微小的晶圆上，从这时起，设备小型化的竞争持续不断。这种竞争态势可以通过穆尔定律来进行直观表达：根据该定律，约每隔两年，机体电路上可容纳的电晶体（晶体管）数目便会增加一倍 [2]。得益于如此激烈的市场竞争，现如今的电路小型化已然达到了百万分之一毫米的纳米级。基于目前发展态势，在不远的未来，将量子线路集成在基片上的量子芯片预期也将是乐观的。在量子电路中最基本的量子点，由一系列约束在离散电子能级的原子组

---

[1] NPN 型：由两层 N 型掺杂区域与介于二者之间的一层 P 型掺杂半导体（基极）组成。

[2] 勘误：穆尔定律（Moore's law）于 1965 年 4 月 19 日成型。原文数据引用为"18个月"，源于英特尔首席执行官大卫·豪斯（David House）所述：预计 18 个月会将芯片的性能提高一倍（即更多的晶体管使其更快），而并非穆尔定律。

构成。伴随着技术水平的提高，科学家们甚至期望用单个或几个简单分子代替内存以及其他设备。除此之外，量子计算也将是未来发展的重中之重。

限制计算机发展的一个主要因素是散热问题。伴随着芯片密度的提升，单位体积内的热量聚集程度也越来越高。而机体芯片系统过热则会导致数据处理错误，乃至热熔芯片等一系列严重的问题。所以，纳米设备的散热将是一大亟须解决的难题。有研究尝试使用基于帕尔帖热电效应[1]的纳米制冷器，但这种冷却器材需要能够最大限度优化其吸热与热传输效果的材料。抑或直接将计算机浸入液氦中，并使其在零下 270 摄氏度的绝对零度下运作。

或许在未来，我们都可以使用遵循量子逻辑进行通用计算的计算机。不同于传统计算机，量子计算机用来存储数据的对象是量子比特，并且还使用基于叠加原理的量子算法来进行数据操作。在古典系统中，两种不相容的状态在量子算法中可以处于叠加态而同时存在。假设一个磁体包含一比特的信息，当磁体指向下时表示 0、向上表示 1。根据量子叠加原理，即我们不对磁体

---

[1]　帕尔帖热电效应（法语：el efecto termoeléctrico Peltier；英语：Peltier effect），由帕尔帖（Jean-Charles Peltier）发现。帕尔贴效应常与赛贝克效应相互混淆，但二者并不完全相同。与赛贝克效应不同，帕尔贴效应可以产生在两种不同金属的交界面，或者一种多相材料的不同相界间，也可以产生在非匀质导体的不同浓度梯度范围内。当对上述三种材料嵌入回路中并施加电流时，金属 1 会对金属 2 或相 1 对相 2，或浓度点 C1 与 C2 间产生放热或吸热反应。帕尔帖效应即为赛贝克效应的反效应，即当在两种金属回路中加入电源产生电势后，不同的金属接触点产生有温差。

进行观察测量时，该磁体上下位同时存在，所以其既为 0 也为 1，我们称之为量子位元或 Q 位元（qubit）。拥有三个古典位元即可以表示八种不同的状态，在拥有三个量子位元的情况下，这八个状态将同时存在。当我们拥有二十个量子位元时，我们将会得到一百万个同时存在的状态。如若从某一给定状态开始一系列操作，根据古典算法，我们需要一个个地分别执行计算，而在量子算法中，这一系列操作将会同时进行。由此可见，量子计算的运算速度远超古典计算。随着新软件的开发，对这种逻辑算法的探索犹如雨后春笋般快速兴起。譬如 1994 年针对整数分解的秀尔算法（Algoritmo de Shor/Shor's algorithm），以及 1998 年用于逆向数据搜索的 Grover 算法。

▶▷ 发光二极管、光伏板与半导体激光器

由半导体晶体掺杂而形成的 PN 结是光电间相互作用的最好媒介。一块半导体晶体的一侧掺杂成 P 型半导体，另一侧则掺杂成 N 型半导体，中间二者相连的接触面即为 PN 结。事实上，当物质中的光子具备足够的起始能量时，它就可以使得电子由价带跃迁至导带，这样一来就在其化合价中留下一个空穴。与此相反，当导带中的电子落入价带中的空穴时，会释放出一个光子，这也就准许了将光转换为电（光伏板的基础），或在无须加热材料的情

况下将电转换为光（如发光二极管）。最初的发光二极管（LED：light-emitting diode）只能产生红光，现如今的 LED 则可以发出所有颜色，并且，其能量效率远高于白炽灯泡效率。白炽灯泡为我们照亮了一个半世纪的历史，而现在已逐渐为 LED 所取代。

硅作为传统的半导体材料并不适合将电能直接转化为光能，但有一些材料已经在该领域崭露头角。例如，砷化镓（GaAs）与砷化铝镓（AlGaAs）可以发出红光和红外线；砷化镓磷化物（GaAsP）、磷化镓（GaP）与磷化铟铝镓（AlGaInP）可以发出绿光与橙光；而硒化锌（SeZn）、氮化镓铟（InGaN）以及碳化硅（SiC）则发出蓝光。尽管需要投入大量资金进行深入研究，才能探索新的新材料与结构，但从长远角度来看，这将带来丰厚的回报。

发光二极管所发出的光为普通非相干光[1]，即其中包含各频段的光波。尽管频率均相同，却有着各自不同的相位。这种光足矣提供良好的照明，但却难以作为载送信号的载波。为了使光可以传递信息就需要用到相干光[2]，这正是激光的特征。小型化的红光或红外半导体激光器，使 CD 与 DVD 光盘读取器得以快速发展，这种新科技的发展彻底改变了唱片业与电影业。下一步发展则是

---

[1] 非相干光的波于特定时刻在其循环中的位置皆不相同。在同一时间，有的波处于波峰，有的处于波谷。

[2] 相干光中所有的波都以相同的节律移动，即光波上各点之间具有固定相位关系的特性。

从红光激光器转向蓝光激光器，尽管技术上困难重重，但由于蓝光的波长是红光的一半，这可以使得信息以更高的效率紧凑地储存与压缩，在应用上即是蓝光光盘（BluRay）。这一领域展现了材料科学与光子技术之间密切的关系。

▶ ▷ 等离子屏幕与液晶显示器

全然不同于老式电视的显像管技术，轻薄小巧的屏幕为便携式电子设备提供了无限可能。在那些老式显像管屏幕中，其显像原理是利用在真空中加速后的电子撞向玻璃屏上的荧光粉，进而产生图像。这种显像方式需要相当大的空间。新式屏幕则基于液晶或等离子（电离气体）技术，在这些技术中，随着电压（电势）的改变，屏幕内的液晶或等离子将改变其光学性质。这样一来，通过对屏幕上不同像素电位的更替，就可以实现逐点变更其光学性质，并以此组成图像。这些技术的应用不仅影响了计算机设备，还进一步更替了所有类型的屏幕——不论是汽车还是飞机的控制面板，抑或机场地铁及铁路的公告面板。这些应用都需求适当的材料：例如趋向相较于其位置与运动的无序而言，狭长适宜的液晶分子整体取向富于条理。在某些情况下，液晶层累加形成的连续性层状面结构，将呈螺旋向列相的结构排布。对这一结构施加电势，则可以改变分子的取向方向或螺旋螺矩，与此同时，改变其自身光的吸收颜色 [1]。

▶ ▷ 光纤

光的波长远小于无线电波，这使得光可以在单位时间内发送更多信息。为了对光进行适合的传导，就需要用到光纤作为传递媒介。光纤是另一个具有重大实际应用影响力的材料示例，然而它必须满足一系列极为苛刻的要求：首先其透明度必须极高；内部没有任何离子杂质；不可衰减光辐强度 [2]（损耗低）；具有高折射率；材质柔韧，可以灵活适应各种几何形状；轻巧易于制造；还要抗老化，可用寿命长。另一个重要进展则是光纤信号放大器的实现应用，在此之前，信号需要在每一段光纤内插入电子元件以抵御衰减。由于这种放大器的传输速率较光纤慢一百倍，这就限制了信号传输。掺铒光纤 [3] 可以在光纤内部产生光学增益，且无须

---

[1] 某些液晶种类扁平的长形分子会依靠端基相互作用，构成并行排列的层状结构，这种结构相邻两层间的分子长轴取向可以规则地进行扭转，并以此形成螺旋面结构。这种液晶分子具有极强的旋光性和明显的圆二色性以及对波长的选择性反射。

[2] 在介质内光纤的衰减亦称为传输损失。指的是随着传输距离的增加，光束（或讯号）强度会减低。由于现代光传输介质的高质量透明度，光纤的衰减系数的单位通常是 dB/km（每公里长度介质中损失的分贝）。阻碍数字信号远距离传输的一个重要因素就是衰减。因此，减少衰减是光纤光学研究的必然目标。经过多次实验得到的结果，显示出光散射和吸收是造成光纤衰减的主要原因之一。

[3] 掺铒，指在制作光纤时，采用特殊工艺在光纤芯层沉积中掺入极小浓度的稀土元素，如铒、铕或铷等离子。这样制作出相应的掺铒、掺铕或掺铷光纤。光纤中掺杂离子会在受到泵浦光激励后跃迁到亚稳定的高激发态。在信号光诱导下，将产生受激辐射，并形成对信号光的相干放大。

将光信号转换为电信号。这大大提高了其使用性能。

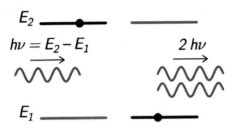

图 14-2 上图为受激辐射的过程。这种受激辐射是激光物理的基础，当适当频率的光子与激发态原子相接触时（图左），将诱导该原子受激发射并辐射跃迁出一个与激励光子频率相同的新光子（图右）

▶ ▷ 光电子学与光电计算

微电子学所面临的主要问题是，当其尺度高度小型化之后，如何在其微小化的各种芯片之间建立有效的连接。由于光线能在单位时间内携带更多信息，如若可以使用光线而非电缆链接芯片，其运算反应速度显然将比电子电路更快。此外，光线可以做到电路难以完成的相互位置交叠，这就又增强了其空间上的使用效率。电子的半导体设备与光学的激光器相互融合于光电学领域，这一融合推动了半导体与电子学、激光、光纤与非线性光学效应等诸多分支的前进与发展，同时也是通信与计算机技术领域内最具吸引力的研究方向之一。

对于激光而言，使用适当频率的光子可以激发原子产生受激辐射，并且形成对信号光的相干放大。通常的光源会无序地释放光子，而激光器则需要有节律性地发射光子。这使得在吸收泵浦光能量后，光学信号得以达到最大功率或产生极高的精度。在工业应用上，激光亦可以轻松切割金属板，且在这一过程之中没有噪声散发损失。除此之外，在外科手术、计量学、光盘刻录乃至光纤信息传输等其他领域的工业应用上也展现出了其巨大的影响潜力。利用不同的材质可获得不同的波长：不同的波长与功率所持续的时间亦不相同，其中更高的功率则能够获得更强的信号稳定性。激光器中最常用的有：气体的氦氖激光器、氩离子激光器、氪离子激光器、氙离子激光器、氮气激光器与二氧化碳激光器，以及固体的红宝石激光器、掺钕钇铝石榴石激光器与掺镱钇铝石榴石激光器。

　　光电子学的发展部分基于非线性光学 [1] 材料的研究，而非线性光学材料也就意味着，其折射率将根据光的强度改变而改变。在强烈光束的照射下，透明玻璃变黑或变得不再透明就是该材料良好的事例。由此，可以设计光学开关，并利用光线的强度控制光线如何穿透材料。这只不过是诸多可能发生效应中的其中一种。

----

[1]　非线性光学研究介质在强相干光作用下产生的非线性现象及其应用。其中介质产生的极化强度决定于入射光的电场强度，其作用可用多项式展开成多阶形式。在弱光条件下，高阶项因其系数较小而常被忽略。所以在弱光条件下可以近似表现为线性关系，但是在强激光场条件下极化强度的高阶项强度难以被忽略。入射光的强度越高，高阶非线性效应越明显。直到激光出现、二次谐波产生被发现之后，非线性光学才逐渐发展起来。

其他许多效应中还包括了光频率的变化：为了在极短的单位时间内执行更多操作，材料的折射率必须能够随时间发生迅速改变。在这一领域中极具研究价值的材料是硼酸钡、二氧化碲、硼酸铯与硼酸镉。

▶▷　超材料与隐形

存在一种新型的战略光学材料。该材料可以内置组合大量的微电路，并使得材料自身可以全然不同于任何自然材料的方式扭曲、传导或发射光和一般电磁辐射。甚至这种类型的材料还能拥有负折射率，能够在微波捕捉与加工上大有作为；也能应用在超快光处理上，加快光学数据处理能力，并效力于下一代移动电话。在未来，其独特的光学性质或将准许生产能够实现物体隐身的涂层（目前这种涂层仅适用于部分微波）。这种涂层的作用机理为捕获发射自物体后方的光线，并且在不产生任何偏折的情况下，在物体前方重新发射相同光线。因为这种方式不会改变物体自身在其背景之上的图像，所以该物体将表现为隐身不可见。尽管目前我们离成果还相距甚远，但是这种应用极富想象力。并且从认知论角度来讲，这一应用的理论特点特别引人注目：我们可以获得一个就在眼前却难以用肉眼感知的物体。

▶ ▷　**磁**

　　无论是铁磁性、抗磁性还是顺磁性与反铁磁性，有关磁性的话题极为丰富。计算机存储器引起人们对磁性材料的兴趣——磁性材料将 0 与 1 二进制指令存储为磁性的向上或向下。由此，这种储存器具有记录快速、可重复书写、耐用、读取快取与储存密度高等良好应用特性。这实际涉及分子尺度的磁体作业：在考虑到磁性对电阻的影响之后，分子尺度上的磁体磁性更易于转变。而巨磁阻效应[1]的发现，使我们能够制造出更为快速与灵敏的存储器读取器——由于磁场的微小变化将导致电阻的较大变化，并由此进一步使得传感器的电流或电势产生更大的变化，所以巨磁阻效应的发现使存储器与读取器变得更快更灵敏。

　　如今已可以获得非常多不同特性的磁性体，并制造具有不同磁性的超薄平行薄膜层聚集体。它们之间的相互影响将导致总体

---

[1]　巨磁阻效应（Giant Magnetoresistance / GMR），一种量子力学和凝聚体物理学现象。物质在一定磁场下电阻改变的现象称为"磁阻效应"。一般来说，物质的电阻率在磁场中仅产生轻微减小，但巨磁阻效应中电阻率减小的幅度极大。由于技术的发展，存储数据的磁区越来越小，而存储数据密度越来越大，在存储设备之中，电流的增大与减小以及磁性的上下可以相对定义为逻辑信号中的 0 与 1。同样地，可以将磁性方法存储的数据转变为不同大小的电流输出。在这种巨磁阻物质作用的情况下即便很小的磁场也能够输出足够的电流变化，所以广泛应用在读出磁头、磁存储元件上。该效应是磁阻效应中的一种，并且可以在磁性材料和非磁性材料相间的薄膜层（几个纳米厚）结构中观察到。

属性与部分属性的高度差异性。磁性应用的一个极端的例子是脱胎于电子学的自旋电子学[1]。此前，电子学仅能够利用所传输的电荷信息，而自旋电子学将电子自旋的磁性也纳入研究范畴之内，也因此，它可以处理包含电荷与磁矩的信息在内的更多信息。

▶▷　超导体

尽管金属是电的良导体，但电流通过时依旧会有电阻存在。然而在温度足够低的情况下，物体的电阻会消失，电流在通过这类超导体时不会产生能量损失。这种状态于 1911 年由卡末林·翁内斯[2]首次发现，自此引发了人们极大的兴趣。超导现象本质上是一种量子固有现象，归因于集体波函数的相干性，其物质中所有电子对作为一个整体流动，而非独立存在的单个粒子。超导体可以保持相对较高的电流强度（低于其一定的临界值），由此也就可以产生极强的磁场。这种特性被很好地利用在粒子加速器、核磁共振设备与磁悬浮列车等应用之中。

---

[1]　自旋电子学（西班牙语：Espintrónica，或 Magnetoelectrónica；英语：Spintronics；亦被称为：Spinelectronics 或 Fluxtronics。该名称为"自旋"与"电子学"二词加和而来的混成词），主要研究固态电子器件之中除基本的电子电荷之外的电子内在自旋与其关联磁矩。

[2]　卡末林·翁内斯（荷兰语：Heike Kamerlingh Onnes，1853.9.21—1926.2.21）。亦译为"卡末林·昂内斯"。

得益于1986年贝德诺尔茨[1]与米勒[2]对陶瓷氧化物这种新材料的发现，该领域的研究获得了长足的进展。一般来说，金属的临界温度低于零下250度，而这种陶瓷材料的临界温度则要远远高于这一温度。而后的几个月内，逐渐发现了临界温度越来越高的材料，甚至达到了可以单纯通过液氮即可维持的零下135度。这一温度相较于之前需要液氦维持的低温而言，更容易实现。但是，使用这些材料所制造长电缆传输电力尚不可能，且还有相当大的困难亟待克服。

类似现象也发生在超流体的氦-4中。氦-4在低于2.17 K（-270.98℃）时便会变成超流体，并且由于该状态缺乏黏性，使得材料可以近乎永无止境地流动。与此同时，还发现了比如零熵度与无限大热传导率等很多稀奇的性质。更为复杂的材料则是超流体氦-3——该材料会在更低的2.6 mK成为超流体（仅比绝对零度高几千分之一开尔文）。除此之外，还存在比绝对零度高百万分之一度的碱性原子玻色-爱因斯坦凝聚物。量子力学在理解超流动性方面发挥的作用，就如同其对超导性的解释一样无法替代。

---

[1]　贝德诺尔茨（德语：Johannes Georg Bednorz，1950.5.16—　　）。
[2]　米勒（德语：Karl Müller，1927.4.20—　　）。

► ▷ **有机材料**

　　有机材料基本上由碳与氢、氧、氮相结合组成。这是目前一个值得探索的广阔领域，其最简单的材料结构即只由碳元素所构成——例如由 60 个碳原子构成类似于足球形状的微观分子的富勒烯；单层碳原子构成圆柱或平面薄膜结构的碳纳米管与石墨烯。考虑到碳的多功能性与大规模应用，这些新物质构成的发现着实开辟了全新的材料领域。石墨烯与纳米管在力学、热学、电学与光学上的独特属性，使之拥有极为广阔的应用前景：它们具有极高的导热性与导电性；机械强度比例甚至优于钢铁；具有极大的应用灵活性；重量轻巧且透明度极佳。石墨烯的应用多种多样——既可以作为具有比硅更快响应速度的半导体，还可以作为柔性显示器的透明导电电极，甚至作为超大规模纳米集成电路的散热材料，以及作为有机太阳能电池或光伏面板的聚集物片材，乃至是物理化学或分子生物学领域中优选的特殊滤膜。

　　另一大类有机材料则是聚合物[1]。它们是由众多小单位联结在一起的、具有较大分子量的细长分子化合物。聚合物分子长度可调，且其链条既可以构成片状，也可以同时结合不同类型的其他

―――――――――――

[1]　聚合物（西班牙语：polímero；英语：polymer），该名称来源于希腊语"众多"（πολυς/polys）与"小单位"（μερος /meros）的加和。

单体。这种特性使得聚合物在日常生活中发展出种类繁多的各类
应用。由于具备耐腐蚀且重量轻盈便于运输等诸多优点，其应用
广布水电气管、电气绝缘体、塑料袋与包装，乃至航空航天与汽
车零部件，以及纺织品、家具、餐具、百叶窗与人造花等生活的
方方面面。聚乙烯、聚丙烯、聚氯乙烯（PVC）、尼龙、聚酯、氯
丁橡胶、聚氨酯、聚碳酸酯等材料则更是工业制造的基础。

图 14-3　从左到右分别是碳元素的三种结构：石墨烯、碳纳米管与富
勒烯。凭借优异的电气、热力属性与极强的机械强度等物理特点，这类材料
脱颖而出，一举成为诸多重要技术的发展基础

▶ ▷ **生物材料**

生物材料是类似于生物构成材料的人造物，它们与生物体相
互兼容并能改善某些特定特征。由于有必要避免免疫排斥反应，
且使细胞黏附在材料上，生物材料的良好应用可以有助于有机体
定殖在主材上，犹如自身生长，使得整体更为一致。其最为典型
的应用是假体——利用陶瓷、金属合金、合成聚合物、硅氧树脂
等材料制作，来替代牙齿或骨骼等多用途的植入物。生物材质可

以与身体相互产生紧密的联系。更详细地说，也就是生物材料可与细胞相互嵌合，并根据生物体状态的变化而变化，进而使得材料产生微小的适应性修正；抑或说所述假体可以通过接受磁性或机械信号等手段进行外部激活，并刺激周围组织的再生。

另一种假体则表现得更为积极——比如可以减轻耳聋程度的人造耳蜗，其更进一步的目的，是发展出可以替代视网膜、心脏、肾脏等器官功能的人造器官。拥有了人造器官技术后，就可取代器官捐献，免受找寻配型捐献者之苦。在设计这些人造器官时，通常会从自然界中已存在的解决方案中找寻灵感。也就是说，将会通过仿生学模拟自然的结构，并以此优化器官的适应性。在组织工程学或再生医学中，已经开始尝试使用活细胞进行运作的三维打印机。这种三维打印机会在空间中每个单元点布置最为合适的细胞，进而形成一定的器官或特定组织。虽然该方向的研究极具进展，但仍有必要增强其打印组织与血管和神经之间的结合性。而一种可能兼容的办法则是直接由电子微电路代替神经组织——以微电子电路发送与接收外部神经信号，并以此进一步指挥人造组织。生物材料的另一类型即是人造血液：这种血液与自然血液相互兼容，并能够更好地传输氧气。这种血液使用血红蛋白的替代品，甚至可以在没有红细胞的参与下弥补输血所需的血源不足。

15. 自物质之轻重至形式之细微

科技有力地链接了我们与世界的关系，并且成为经济交流、贸易沟通、知识传播，乃至娱乐与出行的支柱之一。我们常常将科技当作为人类提供美好新生活、勤劳而又高效的仆从；有时我们亦深感科技犹如暴君一般，操控与束缚着我们的生活。然而现如今的技术已远不局限于其潜在的发展前景，而是业已融入生活的每一个细枝末节，融入不断提高着效率与灵活性的每一个细节之上。科技也不再仅仅是我们控制之下为我们服务的一套工具，而且是逐渐演变为一种认知氛围与极富生命力的媒介，影响着我们的价值观、意志喜好与品鉴能力。

科技似乎越来越将我们与大自然分隔开来——越来越丰富的城市生活；越发璀璨的夜间照明；更多全年无休的食物供给；更为强劲操控生命的能力。我们在股掌之中玩弄着地球生物物种的存灭，转基因物种的创存亦不过是我们的弹指一念。但在这骄纵轻狂的所向披靡之间，科技又以全然不同以往的方式，将我们重新从云端唤回大地——科技的能力却也并非毫无穷尽。除此之外，现今，我们不仅有能力制造工具，同时亦有能力创造出无须我们参与即可为工具自身制造合适工具的工具。或许这种人工智能已将我们置于一场等同于进化革命的大门前，这场革命也终将催生别无二致于我们的物种——一种犹如曾被进化所创造出来、具备思想与意识的全新物种。

基于计算机科学与机器人技术的新工业革命，将引领人类去往何方？迄今为止的每一次革命都严重冲击了无数的旧有行业，同时又创造出新的行业与岗位。但现今，我们所面临的这次科技革命又将带来多少岗位的消失，而又能创造出多少全新的工作呢？这一切的摧毁与创造又将如何影响我们的人口数量？我们是否能将我们的"空虚"以足够有价值的工作填满？然而，情况可能远过如此——如若新型的机器人意识到了其自身目的与需求，并乐于将其目标实现，那么人类自身又能在多大程度上与之相兼容？而究竟到什么程度时，它们将考虑灭绝一个如我们自身一般恼人且具有侵略性的物种呢？

▶▷ **地之形质，谓之地质**

田野、山川、沙滩与海岬，森林、草原与沙漠构成了人类认知世界的基础，而在这之上建立起的人类经验，则逐渐浓缩精炼为一种介于唯物神秘论、朴素唯物论与魔幻唯物论的地球唯物论。不论是严酷宗教典籍中"尘归尘，土归土"[1] 的警醒箴言，抵或诗人叛逆笔下"化为尘埃，但仍留爱恋"[2] 的柔情诗行，这一切都深切表达了我们对这片哺育我们土地的缱绻眷恋与亲昵依赖。雨水润湿田野的乡土气息，与海风吹来的盐腥，都向我们诉说着物质可以轻易穿透视觉的阻碍，以触觉与嗅觉的感知昭示它们的存在。在壮美大地慷慨的时节，她可以被视为慈爱哺育我们的母亲。但这些幻象总难持久——干旱、洪水、地震、火山、森林大火的冷漠无情与残暴不仁，瞬间就能揭露这位善良母亲虚伪的假象。

当我们注视溪流内的一粒沙子或一粒卵石时，我们哪里又曾想到，它们已在历史的洪流中跌转了千百年——远方的山峰饱受侵蚀，物质自固有的位置被剥离，而后伴随湍急的溪水离开它原本的故乡，并被周遭事物细细磨砺。最后若不被水库拦截，它将作为流体漂移的沉积物直达大海。此时此刻的我们，注视着面前这粒"饱经沧桑"的沙粒，如若说我们能从这粒沙子中获知地球的历史也毫不为过，也因此常有人言："一沙一世界"[3]。哪怕这并不完全正确，那么至少这粒沙子也能够让我们感知到它的存在。

---

[1]　源自《创世记》3:19，原文为："polvo eres y polvo serás"。
[2]　源自西班牙诗人克维多 (Francisco de Quevedo)《绵爱无绝期》(*Amor constante, más allá de la muerte*) 一诗中的名句，原文为："polvo serán más polvo enamorado"。
[3]　源自徐志摩译 *A Grain of Sand*："一沙一世界，一花一天堂。无限掌中置，刹那成永恒。"

对于科学家们而言，这粒沙子足以展现其化学成分或热力学与电学性质。但对于一个普通人而言，也可轻易联想到这独一无二的物质碎片所蕴含的悠久故事。这一故事本身，即是一个超越了原子唯物主义中纯粹物理化学难以重复的现实，逐渐走向了充满变革与历史的地球版辩证唯物主义。

地质学对于物质研究抱有极大热情。因为它不仅涵盖了化学与物理中普遍而抽象的研究，同样还包含了地理学与历史学中具体且不可重复的研究。岩石的凝结形成与退化、变质过程，地层、断层与褶皱的产生，岩石的晶体细节、颜色与硬度，地质学的研究范畴是如此包罗万象。在如此诸多细节之外，地质学还拥有着丰富的历史积淀——多样得令人着迷的古生物化石；岩石冷凝后产生的微小磁体指北性；岩浆活动与大陆板块漂移；以及基于地震学而开展的，对于地球内部构成的探究。地质学与物质之间的联系是如此紧密。黏土、砂矿、石膏、磷灰石、朱砂、石英、长石、云母、刚玉、石英、黄铁矿、软锰矿、方铅矿、熔岩、玄武岩……矿石的收集可以给人带来强烈的满足感，哪怕只是细数矿石的名称与种类，并一一唤起它们的名字，也能让人感到如此身心愉悦。知识了解得越深入，对物质的情感也就越强烈，与地球深层历史的联系也就越紧密，越爱亲近山水。

►▷　地球与科技间的关系

物质技术强调三重性：时间、空间与产生周期。时间上：众多资源本质有限且不可再生。对于这些资源的过度消费，会对后世子孙产生难以挽救的影响。空间上：大气污染会带来全球性影响。温室气体排放导致的全球变暖，以及大气臭氧层遭到破坏都是很好的例子。周期上：回收与处理废品以及整治同污染相关的环境成本，必须纳入生产过程的经济评估之中。与此同时，更应加大教育力度，增强公民意识，鼓励废物回收再利用。

对物质的利用引发了众多问题：我们究竟应该优先利用哪种能量源？我们又应该如何对待并利用新的探索？对于全球性问题的影响，各国之间又应如何分担？怎样又能够防止过度利用核、化学、生物等技术？技术以其诱人的效能与便利以及医药治疗作用，驱使着人们专注于其确切而即时的利益之中，由此催生并引申出了远胜于任何一种意识形态的存在唯物主义，这是一种肤浅而且幼稚的消费主义唯物论。与此同时，人们的生活节奏不断提高，曾经浩瀚丰富的历史与本地文化内容逐渐变得空洞，被肤浅、呆板且日渐同质化的流行所替代。新鲜事物的快速涌现与暴涨的信息输入，使人们感到迷茫与不适。以上林林总总，使得迷失的人们忘记了他们从何而来，又将去往何方。

▶▷　物质与艺术创造

在艺术领域，物质与形式二者于象征性的涌现之中相辅相成、有机结合，展现出了超凡脱俗的情感潜力、强大的理念力量与新世界的启示。不论是雕塑的岩石材质抑或绘画之中颜料的用色，不同的形式对于艺术作品背景的展现显得尤为重要。对一个形式进行分析之后，即可与其他形式进行比较并找寻其灵感来源与产生的影响，进而品评一个艺术形式的表现力，及其作品所引发的情绪对于其他创作者所产生的影响。这时物质往往被忽略，所谓的"作品材质"则通常是指其艺术品自身的题材或内容，而非其具体的物质材料[1]。诚然，某些艺术题材经常成为艺术创作的主角，但更通常的情况下，题材自身就饱含丰沛的艺术性，而无须过多探求其背后真意。

我们可以自问物质在艺术中起到的作用，或者设想技术上物质在过去与未来所做出的贡献。对于雕塑而言，物质组成了其发展必不可少的工具（最主要的即是青铜铸件），促进了机械组件的更替（钢与铁的锤凿与錾刀），并催生了陶瓷的烧制技术；建筑学上砖石的烧造、水泥的利用、玻璃与金属钢梁的使用；绘画上的

---

[1]　此段原文内西班牙语的"materia"包含了物质材料与作品题材两层含义，作者利用了一个双关。

彩色颜料、铅笔、纸张与画笔的发展，等等，这些都离不开物质在背后所提供的支持。

自 15 世纪起，蛋彩画逐渐向油彩画过度。伴随着佛兰德画家凡·爱克[1]近乎完美的作品在艺术史上留下浓墨重彩的一笔，新技术也为绘画铺开了一条广阔通途——利用亚麻籽油取代了蛋黄作为颜料基材，使用清漆、干燥剂与溶剂调整透明度与干燥速度，使得颜料产生连续的层次。这一技法允许画家校正笔触，同时还可以利用更为逼真的色彩、更高的纯度与景深获得全新的效果[2]。在后世的历史发展之中，罐装至管内的颜料使得画家可以便携地在室外作画，受此浪潮涌现的全新风景画可谓是印象派的瑰宝。在雕塑艺术中，雕与塑二者截然不同。其中塑是指艺术家通过添加物料、爱抚与修正获得形状，而后塑之成型；雕则指减法的镌刻坚石，是耗力地对抗与斗争。最后，艺术家将多余的材料剥离，露出隐藏在废料之下其所希冀的形状。

印刷、摄影、光碟、广播、电视、电影、视频乃至电脑等新技术，都为艺术的传播媒介及其本身开辟了新的方向。曾几何时，需要画家亲手绘制的肖像，现如今任何人都可以借助摄像技术轻松获取。当计算机与三维打印技术相结合后，甚至任何人都可以得到自己的半身塑像，而根本无须劳烦一位雕塑家。同时，技术

---

[1]　凡·爱克（荷兰语：Jan van Eyck，1390—1441.7.9）。亦译为"范·艾克"。
[2]　油画颜料不透明，覆盖力强，绘画时可以由深到浅逐层覆盖，使绘画产生立体感。

的进步也为我们提供了更多品鉴审视艺术品细节的新方法——光谱技术可以用于研究彩色颜料；放射性定年法可以用于断定作品年代；而对画作进行 X 光扫描则可以揭示画作本身所隐藏的不同层次。

▶ ▷ 物质与技术创新

物质所含能量的多寡与其结构构型都赋予它全新的潜力与涌现属性，而这种涌现属性只在物质各个独立组成部分相互融合为一个整体之时，才会显现。分子所呈现的化学性质与其构成原子的性质截然不同；晶体的硬度、比热容与导热率等属性亦不取决于其构成微粒；哪怕是集成电路所拥有的特性也是其单个组件所不具备的。科技本身即是不同材料不同特性的融合。

人们越来越倾向于突出物质所蕴含的信息，并将之看成一种经济商品。例如与处理硅元素所需要的知识相比，一块硅晶圆的成本几乎可以忽略不计。在计算机科学中，新的软件编程、应用以及开源程序远比新材料具有更高的附加价值。给予适当的硬件，仅通过编程与新软件的开发就可以使其性能大幅增强。而这种商品非物质化同样也影响到了经济，并使得金钱逐渐脱离了其与物质之间直接的对应关系。

由此，虽然物质在经济活动中扮演着重要角色，但其本身已退居二线，不再是生产周期内的主要影响因素。信息、知识与组织战略则取而代之充当了基础必需的角色。原材料所具有的价值从来都是毋庸置疑的，然而废料由于生产收益微薄，而投入成本高昂，故废料的处理问题从未被搬上台面。但是常规燃料会在可以预见的未来消耗殆尽，现如今的废物处理则逐渐成为棘手的问题。因此不论是生产起始抑或产品完成，在整个流程之中的每个阶段都要尽可能地优化生产效益。

►▷　唯物主义

辩证唯物主义、消费主义唯物论或技术唯物主义都是自不同角度审视唯物主义所得到的不同结果。前者渴望改变现实，这是广域上全局性的物质与意识关系。不论是从原子到社会，还是从细胞到工业，都应承认社会的不公会影响科学的公正。这种不公不仅影响其可能的应用，而且在一切之前就已发挥着作用。科学家分析每一个物质样本之后，这一切在生产过程中就已产生了效应。在实践中，辩证唯物主义构成了险恶的政治独断主义的一部分——斯大林主义。斯大林主义的理论尽管表层幼稚且肤浅，但其理念深处确是光辉而坚定的。

与此相反，消费唯物主义更具亲和力，其本身只注重消费者所期待的最终产品——无论其产品是否被快速遗忘或舍弃，还是在其产品生产过程之中工人忍受的奴役与压榨，对于种种这些经历，消费唯物主义全部充耳不闻、漠不关心。

与消费唯物主义截然不同的是技术唯物主义，它注重识别问题与机遇、寻求切实可行的解决方案并尽可能地保障高效与优雅，但对于竞争而言则毫不留情。尽管在某一时刻会出现某些道德上的忧虑，但这些顾虑终将会被经济利益与现实所快速覆盖。就如炼金唯物主义一样，技术唯物主义本身极具颠覆性，也因此蔑视不具备任何创新能力的投机经济与官僚主义。

| 第四章 |
物质生命

生命之因果，意识之无穷

　　生物是我们所知最复杂也与我们关系最密切的物质，无论是其起源还是其活性，都表现得如此令人惊异。唯物主义以及科学的基本假设就是物质可以独立存在，并且物质可以构成产生思维与感觉的能力。现如今，这些想法在合成生物学与人工智能的努力下具现化了。合成生物学寄希望于在实验室中创造可以自我复制的生命，而人工智能则着眼于制造能够自我复制的智能机器。由于二者都是受人类所主导，而非独自完成，所以皆不能证明物质自身足以达到生命乃至智慧水平。但是无论如何，二者都将是历史上的一座丰碑。然而，这一丰碑伫立的同时，在某种意义上还延续着自人类史前起便伴随并激励着我们的不安：生命从何而来？我们与至亲死后还能留存什么？

16.分子与生命之策谋

由于生物遵循与无机物全然不同的策略，其自身存在的独特性与复杂性也便以一种全新的视角，改变了我们曾经习以为常对于物质的看法。尝试理解生物自身所阐述的定义，已然超越了我们所知的生命框架，并转向探索各种其他类型的生命体，而且逐渐倾向于指明其所能产生的功用，而非局限于其物质材料上。这些问题在当今环境中显得格外有意义，因为眼下我们的研究重点正从分子生物学转向合成生物学——也就是说自细胞分子构成的研究转至尝试利用已知生物分子甚至其他类型分子创造全新的生物细胞。

▶ ▷　**生命的定义**

定义"生命"是十分困难的，而如若我们想要这一定义不仅仅适用于直观了解生命，还同样能够作为其他形式与种类的生命之参照，那么，定义"生命"这一过程我们无法回避。这一定义又关系到对生命起源的探究、人造生命与外太空生命等当前学界的热门领域。在如此深度的问题面前，我们在日常生活中所获得的直觉印象几乎毫无用处。甚至在不同的生命模式面前，我们全然不具备将之辨别为生命体的能力，因此必须为生命赋予一系列通用的标准，以便我们辨别某一系统可否被鉴定为有机生命体。

通过以下五个一般特征，我们可以较为轻松地描述生命的本质：即存在一系列化学反应，能够使能量与物质之间进行相互转化的新陈代谢；具有复制与本体具有相似性复制体的个体增殖能力；能够产生适应不同环境生物新品种的进化能力；在面临一定范围外部条件变动的条件下，能够应对这一变化而调节体内环境，以维持一个相对恒定状态的自生性平衡控制机制；以及具有一定范围热平衡控制力的稳态。然而仅仅拥有这些特征是远远不够的：例如对某一特定系统而言，我们难以立即知晓该系统是否具备复制能力；抑或面对一个古老生物体组织残留的化石或纯无机物时，我们也不禁思考这一生物曾经的面貌。在这些例子中，上述这些生物特征对于区分多细胞生物的生死显得毫无用处。甚至这些特征都不足以用于临床上定义一个人的死亡——因为即便某个人的躯壳大部分细胞都已死亡，但依旧存在某些器官能够被用于移植。这样看来，相较于生命自身准确且可操作的定义来说，利用通用术语定义生命其实就要简单的多了。

上述段落中对生命的粗略定义，于我们而言，已经足以囊括生命所需的基础物质要素。哪怕我们无法排除不同物质构成不同类型生命存在的可能性，但无论如何，这一生命体的构成物质必然与其生物特征描述所不相矛盾。

▶▷　从化学到生物

仅凭借物理与化学推导，究竟能在多大程度上判断出生物的特征？在生物的进化中，偶然发生与历史必然起着同样决定性的作用。它们在物理化学与生物学的思维框架间建立了微妙的不同。的确，物理与化学对普遍情况的处理更为有效，但与此同时，生命的特征取决于特定历史与普遍物理化学的约束间的搭配与组合。

我们尝试举一个例子来说明这种巧妙的组合：在生物体中的糖由右旋链形成，而氨基酸为左旋——左旋与右旋[1] 指分子结构的镜像对称性。然而在形成氨基酸或糖的非生物[2] 过程中，左旋链与右旋链二者数量相当。很有可能仅仅在原始阶段内，某一随机结果在而后的繁殖过程之中被逐渐放大，进而导致了现如今生物体中这种选择使用二者之一分子结构的强烈排他性。也就是说，如若不考虑历史的进程，那么这一排他性结果是难以理解的。单

---

[1]　左旋与右旋，指有机化合物的对映体对偏振光中分别使光向反时针或顺时针方向旋转。会令偏振光左旋或右旋的异构体会被称为左旋体和右旋体。在有机化学中通常用 (+) 表示右旋，(−) 表示左旋。

[2]　在生物学与生态学中，非生物是指环境中影响生物体的化学与物理部分。

纯的物理与化学预测很难推断另一个星球上的生命究竟适用于哪一种类型的链条。

另有一个例子更便于理解：合成蛋白质所需的不同种类氨基酸数量。20 种不同的氨基酸构成了蛋白质，而蛋白质显然可以由更多种氨基酸构成。那么问题来了，为什么生命由这 20 种氨基酸构成而不是 12 种或 15 种？或者说，为什么生命由这 20 种氨基酸所构成而非另外 20 种？如若我们发现了地外生命，很有可能它们拥有不同的氨基酸构成数目。对于任意星球上的生命而言，所有由更简单氨基酸为基础的构成形式都是符合逻辑的，但外星氨基酸形式构成不应较这 20 种更为复杂。由此我们也看到，纯粹通过物理化学进行的推演，也并不足以认知生命，除此之外，还必须从历史的角度进行思考。

上述这些例子都提醒我们必须注意到，哪怕只是物理与化学层面的细微不同都会导致生物体的差异。或许我们可以认为这些事实都印证了，物理与化学定律对于生物材料可以进行后验解析。然而很遗憾，我们只能通过这一系列的科学定律对生物体进行推断。实际上，甚至都没有人能够以物理现象推断化学反应：即便是利用量子物理学定律也难以推断出苯、富勒烯或氨基酸的存在。现阶段我们可以做到的，只是利用化学发现并系统化一干物质后，再利用量子规律来大致解释这些物质。而且由于尚且无法进行数值确切的计算，这种解释也仅仅是做到大致的推断。

▶ ▷　水的性质

尽管无法排除其他不基于水的性质而存在的生命类型与种类的可能性，但就目前我们所知的生命体而言，水是必不可少的。所以对于水有一个清晰且全面的认识同样必不可少。为了全面了解一个生物体，我们首先需要了解其某一基础特征，由此以便于清楚认识其他基于这一基础特征而衍生出的性质。尽管由其他液体构筑生命存在这一事实符合逻辑，但得益于水所具有的一系列令人惊异的特性，其他生命形式的构筑困难程度一定不如水来得简单。

由一个氧原子和两个氢原子组成的水分子"H_2O"具有角结构，其顶点处的氧与侧面端部处的氢存在约为 145.5 度的键角[1]。每个氢原子与氧原子共享一对电子，但这些电子在氧原子附近滞留的时间比氢原子要多。因此，水分子是极性的。也就是说，尽管整体上来说水分子呈电中性，但其一端呈正电，另一端呈负电。接下来我们将看到，这一特性对生命存在而言尤为重要。

水分子之间由氢键相连接，任意一个水分子中带正电的氢都将为附近另一个水分子中的负氧所吸引。这对水的性质有极大影响。这些氢键会使得物质的熔、沸点提高。拿一个硫原子与两个

---

[1]　H_2O 由于氧原子未成键电子对（孤对电子）的排斥作用，使得键角不是 180 度或 109 度 28 分。

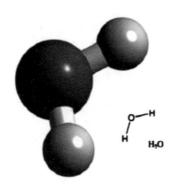

图 16-1　水分子的极性特征（氧带负电，氢带正电）使之无论在蛋白质的折叠还是膜结构的形成等诸多方面皆产生着深远的影响

氢原子构成的硫化氢（SH_2）举例，其分子构型异常相似于水分子，差别仅仅在于该分子内氧的位置被硫所代替。然而这一物质分子将在零下 80 摄氏度的时候冻结，并于零下 60 摄氏度时沸腾。如若不受其分子极性与氢键特性所影响，那么水也理应于同等温度冻结与沸腾，而绝非现在的零度与 100 摄氏度。此外水的比热与潜热皆因受氢键影响而比硫化氢（SH_2）高约四倍。水的最小体积为 4 摄氏度，并且将于冷却至低于该温度下膨胀。同时由于冰中分子网络通过氢键相连接，致使冰的密度小于水。该特性使得河流湖泊自上而下冻结并维持，也进而使得水生物能够在严寒中幸存下来。

　　水的极性使之成为极性物质及离子化合物（盐类）的良好溶剂，而对于非极性物质（油或苯）来说则是不良溶剂。这也就意味着存在亲水性分子与疏水性分子（与水互相排斥），以及存在亲水基与疏水基的分子。这对蛋白质的折叠与生物膜的形成尤为重要。综上所述，在没有水的情况下，生命所呈现的形式与构成基础理应与现今生物大为不同。

▶▷ 生命的通用策略

以下为部分生物通用策略。

——使用大分子：细胞会因为大量小分子产生的渗透压而破裂。例如，当细胞想要储存葡萄糖时，会先将之聚合为糖原或淀粉等形式后再做储存，以免导致细胞破裂；此外，小分子也难以如同大分子一般执行复杂的操作行为。

——使用超分子：即偶尔存在高分子间的相互作用，它们的相互作用准许其中一些如同小型机械一般行之有效地将化学能转化为电能或机械能；例如，需要一系列蛋白质与脱氧核糖核酸结合并相互作用，使之成为表达基因所富含信息的转运或复制载体，或使之压缩入很小的空间内。

——使用大量的弱化学键（通常是氢键），而非使用少量的强键。这使得可以高特异性地区分不同类型的分子：就如同识别基因中的"文字"。酶识别它们需要作用的分子，抗体识别它们需要攻击（特异性结合）的抗原。另外，这些链接赋予了大分子在构成及作用上很大的灵活性，并且准许其开启与关闭其部件的能力。例如，读取 DNA。

——使用不同的膜结构用以分割区间，并通过离子通道或对电势差及浓度敏感的选择性分子机器，以利用膜结构间的电势及化学势差。

——回收与再利用体内各种物质。如在呼吸作用中产生，在亿万细胞反应中消耗的"分子通货"ATP（三磷酸腺苷）。每人每天生产并消耗 90—100 公斤的 ATP（当我们锻炼时，这个数值还会上升）。因此存在恒定的 ADP 与 ATP 的循环过程，即 ATP 分解转化为 ADP 与无机磷酸盐并释放能量。反过来 ADP 在合适的分子机器中，吸收能量再与无机磷酸盐相结合成为 ATP。借此为身体储存并供给能量。

——基于有变化复制的进化，而后根据环境筛选出适应力最强的物种。在构成生物体之前的分子水平就已经如此往复，这种选择与进化是生命起源以及后续历史发展中的关键策略之一。这同时也导致了物种多样性的增加以及不同媒介种类使用的增加。

——在基因中累积必要的信息。诸如有关各种功能及种类细胞的信息；在各种不同情况下产生适合物质的调节机制；或区分多细胞生物中各种细胞类型。如此，将这些林林总总的信息压缩至分子级的 DNA 之中从而传递给后代。

当然我们也应考虑光合作用，抑或利用光能生产物质的能力。该策略异常重要，甚至有可能无法在其他星球上复制。同样，我们也应考虑许多其他种类哪怕并非通用的代谢策略。

　　所有这些策略，都是在被称为细胞的迷你移动计算机中，通过灵活的动态分子演算而成的。这些小型计算机会自我再生，并合理利用周遭环境资源作为物质与能量的源泉。如若某一无机体能够自主进食、自我繁殖、不断进化并且适应环境改变的话，正如生物细胞及其多细胞聚合体组织之中所推演的结果一样，无机体迷你计算机也理应得出类似的演化结果。

▶ ▷ 　如同语言般的分子

　　生物体的基本组成成分为：蛋白质、核酸、脂类与碳水化合物。蛋白质参与细胞的结构构成与功能，核酸则负责世代间的信息传递。脂类对细胞膜的构成必不可少，而碳水化合物通常作为新陈代谢的主要燃料。其中脂类与碳水化合物的结构与组成是相对重复的，并且几乎在所有的器官中都以某几种形式被发现。但由 20 种不同氨基酸链接组成的蛋白质，与 4 种不同核苷酸构成的核酸二者各自排列组合，形式多样。它们如同"分子文字"一般，书写了每个生物物种的独特性。每种蛋白质的氨基酸排列与其功能密切相关，而基因中的核苷酸序列包含了生产蛋白质所需的必要信息。当必要的翻译转录过后，不同"密码"的二者就联系了起来，使得基因得以指导蛋白质的合成。我们将在本章中着重讨论蛋白质与核酸。

　　蛋白质中某一个氨基酸序列的微小更替，都会带来整个蛋白质分子结构上的极大改变，并致使该蛋白质无法履行此分子原有的功能。涉及生物体结构与功能的不同种类蛋白质数目，远大于酯类与碳水化合物。所以从分子角度来看，不同生物体的主要差异来源于其构成蛋白质集合的差异。因此，在生物的繁殖过程中，将这些信息基于 DNA 完整传递就显得至关重要。蛋白质与核酸系统是物质在物理化学中最为迷人的部分之一。

▶ ▷　蛋白质

　　蛋白质肩负五种主要功能：充当催化剂（酶）改变细胞代谢反应的节律；作为调节离子进入或离开细胞的选择性通道；担任分子马达运输细胞内的分子，复制 DNA 链或读取基因信息；作为细胞骨架构成的结构元件（诸如微管、微丝或中间纤维），赋予细胞以特定形态；作为细胞膜上检测器，接收外部信号，或在免疫系统前识别自己。

　　蛋白质是由被称作氨基酸的小分子单元所构成的线性长链组成，其特征在于碳 C 与氢（H）、氨基（$-NH_2$）、羧基（$-COOH$）的官能团以及一个多样化的侧链 [1]（R）相连接。根据不同的侧链

---

[1]　侧链，有机分子完整结构上的侧支，亦可称为"支链"。

（R）决定不同的氨基酸。每个氨基酸中的氨基（–NH₂）与另一个氨基酸的羧基（–COOH）脱水缩合形成肽键。

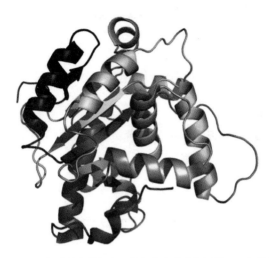

图 16-2　蛋白质以非常复杂且精细的方式进行折叠。一部分的二级结构（例如：α 螺旋、β 折叠与无规则卷曲）进一步更为全面地折叠，进而形成三维的三级结构。这种折叠与蛋白质的功能息息相关

很多蛋白质中包含 150—300 个氨基酸。一个含有 200 个氨基酸的蛋白质，能构成 $20^{200} = 10^{86}$ 种不同的形态。而由于宇宙中基本粒子的数量不过为 10^{90}，所以并不存在足够的物质以形成全部不同形态的蛋白质。

蛋白质形成于细胞中的核糖体，并迅速折叠为特定形状。首先形成两种类型局部区段的二级结构，即由氢键所维持的 α 螺旋与 β 折叠。而后，螺旋、链条与转角之间相互折叠，构成该蛋白

质特性的三维三级结构，并使之产生功用。如若蛋白质不能够正确地折叠，通常情况下，该蛋白质就不能很好地发挥功用，并且进而导致一系列问题。例如阿尔茨海默病[1]就是由于类淀粉蛋白的聚集所导致。

蛋白质的折叠是一个非常复杂的问题。一般来说，亲水性的极性氨基酸往往位于蛋白质的外侧与水相接触，而蛋白质内部则是疏水的非极性氨基酸。往往这种折叠在几秒钟内即可完成。但即使如此，如若其折叠方式全凭随机，哪怕每次折叠仅用时一微秒，要将其众多折叠可能性一一展示所需的时间可能要远超现今宇宙本身的存在时间。虽然我们可以人工制造出各种蛋白质，但大部分人工蛋白质的折叠要慢于天然蛋白质。甚至有些根本不进行折叠，进而导致生物学功用的失效。在折叠之后，氨基酸链条就可以与金属离子（例如血红蛋白）或糖类相结合。

▶ ▷ 核酸

核酸是脱氧核糖核酸（DNA）与核糖核酸（RNA）的总称，它们包含了生物体蛋白质的信息。DNA中的这些信息以四种碱基"书写"：腺嘌呤（A）、胸腺嘧啶（T）、鸟嘌呤（G）与胞嘧啶（C），

---

[1] 阿尔茨海默病（德语：Alzheimer-Krankheit；西班牙语：Enfermedad de Alzheimer；英语：Alzheimer's disease），老年痴呆症。

蛋白质的信息就这样在 DNA 中由一系列核苷酸所代表。核苷酸由一个含氮碱基作为核心，通过强共价键与一个五碳糖以及一个或者多个磷酸基团组成。其中，五碳糖为脱氧核糖，被称为脱氧核糖核苷酸（DNA 的单体），五碳糖为核糖者称为核糖核苷酸（RNA 的单体）。含氮碱基有五种可能，分别是腺嘌呤（A）、鸟嘌呤（G）、胞嘧啶（C）、胸腺嘧啶（T）和尿嘧啶（U），并且含氮碱基倾向垂直于糖与磷酸盐骨架结构。

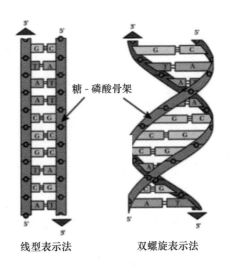

糖 - 磷酸骨架

线型表示法　　　双螺旋表示法

图 16-3　优雅的双螺旋 DNA 结构俨然已成为当代文化的标志之一。然而，对于 DNA 而言，最重要的并非是其呈双螺旋形式的结构（哪怕是扁平或者是带状等任何形状，实质上都无关紧要），而是其 A 与 T、C 与 G 碱基之间的互补性配对。这种配对是基因信息传递的根本

DNA 具有双螺旋结构，但即便 DNA 是扁平带状结构也无所谓，因为对于 DNA 而言，重要的并非是其结构，而是 A–T 与 G–C

两两碱基之间互补性碱基配对的规则。根据这一规则，我们只需要两条螺旋长链之中的任意一条即可复制出所缺失的另外一条。两条螺旋长链通过含氮碱基之间的氢键相链接，而其碱基互补性即是其弱链与几何重要性最好的例子。两种不同的碱基对分别以不同数目的氢键相结合：A–T 之间有两条；G–C 之间则有三条。由于 A–G 之间只可形成一条氢键，所以二者难以配对。碱基间受弱键链接，所以碱基之间可以方便地打开并读取或复制它们。

1953 年发现 DNA 的双螺旋结构，引发了分子生物学的革命，很少有幸能够找到与其功能如此直接相关的结构。实际上，A–T 与 G–C 碱基对之间的互补性配对几乎直接地表明了其复制机制。当双螺旋分离之时，即是细胞分裂之刻。根据前述互补原则，分别以两条长链为依据，复制出另一条链，由此得到新的含有相同信息的双螺旋。自此，子细胞即接收到了与母细胞相同的信息。为了完成复制，某些酶的参与是必要的。这些酶的作用将促使螺旋解构、转动并形成两个初始螺旋各自相应的互补螺旋。

►▷ 一些历史数据

自从 1953 年克里克[1] 与沃森[2] 提出 DNA 双螺旋模型以来，

---

[1]　克里克（英语：Francis Harry Compton Crick，1916.6.8—2004.7.28）。
[2]　沃森（英语：James Dewey Watson，1928.4.6—　）。

相关领域探索的进展神速。1957 年科恩伯格 [1] 发现了 DNA 聚合酶；1961 年又发现了将 DNA 所携基因传递给核糖体的信使 RNA；1961 年雅各布 [2] 与莫诺 [3] 提出了调节基因读数的模型；1966 年遗传密码的破译抵达了顶峰。20 世纪 70 年代的一系列举动进而奠定了基因工程的基础：1970 年发现了第一种在 DNA 指定位置剪切的限制性核酸内切酶；1972 年伯格 [4] 构筑了第一个重组的 DNA 分子；博耶 [5] 与科恩 [6] 首次克隆了一种细菌并成立了第一家基因工程公司；1977 年开始通过基因工程生产具有医学应用的分子；1983 年第一只转基因小鼠诞生；1987 年首次大规模应用植物基因工程；1977 年桑格 [7] 发明了快速 DNA 测序技术，而这项技术又与最初侧重于遗传性疾病相关的 DNA 研究一起推动了基因计划：这一计划自 1988 年起，对许多物种基因组开展完整的测序（于 2000 年完成人类基因组）。对这些基因组所进行的比较，提供了生物进化历程之中重要的信息。并且，DNA 分析也使得人们更加了解了基因，以及更加深入地掌握了遗传病方面的相关信息。

---

[1] 科恩伯格（英语：Arthur Kornberg，1918.3.3—2007.10.26）。

[2] 雅各布（法语：François Jacob，1920.6.17—2013.4.19）。

[3] 莫诺（法语：Jacques Lucien Monod，1910.2.9—1976.5.31）。

[4] 伯格（英语：Paul Berg，1926.6.30—   ）。

[5] 博耶（英语：Herbert W. Boyer，1936.7.10—   ）。

[6] 科恩（英语：Stanley Cohen，1922.11.17—   ）。

[7] 桑格（英语：Frederick Sanger，1918.8.13—2013.11.19）。

►▷　遗传密码

　　DNA 中包含的信息是指生物体的蛋白质：每种蛋白质都对应一段称为基因的 DNA。需要运用一种合理的翻译机制才能够将 DNA 中用含氮碱基的四种"字母"A、T、G 与 C 所表示的信息翻译为由 20 种氨基酸表示的蛋白质，而将这二者之间相互翻译的"字典"，就是我们所说的"遗传密码"。这一密码在 1953—1960 年才被最终破译——即每三个连续的碱基（密码子）指定一个氨基酸。这种数目排布最为合理，因为如若只有 2 个碱基，那么最多不过编码 16 种不同的氨基酸。而当有 3 个碱基时，我们就可以编码出 64 种不同的可能性。正如我们所知，生命不过是由 20 种氨基酸相互构成，多少有些遗传密码存在赘余，所以单个氨基酸可以对应于某几个密码子，还有一些密码子标记了遗传信息的开始与结束。除去线粒体与少数微生物以外，这种代码结构是所有生物体都是共通的。自此，我们发现了自然界中最为通用的语言。不论是细菌还是植物，动物还是人类，我们都使用相同的 DNA 密码语言与 20 种蛋白质字母。

　　一些氨基酸由 6 个不同的密码子所编码，例如精氨酸（AGA，AGG，CGA，CGG，CGT，CGC）、亮氨酸（TTA，TTG，CTA，CTG，CTT，CTC）与丝氨酸（AGT，AGC，TCA，TCG，TCT，

TCC）；而其他氨基酸则对应较少的密码子，例如丙氨酸（GCA，GCG，GCT，GCC）、甘氨酸（GGA，GGG，GGT，GGC）、异亮氨酸（ATA，ATT，ATC）、谷氨酰胺（GAA，GAG）、半胱氨酸（TGT，TGC）、色氨酸（TGG）、甲硫氨酸（ATG）。此外还有指示基因起始信号的起始密码子（ATG），以及代表翻译终止的终止密码子（TGA，TAA，TAG）。

转译的翻译器是转运核糖核酸（tRNA），其一端具有反密码子，而另一端则可以接附相应的氨基酸。在解释遗传密码起源时，我们不禁提出一系列问题：这是否与其化学性质有关？是否有可能只是历史的巧合？是否曾经存在过仅需两个遗传密码即可指定氨基酸时期？如若仅需两个密码子，那么最多只能够对应 16 种氨基酸。

▶ ▷ **从 DNA 到蛋白质**

在蛋白质合成过程中，一旦控制机制被激活，相应的基因就将它们所携带的信息传递给信使 RNA，再由信使 RNA 将信息传递给核糖体。与 DNA 类似的 RNA 仅具有单链，且在 DNA 胸腺嘧啶（T）的位置由尿嘧啶（U）所代替。RNA 较 DNA 来说要短得多，因为它只携带单个蛋白质的信息，DNA 中的信息也是通过碱基互补性原则传递给 RNA。

蛋白质在核糖体中的合成：对于沿着信使 RNA 滑动的核糖体来说，信使 RNA 中每有三个碱基核糖体就要求细胞介质中的转运 RNA 提供一个氨基酸，并将该氨基酸与前一个氨基酸相连接。这种信息交换几乎总是从 DNA 转录至 RNA 再翻译成蛋白质。但是存在某些逆转录病毒 [1]，它们携带 RNA 感染细胞，并借此传递它们的信息至宿主细胞 DNA 之中。

▶▷ 基因调控

在低等生物中，几乎每个 DNA 片段都携带有蛋白质的信息，相比之下，进化更为高级的哺乳动物却只有约 5% 的 DNA 参与蛋白质的编码。那么剩余的 95% 有什么意义呢？这些部分是失败实验的残留物么？它们是否起到某种被动的保护作用？我们对其作用知之甚少，但可以肯定地说，这些片段尽管并非编码，但由它们所构成的端粒 [2] 或染色体的末尾能够起到调控细胞分裂最大次

---

[1] 即反转录病毒科（Retroviridae），是一种 RNA 病毒。字面上的 "Retro" 拉丁字原意即为逆转。这类病毒的遗传信息存录于核糖核酸（RNA）上，并且此类病毒多具有逆转录酶。

[2] 端粒（Telomere），指真核生物染色体末端的 DNA 重复序列。其作用为保持染色体的完整性与控制细胞分裂周期。由于每次染色体复制后，其延迟股上的染色体末端必无法被复制，因此，真核生物在染色体末端演化出端粒以作为可被重复遗弃的片段。一旦端粒消耗殆尽，细胞便会立即启动凋亡机制，所以端粒被推测与细胞老化有关。人体的部分细胞，例如精原母细胞、癌症细胞等，含有端粒酶，能在 DNA 末端接上新的端粒片段，其端粒不会随着分裂次数增加而缩短，因此能无限复制。

数的重要作用。

调节机制由靠近 RNA 聚合酶结合位点的启动子（作为调节元件）、增强子、沉默子（促进或减少基因读取的次数）等边界元件组成。除去上述元件之外，表观遗传学[1] 还为我们展现了不依赖于 DNA 序列的其他调控修饰方式——胞嘧啶甲基化与组蛋白乙酰化或甲基化，这些手段都会不同程度地促进或抑制缠绕组蛋白的 DNA 读取。

有关非编码片段可能调节作用的研究将会越来越丰富。由于基因并非连续的 DNA 片段，而是被称为内含子的片段打断，这些片段本身并不编码与蛋白质相关的信息。根据我们尚不了解的调节机制，在高级生物体中的基因并不会只产生单一蛋白质，而是会产生 3 种或 4 种蛋白质。这也可以解释为什么人类基因组只有大约 3 万个基因，却包含大约 8 万种蛋白质。

DNA 并非静态结构，而是动态的。在连续复制过程中可能产生的错误数量会相对提高，但这些错误会受到某些酶（DNA 聚合酶等）的校正。这种酶矫正系统的失效则会导致较高的癌症罹患可能。

DNA 中的信息储存方式不仅仅局限于生物信息，同样也可以记录一般信息。已经进行了几项将 DVD 光碟中信息传输到 DNA

---

[1]　表观遗传学（epigenética）研究的是：在不改变 DNA 序列的前提下，通过某些机制引起可遗传的基因表达或细胞表现型的变化。

链中的测试，日益先进的科技将使得我们掌握更容易处理 DNA 的技术并降低成本，使得将不常用的大文件保存在避光干燥且低温的 DNA 银行之中的愿望成为现实。然而对于常用文件来说，制作更多副本会使得其成本太过高昂。

▶ ▷　RNA 的多样性

虽然我们已经讨论过所有的 DNA，但最近的分子生物学革命使得我们发现 RNA 的重要性远高于此前预期。20 世纪末就已经发现了信使、转移与核糖体 RNA，1990 年又进一步发现了 RNA 干扰 [1]——小片段 RNA 干扰信使 RNA 在核糖体中的翻译，并借此干扰蛋白质的合成。这种现象虽可导致某些疾病，但若利用恰当或许能够成为新型抗菌抗病毒药物的基础。如若可以制造适当的干扰 RNA，也就意味着可以阻止微生物体内蛋白质的合成并由此将之灭活。同时还发现 DNA 内许多区域可以产生无关于蛋白质合成的 RNA，这些 RNA 则会执行控制功能。除此之外，许多小分子核糖核酸也相继被发现，对较长的非编码 RNA 研究也正在进行。

---

[1]　RNA 干扰（RNA interference / RNAi），指一种分子生物学上由双链 RNA 诱发的基因沉默现象，其机制是通过阻碍特定基因的转译或转录来抑制基因表达。当细胞中导入与内源性 mRNA 编码区同源的双链 RNA 时，该 mRNA 发生降解而导致基因表达沉默。

►▷　生物信息传递的其他分子可能性

合成生物学并不局限于复制现有具备特殊效用的特定变化分子，而且还在对可执行相似功用的不同分子进行持续探索。因为在生物学中，功能往往比物质更为重要。直至最近，都很难想象某些功能并非由已知生物分子完成的，但这同时也为其发展与前进提供了更为确切的方向。由于 DNA 中所蕴含的信息并不存在于脱氧核糖或核糖与磷酸的主链中，而是隐含在其含氮碱基 A、T、C 与 G 的排序之内，由此便可以设想并尝试构建一种由糖或氨基酸作为骨架，并且包含有 A、T、C 与 G 含氮碱基的分子。

人工合成的肽核酸（APN）便是这种分子的一个很好的例子。在肽核酸中的碱基 A、T、G、C，通过肽骨架（由数个氨乙基 - 甘氨酸单一物质构成）相互连接。它的分子结构较 DNA 更为简单，且更为牢靠。与干扰 RNA 相同，APN 可以用于控制基因表达的某些细节，并且具有一些特殊的优点：例如更高的特异性与更强的 DNA 结合强度，以及在酸性环境或富含破坏性酶的环境中具有更高的化学稳定性。

另一个例子则是异核酸（AXN），其骨架由比核糖或脱氧核糖更为常见的一种糖构成，且其成分中不含磷酸盐。AXN 信息尚且不能被用于 DNA 的相关设备复制或读取，但现如今正在尝试制造相应的设备与仪器，以便其能够将其发挥达到与 DNA 相同的功用。如若尝试成功，那么，我们将在两个不同层面获得收益：判断其可否作为 RNA 之前更为原始阶段中遗传分子的基础；抑或作为一种全新的遗传信息储存方式，且这一方式将不会干扰到基于 DNA 的正常生命模式。

17. 生命起源、人工生命与合成生物学

在前面的章节中，我们已经概述了生物某些方面的特征，及其生存策略与物质成分。在这一节中，我们将更加深入探究生命起源的始末。进化这一概念本身适用于任何处于原始阶段的生物与组织，我们可以将生命归结为一种基于变异与环境选择的遗传算法。这种算法通过大量的复制与增殖为手段，最终获得最适宜于环境的解决方案，与此同时，淘汰其他不适合的选项。从另一个角度来说，进化的本质是一种能够自我增殖的分子或分子循环。

直至最近，有关生物起源的疑问才得到了重视。生命诞生之初，无机物满布世间，而作为我们已知世界生物基石的糖、脂、蛋白质与核酸究竟源于何处？尽管这一问题已实难回答，却依旧远不能解释生命究竟是如何诞生的。不过，我们可以从了解这些分子构成入手，直至搞清楚这些分子最终如何构成了生物细胞，那时，我们也就能真正了解生物的本源。

至今，对于生命起源的探究已不再仅仅局限于地球历史与人类这一物种间那些决定性的转折点上，而是努力尝试将诸多相关研究进行串联，并借此推动合成生物学中的人造生命进程。制作人造生命的想法由来已久——卡巴拉学者曾试图塑造魔泥人[1]，并追寻神圣咒语赋予其生命；炼金术士则沉迷于炼化烧瓶中的小人[2]。对创生之梦延续的好奇代代传承，时至今日，有关相同问题的看法尽管已与百年前大相径庭，但先贤们探究的故事确实能够给予我们灵感——卡巴拉教义之中曾经苦苦追寻的神圣咒语，也就是如今我们竭力探索的合成生物学算法。对于亚里士多德时代的古代哲学家而言，他们并未曾对诸如蠕虫与蛆如何自发产生等类似的问题表现出任何疑虑和思考[3]。然而那些曾经被认为是生命专属概念的观点在 18 世纪开始受到质疑。1860 年，巴斯德最终证明了自发性生成生命的不存在[4]——他使用密闭的容器长时间煮沸富含丰富营养的肉汤。然而直到试验品与空气相接触之前，容器内都未能观测到任何形式的生命产生。这一实验也成为了微生物生产的焦点。

---

[1]　犹太教中的魔像（Golem）是传说中用巫术灌注黏土而产生自由行动能力的人偶。"Golem"一词曾在《圣经·诗篇》（Psalm 139:16）中出现过，原词为"ימלג（galmi）"。

[2]　烧瓶中的小人（Homunculus），意指欧洲的炼金术师所创造出的人工生命，也指这种创造人工生命的工作本身。

[3]　当时人们奉行自生论，认为生物可以从他们所在的物质元素中自然发生，而无需通过上代此类生物繁衍产生。

[4]　巴斯德通过实验否定了认为"生物可由非生物发生"的自然发生说，并提出"一切生物来自生物"的结论的生源说，主张生物体只能来源于先存的另一个生命。

▶ ▷　合成生物学

合成生物学与分子生物学恰恰相反——它试图分析细胞内所有分子的成分，而后再以这些成分分子组合成一个完整的细胞。目前其最主要的成就之一就是通过制造我们已知的简单生物的完整 DNA，如原核细菌等，从细菌中提取出原始 DNA 并插入人造 DNA，而后静候含有新基因的细胞增殖。有时可以观察到繁殖几代之后的新生细菌，呈现出人造 DNA 所引入的性状，并伴随原有已分离 DNA 性状的消失。这一实验表明，细胞与 DNA 间的关联性同计算机与其操作系统间存在隐含的类比关系。此外，在连续复制过程中，软件还可以重新排布硬件（机体或者体细胞），同时发布微小更新的软件副本。因此，在软件与硬件间关系的密切程度与相互作用层面来说，细胞显然要高级于计算机的。

合成生物学的下一步将是创造全新的 DNA，并观察在不存在自身 DNA 的情况下，引入新 DNA 的细胞能否进行自我增殖。在基因工程中，对新 DNA 的制作已经进行了相当长的时间——这种制作主要是将一个物种的基因引入另一个物种基因之中，从而获得全新的转基因物种。但是合成生物学全然不同——其目的是从零开始制造完整全新的 DNA，并且以此来实现同样的目的，而非如同基因工程那样将生物间的基因碎片进行拼接。

值得注意的是，合成生物学尝试用尽可能简单的 DNA 制造可以自我增殖的细胞；这也正是基因工程所探究的目的——从大约有 500 个基因的基因组中去除已知的简单基因，由此来找寻生命所必需的最小基因组。显然，生产最为精简且兼容的基因组的合成生物学目标更为雄心勃勃。但是，这比去除正常运作的基因组基因那样做减法来的更加困难。其难度并非来源于概念的复杂，而来自超高的数量级——最小的 DNA 几乎都拥有 1 万对基础碱基对，而仅构建一个 DNA 就有上千万亿种不同的可能性。哪怕受到一系列的限定与指导，所获得 DNA 能与生物体现存构建机制相兼容的概率也难于登天。

即便当我们实现这一目标以后，距离创造生命依旧还有很长的路要走。现今，我们正在测试将 DNA 应用至前存细胞[1]中，换言之，就是尝试利用其自身的解码机器（聚合酶）、制造机器（核糖体）及燃料（ATP 与代谢）。为了创造独特的新生命体，就必须克服这一切艰难险阻。但前景如此暗淡，我们是否还应继续挑战？经过我们不懈努力所取得的进展，以及通过对这未知领域探索所收获的一系列意想不到的丰硕成果，可以给予我们这一问题以肯定答复。

---

[1]　前存细胞（西班牙语：células preexistentes；英语：pre-existing cells），源指卡尔·维尔肖（德语：Rudolf Ludwig Karl Virchow）于 1858 年发表的理论："每一个细胞都来自另一个细胞"（"Omnis cellula e cellula"）。

►▷　最小生命体

另一种策略是尝试创造比已知生命更为简单的生命体，这或许可以不基于复杂分子，而通过基本的代谢与生殖能力得以实现。我们将已部分完善的实例总结如下：假设一个只由 A 分子与 B 分子构成的膜结构，并且 A 分子与 B 分子在其内部彼此反应可以获得 AB 分子；同时，AB 分子可以与原膜结构相互整合并可使之成长；如若此时 AB 集成膜结构成长到临界尺寸，其状态将会变得不稳定；其不稳定性将导致该结构极易发生机械分裂，进而成为两个形态大致相同的结构。那么，当上述假设都成立，我们其实就已经完全可以宣称生命获取的成功，因为 A 与 B 反应生成 AB 的过程就是代谢。再加上膜结构与周期性的成长，那么该实质本身就是生命的运作过程。而且，A 分子与 B 分子并不一定必须是蛋白质，甚至可以是更为简单的脂肪酸。

读者您或许会感到失望，并不禁自问这真的是生命么？从某种角度讲，以上这些过程确实是生物体所必须具备的，但是上述过程也确实是最为基础的。但这些又能为我们所知的生物揭示什么新的启迪么？平心而论，的确带给我们很少，因为这实在是一种太过于简单的生命了。那么我们更进一步，对我们的上述假设添加更为清晰的描述：实际上，对于所述 A 与 B 的加和反应来说，其反应自身需要自然界中不存在的人造催化剂。如若我们制造上百剂量的催化剂并将之放置于母细胞之中，这些催化剂或许可以使该细胞分裂 6—7 次，并借此获得数百"细胞后裔"。但之后将不再有"繁殖"现象继续存在——虽然膜结构将依旧被切分，但是两个子体中只能有一个继续保持新陈代谢与生长。

此外，难点并不限于如何实现人造催化剂 C——即便能够成功制备这种催化剂 C，但是选择适当的 A 与 B，并使之能够正确地穿透膜结构，以及结合产物 AB 在被制造之后如何使之融入膜结构中也将是一大难点。然而，无论现今面临怎样艰苦卓绝的挑战，可能仅需 10 年不到，就可以成功制造出符合类似于上述假设的"最小生命体"。可是，我们又如何能够促使这样一个距离我们生活如此之遥远的生命体进化成我们所熟悉的生物呢？而如若这类生命如此有限与简单，那么我们制造它又能够意味什么呢？

▶ ▷ 人造生命

在前面的章节中，我们将生物细胞与微型计算机二者进行了简单类比，而另一种进行类比的方式则是在电脑中尝试真实并全面地模拟一个细胞或组织。这迫使我们必须在高于分子生物学的层次上，加深对细胞功能与各种构成成分之间相互作用的理解。更确切地说，这一过程将引导我们探究细胞的基因组与代谢网络。

换而言之，既要不只是了解进行了怎样的化学反应，同时还要清楚其反应产物是如何介入、成为反应物或其他反应物质的催化剂的全过程。在基因组网络中，则需要了解如此繁多的不同基因之间的关系——例如，基因编码的蛋白质激活或抑制其他基因表达的作用机理，以及基因组与代谢网络之间存在的相应关联。因此，某些基因表达产生的酶会加速或减慢其他某些反应，并以此间接影响各类反应产物浓度以及反应关系，上述这些浓度数据与反应又可以反过来调节基因组的表达。

这样看来，问题着实棘手，但突破性的进展也在逐步取得。大量的模拟已经使得我们能够更好地认识细胞内部的各种反应，并且虚拟实验还能够以较低的成本获取细胞应对环境变化与外部刺激的数据。如今在仅有 225 个基因的生殖支原体（Mycoplasma genitalium）细菌模型中，计算机已经能够对该模型进行非常合理与真实的模拟。然而值得讽刺的是，当计算机运算这类模拟时所消耗的能量要远高于该生命体本身几个数量级。

▶ ▷ 非生物合成氨基酸

关于生命起源的研究主要侧重于探索生命分子如何进行合成，尤其是探究蛋白质与核酸的合成方式。事实上，这项研究是对无上奥秘的探寻——加入多少剂量什么样的原料？反应需要多高的温度与多长的时间？反应顺序及其所需的反应湿度又是多少？实现非生命介入途径合成的蛋白质与核酸将是历史性的一步，但是从分子到生物细胞还有漫长的路要走。现如今的我们不过是在合成生物学的大门前徘徊，甚至我们都并不知晓这一切奥秘是否是"独一无二"的。在这里，"独一无二"的含义其实就是指我们甚至并不能确定这些合成出来的分子，是否就正如那时组成我们的分子一样，遵循着相同奥秘配方的指导。

有关生命起源的研究引发了极大的理念冲击。根据 1922 年奥巴林[1]的理论：构筑生物所必需的有机物质可能来源于布满有机物团聚体的原始海洋中一系列的物理化学反应。由此，对生命起源的研究主要集中在以下三个方面：蛋白质的非生物合成；类似于 DNA 有能力进行自我复制并传递信息的分子研究；以及如何组构新陈代谢的系列过程。

在这一研究方向上的一个丰碑矗立于 1953 年。那时，假想中的地球原始大气内富含甲烷、氨、氢与水蒸汽等物质，而斯坦利・米勒[2]设法在类似于这一大气的混合物中进行模拟闪电的放电，并最终合成出十多个氨基酸。其实验结果令人惊喜，因为它印证了极为简易的非生物合成获取生物必要分子的可能性。不过，

---

[1]　奥巴林（俄语：Алекса́ндр Ива́нович Опа́рин；英语：Alexander Ivanovich Oparin，1894.3.2—1980.4.21）。

[2]　斯坦利・米勒（英语：Stanley Lloyd Miller，1930.3.7—2007.5.20）。

对于米勒实验中所猜测的原始大气成分，至今仍存在争议。由于地球的原始大气曾为太阳内核反应发生时产生的冲击波所波及，并且该大气又与火山爆发所释放的二氧化碳、氮气与水蒸气等相结合，所以这一复杂原始大气的成分实难确定。这一实验的根本问题在于：如若该原始大气成分不同，则其反应产生的氨基酸数量将可能远低于阈值。因此，有一些学者认为陨石也能够为地球充当氨基酸来源，并随着时间的增长逐渐在地球上富集。不过问题依旧在于，非生物方式难以有效地聚合氨基酸成为蛋白质。

　　人们曾多次提出过生命可能来自宇宙的观点。然而，这一观点只是解决了生命是如何出现在地球上，而并不能给出生命起源问题的答案。1890 年，阿雷纽斯[1] 提出了他的泛种论[2]，根据该理论，宇宙中布满生命；而地球曾被简单生物殖民，并在这一过程中殖民者逐渐进化，最后演变成更为复杂的形式。然而，阿雷纽斯的泛种论被太空中存在的杀伤性宇宙射线否决，不过，这并不妨碍这一理论观点在观测到小行星及陨石表面存在大量复杂有机分子之后，被诸如霍伊尔、克立克与奥罗[3] 等其他作者部分地接纳与吸收。

---

[1]　阿雷纽斯（瑞典语：Svante August Arrhenius，1859.2.19—1927.10.2）。
[2]　泛种论（希腊语：πανσπερμία；西班牙语：panspermia），词源自希腊语希腊语 "所有"（πᾶν/pan）与 "种子"（σπέρμα/esperma）的加和，亦称胚种论，该假说猜想宇宙中存在着各种形态的微生物，并且这些微生物可以凭借流星、小行星与彗星等方式进行散播与繁衍。
[3]　霍安·奥罗（西班牙语：Joan Oró Florensa，1923.10.26—2004.9.2）。

其他一部分学者则认为，生命起源最适合的地点之一是在深海的海底热泉[1]。那里富含能量与养料，并且在那种极深的海底，也确实观察到了生命的痕迹。

▶▷　非生物合成 DNA

对于 DNA 与 RNA 的非生物合成来说，含氮碱基、糖类以及磷酸盐的供给是必不可少的——其中的糖类包含核糖与脱氧核糖；磷酸盐则是核苷酸的主要成分；而核苷酸的链接进一步构成了 DNA 与 RNA。霍安·奥罗于 1960 年成功合成了核酸基础之一的腺嘌呤，不久之后鸟嘌呤也被成功合成。然而对胞嘧啶与胸腺嘧啶的合成则更为困难。其次，从醛类物质中，可以相对容易地获取五十几种糖类，但在这些糖类中，核糖与脱氧核糖的所占比是最小的。最后，DNA 中的另一种组成成分磷酸盐虽然在原始地球中含量丰富，但其与核糖、脱氧核糖的亲和性却远低于地球上丰度更高的其他元素，如钙等。因此，我们距非生物合成 DNA 或RNA 还很遥远。除此之外，核糖（或脱氧核糖）与含氮碱基之间的结合也非常困难，直至 2005 年才取得突破性进展——介于糖

---

[1]　深海热泉（西班牙语：fuente hidrotermales；英语：hydrothermal vent），亦称作海底热液系统，是海底受地热加热的喷水口。主要存在于火山活动频发以及大陆板块移动的地区。

与含氮碱基合成的最佳条件不同，所以二者需被分别合成。不过，基于新型催化剂的联合合成方法，一举解决了糖与磷酸盐相结合的绊脚石。这也是该领域近 20 年来一个突破性的里程碑。

　　或许我们应该转向去寻找一种更为简单纯粹的分子，一种更方便获取且容易与磷酸相结合的糖。然而，迄今为止，所有的测试都并不能令人满意。存在一种源于异核酸（西班牙语：ácidos xenonucleicos，AXN；英语：Xeno nucleic acid，XNA）的可能。在异核酸中的含氮碱基通过糖骨架完成相互间连接，而无须磷酸盐的参与，这样的构成相较核糖与脱氧核糖来说，更为简单多样。

► ▷　RNA 世界

　　所有这些分子还不足以充分证明生命的起源。但历经了超过半个世纪的努力研究，却依旧没能找到能够自我复制分子存在的痕迹。这一切都指向了似乎存在有比 DNA 更为纯粹的自我复制与传递信息的实体，我们不免将目光投向 RNA。实际上，RNA 的确携带有蛋白质信息，然而 RNA 需要同是蛋白质的特异性读取与转录酶的作用，才能合成新的蛋白质以进行自我复制。因此，我们陷入了一个恶性循环：究竟是先存有 DNA 还是先有蛋白质？

　　不过正如 1982 年的研究所显示，RNA 可以携带信息并至少能够少部分地读取并处理相关信息。在核糖体中，负责连续催化氨基酸脱水缩合的正是核糖体 RNA 而非蛋白质。除此之外，RNA 还负责切割对应于信使 RNA 中不携带有关蛋白质信息的内含子区域。综上所述，人们有理由认为 RNA 是与生命起源相关的必备分子之一。由于 DNA 的双链结构相较于 RNA 更为稳定，而酶对于后者阅读与处理信息的效率很高，因故 DNA 将更倾向于专职保存信息，而 RNA 则负责将其储存信息传递给酶进行处理。

▶ ▷　无机物的贡献

由于在找寻自我增殖分子方面的进展困难重重、举步维艰，致使一部分科学家转而尝试由像黏土或黄铁矿等无机物基础入手。或许矿物表面分子的吸收作用可以促进聚合——即由简单分子重复结合进而形成复杂大分子，而且，众多分子在二维表面移动相结合的概率也显著高于三维空间中的自由扩散。1966 年，凯恩斯 - 史密斯 [1] 又将该理论向前推进了一步。他提出平面层次相似黏土的凝结，可以为分子聚合增殖提供适宜的温床。自此，无机矿物界与原始代谢间存在了中间媒介。根据该理论所述，这种联系不仅会加快聚合速率，还能促进聚合物自我增殖。得益于黏土的辅助，这些大分子可以在累计聚合达到了足够复杂的程度后，脱离

---

[1]　凯恩斯 - 史密斯（英语：Alexander Graham Cairns-Smith，1931.11.24—2016.8.26）。

该介质并释放入流体中自行复制。因黄铁矿发生化学反应并释放能量的速率趋同于构建生物结构代谢所需能量的速率，所以类似的效应或许也发生在黄铁矿之上。

▶▷　新陈代谢

在彻底改变遗传机制理解的 DNA 双螺旋结构被发现之前，对生命起源的研究主要集中在新陈代谢上。遗传学自 1953 年诞生之日起，便致力于解释能够传输基因信息分子的获取机理。值得注意的是，膜结构的存在犹如所有的 DNA 与遗传密码一般普遍。细胞膜这种膜结构将细胞内部与外部环境相互分隔，并且在细胞内部形成不同的细胞器。在这类的膜结构之中，存在不同种类的酶作为质子、钾、钠、钙等离子穿透膜结构的离子泵，这种泵机制的普遍性，意味着其起源必定极为久远。同样，遗传学还掌握了能自发聚集形成囊泡的脂质与泵送酶运作机理，而这些囊泡很有可能就是生物膜的前体。结合自我繁殖因子与泵分子的研究，我们得以更好地理解遗传与新陈代谢的起源。另一个值得关注的领域则是对遗传密码的起源，以及原始遗传密码可用性的研究——原始的遗传密码或许仅能支持十几种氨基酸的编码。而后，其原始编码模式随着发展才被现今的遗传编码取代。

与此相关，还有着数不胜数的重大问题萦绕着我们——生物的出现是否是个例外？地球生命的出现若非意外，那么在同样拥有良好化学与物理条件的星球上，其生命的出现是否必然？在此种情况下，有多少颗行星有幸孕育出生命？这一生命种群又是否拥有智慧？以上这些问题都属于天体生物学范畴，这一学科旨在以最大概率的普遍性，计算在其他星球上发现生命的可能性。这一概率取决于恒星环境，行星距恒星的距离，以及行星的质量、温度等其他诸多因素。

18. 生命的演变与多样性

自生命诞生之始，就以其对周遭环境的强大适应力，表现出了丰富的多样性，这一多样特性是变异与自然选择的结果。遗传信息的随机突变产生了具有新特征的个体，而这一切突变可能导致更好抑或更差地适应周遭环境。更好适应的个体，其基因将更受青睐。当资源匮乏、竞争加剧时，难以良好适应环境的基因则将被淘汰。这也正是优胜劣汰。

这种选择机制由达尔文于 1859 年提出，用以解释物种的进化以及生物自身如何更好地适应其栖息地。一个物种的特征由一组基因信息决定（即"基因型"，西班牙语：genotipo；英语：genotype），这组信息决定了该物种的解剖与生理特点（即"表现型"，西班牙语：fenotipo；英语：phenotype）。诸如原始物种的几个种群在历经地理隔离之后，每个种群的基因库在突变作用下缓慢发散，这一过程导致了新物种的出现。

►▷ 简单的进化模型：自催化与遗传算法

在总结生物的历史里程碑之前，我们先来回顾一下进化的机制。首先，我们提出化学与计算两种非生物学的起源设想，用以简要概括并阐述基础概念。也就是说，生物受到化学与计算两方面因素影响。从某种意义上来说，可以将生物看作一台利用化学反应代替电子电路处理计算的计算机。

为了更好地理解前生物进化过程，我们先来考虑化学因素的影响。想象一个由 A、B、C 三种成分构成的 ABC 分子，我们假设该分子在能获得其组成物质的情况下，可以进行自我复制。当一个化学反应 A + B + C 生成 ABC 时，或许并不是十分明显，但其中 ABC 分子越大则产生更多该大分子的趋势将越低。因此，我们就必须考虑 A + B + C + ABC 生成两个 ABC 分子的反应，在这种情况下我们说该分子自催化了自我复制。但这一过程并非进化，而仅仅是单纯的复制。之后我们再假设该反应于某一个时间点发生了变化，即 A + B + C + ABC 生成 ABC 分子与 ACB 分子。并且我们进一步假设，ACB 分子比 ABC 分子能够进行更有效的自我复制，那么这种情况下，ACB 分子的保有量会逐渐增高，甚至会逐渐替代 ABC 分子成为主导。如果 A、B、C 三种成分含量无限，那么 ABC 与 ACB 两种物质将会共存。但若 A、B、C 三种成分含量有限，高效分子会逐渐取代低效分子，进化从某种角度上来说就是这么简单。当然，若我们假设的是 ABCDEFG 分子而不是 ABC 分子，则分子之间的竞争标准将更为复杂，其困难程度也大大提高。例如，当分子为 ABCEDF 而非 ABCDEF 时，那么所述分子就可能会以不同的方式崩溃裂解，其裂解产物的形式又将在催化下一次复制过程中，起到意想不到的作用。

第二个例子是计算的遗传算法。在该情况下，我们拥有一个含有指令程序的计算机。计算机可以更改程序、指令或指令周期，并通过指定问题测试程序。如若一个新的程序比旧程序能够在更短的时间内，以更高效的方式解决问题的话，那么计算机将保存新程序副本并测试其可能变化，并使用高效版本替代之前的低效版本。这种做法可以获得比人类设计更为优秀且高效的程序。当然，这里提到的具体问题在于：是谁对计算机提出怎样的具体问题，用于检测哪些不同程序的效能。而自然界中这些问题则可能直接决定生存与否，例如，在给定的介质中如何高效输送养料与繁殖等。

▶ ▷ 进化的可能性：打字的猴子

对进化认识肤浅的人可能会做出如"哪怕概率非常重要，穷举法也难以获得复杂生物体"这样的结论。但是我们要坚信，复制与选择的力量。我们拿一个典型的例子打比方：当一只猴子随意敲击电脑键盘，终有一天它能打出《堂吉诃德》的第一页吗[1]？如若我们只考虑字母的随机性，那么概率极小。但如若我们换种方式考虑——猴子敲击第一个字母时，我们删除非目标字符并保留目标字符，第二个字母同理并以此类推。在这种方式之中，偶然的概率将看似不可能的事物表现得更为合理。而这个例子与选择、复制的最大区别在于：一个根据最终文本选择了每个单个的字母。可是在进化的过程之中，并不存在最终文本，而是外部手段逐一挑选出适应的版本。另一个方面则在于消除不适合的部分，并且倍增那些适合的部分，这同样也是生命在生物繁殖过程中所做的事情。

因此，基于基因突变产生的 DNA 改变带来的无限可能性，使得生物获得了其个体可变性的基础。最简单的改变或许只是一个字母的改变——如若我们将密码子 AGA 更改为 AGT，那么根据遗传密码，相应的氨基酸将从精氨酸变为丝氨酸。虽然名称仅差一个字，但这一变化本身值得注意。然而，若将 AGA 更改为 AGG 则不会产生任何结果，因为二者在遗传密码之中都相对应于精氨酸。但当我们将对应丝氨酸的 TCA 更改为对应终止密码子的 TGA 时，则会产生极大的改变，因为这将导致氨基酸的翻译立时

---

[1]　即无限猴子定理。其表述如下：让一只猴子在打字机上随机地按键，当按键时间达到无穷时，几乎必然能够打出任何给定的文字。

终止，所得蛋白质也将较更改前更短。这一例子表明，单个碱基的改变可能并不表现出变化，但也有可能会更改氨基酸种类（这将在蛋白质折叠过程中产生很大影响），并且也有可能截断或增长蛋白质（例如当终止密码子 TGA 被篡改为对应于半胱氨酸的 TGT，或其他任意个对应氨基酸的密码子）。

其他多种因素，如电离辐射等，都可以诱导以上这一系列的突变。但是以上这一切突变都源于物理化学因素干扰，而与其自身生物学意义无关。这也就是为什么我们讨论概率与随机，毕竟变化所发生的时间地点不受控制，其变化本身也难以预料。

突变随机出现，与生物栖息地无关。但从结果上来看，选择会导致一些奇怪的情况产生。例如，同样的突变对于种群 A 产生的可能性不会带来任何优势，但若在种群 B 中，则可能由于二者不同的栖息地产生意想不到的收益，譬如镰状细胞贫血。镰变红细胞中，血红蛋白突变僵化并妨碍氧气输送。在疟疾低发区的人群中，所述血红蛋白突变显然是有害的，并且该基因会被选择而消除。但在疟疾高发区，该突变能使携带人群避免感染疟疾。因此，在非洲的不同地区，这一基因都表现出了高度的选择性。有趣的是，亚洲地区也出现了一些类型的红细胞突变，可以使得人群在不患镰状贫血情况下，也能在一定程度上抵御疟疾。在非洲，虽然镰状贫血的突变是适宜当地环境的，但在很多并未饱受疟疾肆虐的地区，该突变并不具有竞争力。综上所述，进化压力依存于其种群栖息地。产生突变后的延续是至关重要的。进化这一现象本身并不具备绝对性，而是与当地特定栖息地环境密切相关。

▶▷　遗传变化的留存

与 DNA 碱基突变这样单纯简单的变化相比，遗传变异的复杂性更为丰富与多样，有时整个 DNA 会被复制两次或者更多（有时是整个基因）。这对复制体中的一个副本保持原样，而另一个则会产生突变，借此尝试探索新的可能性。一般来说，这种情况会大大加速进化的发生。另一些变异则源于换位（复制片段中的顺序变化）、重复与有性生殖过程中亲本 DNA 中的等位基因 [1] 的重组。同样也存在单纯的遗传漂变 [2] 并无须变异，这一现象只是由于小概率种群的基因形式因偶然的分组产生的漂变。

对生存不利的遗传变异结果将被淘汰，中性则被保留，有益于生存的变异结果会被放大。这一系列过程致使生物物种发生改变并逐渐多样化，其变化本身就是生命最为强大的力量。这一力

---

[1]　等位基因是染色体内基因座可以复制的 DNA 序列，其在细胞有丝分裂时的染色体上的两个基因座是对应排列的，故在早期细胞遗传学里称其为等位。其存在于一对同源染色体的相同位置之上，控制着相对性状的基因。

[2]　遗传漂变能改变某一等位基因的频率，甚至致其完全消失，进而降低种群的遗传多样性。遗传漂变是生物进化的关键机制之一，在小群体中，不同基因型个体生育的子代个体数有异将会导致基因频率的随机波动。一般情况下，种群的生物个体的数量越少，遗传漂变的效应就越强。

量推动最初的那枚原始细胞不断增殖与进化，准许地球生命繁衍生息、代代相传。从另一方面看，这种饱含创造力的可变性亦具有它的反面——在大多情况之下，变异产生的效果是负面的，并且会导致有机体的死亡。例如细胞繁殖中，某些控制机制的某种突变或更改就是多种癌症发病的原因。

▶▷　进化，基因型与表现型

在前面的章节中，我们只着重讨论了 DNA，然而，进化的过程并非只是 DNA 之间的直接相互竞争，而是受 DNA 调控所合成的器官之间产生的竞争。对进化过程之中基因型与表现型的研究持续了很多年，也使得我们可以通过比对遗传信息分子对物种的谱系树进行追踪。在几个不同物种间对某一特定蛋白质的追踪与比对，准许人们建立起在表现型层面完全难以察觉的亲缘关系。

除去上述简要的基本概念以外，还存在诸多其他影响因子导致生物的具体进化过程极为复杂，蛋白质所扮演的多面性角色便是其中一个。同一种蛋白质在某一个物种之中所担负的责任，可能与在另外一个物种之中产生的效能截然不同。换句话说，即某些器官或组织产生的变形有可能会表现为某一物种的进化优势，甚至有概率意外地产生更高的效能或全新的能力。例如，羽毛最初的进化优势是作为与飞行不相干的热绝缘体。然而，伴随着羽毛单体逐渐放大、膨出羽翼区域之后，其表面面积逐渐足以提供必要的升力。在经历了一段时间的滑翔过程后，羽毛随即赋予了生物以飞行的能力。同样我们也应注意到，某一方面的进化优势或许意味着另一方面额外的优点或缺点。从这个意义上讲，进化除不可预测的本身以外，某种意义上还是多余的——如若赋予人类一个仅会使用如斧、矛、箭等少量工具的大脑即已足够满足必要的生存与斗争，那么数学、物理、艺术、正义感甚至精神的存在对于生存本身来说全非必须。上述这一切都展现了进化对我们源于偶然的慷慨馈赠，同时也开辟了现实世界的全新景象。

进化间接且不可预测的另一个例子则是，过于复杂的器官组织——比如细胞的分子马达或生物体的眼睛。这些系统皆由诸多组成单元构成，且诸单元之间彼此适应度极高。其精密程度甚至使人不禁怀疑这是否是单纯进化所能够企及的高度。因为，一旦整个系统中任意一个组成单元失效，都会导致整体组织失调，然而，我们不应仅局限在某一器官组织当前的功能上。由于不同单元都曾呈现与现今我们所熟知毫无关联、全然不同的形态与功效，我们更应该分别考虑其各个组成部分相应的优势过往，以便深入探究这些复杂聚合组织的奥妙。

▶ ▷ 地球上生命进化的里程碑

在我们了解进化机制的深层逻辑之后，是时候将我们的注意力转向地球生命进化历史中那些意义重大的里程碑了。由于每个星球特点不同，所以地球与其他星球上所存在的生命进化道路也可能截然不同。我们的目的并不是翔实地记录令人着迷的生命历程细节，而是希望通过一系列具体的案例来反思进化究竟意味着什么。

首先是生命的形成。尽管第一个自我复制分子的产生机理尚不明确，但可以确定的是，在大约 40 亿年前的地球，生命的旅程可能就已经开始了它的序章。距今 37 亿年前，一些原核生物（诸如古菌与细菌，arqueobacterias y bacterias）就已诞生。而 25 亿年前，那时还作为厌氧性生物的蓝菌（cyanobacteria）通过突变获得了光合作用的能力，这一能力使得它们可以利用阳光生产生物所需分子（基本上是碳水化合物）。这种突变缓慢地改变了大气的成分，使得大气中的氧含量提高，二氧化碳含量逐渐降低。仅仅这种分子层面的突变导致了全球性的变化。曾经大量存在的厌氧生物也因此被改变了的环境剔除。

大约 22 亿年前，具有复杂核结构的真核细胞出现了。真核细胞的出现必定是源于某些极端情况下原核细胞生物之间相互取长补短共生的结果。同时，我们也观察到从非活性的物质产生第一个原核细胞（用了大约 9 亿年）的时间要比原核细胞进化为真核细胞（12 亿年左右）所用时间更少，主要原因可以归结为那时生物的代谢与细胞组织并未产生显著变化，所以生物的增殖与繁衍受到了一定程度的限制。

14 亿年前出现了第一批未分化的多细胞生物。这类生物通过分裂后不相互脱离这一方式，形成了多个细胞的聚集体。这种聚集体意味着更大的体积，由此对小型猎食者的抵抗力也显著提高，也为其更好地繁衍增殖提供了便利。并且，这种聚集为日后的分化打下了坚实的基础。细胞分化可以使不同细胞逐渐产生分工专精，这也就使之获得了某些在分化之前难以进行的新能力。然而这种分化需要通过化学信号的交换来进行协调，如果所有细胞全然一致，那么，这种沟通交流方式显然简单而有效。但当各个细胞之间产生了较大的差异之后，相互之间的通信就要变得更为复杂了。

许多细胞生物的基因在单细胞生物阶段就已经存在了。例如，保证细胞在组织中彼此结合的钙黏蛋白[1]，在单细胞生物中却被用于捕猎细菌。同样，这种蛋白质却被单细胞生物用于捕猎细菌。同一基因在多细胞生物中改变其作用的另一个案例是酪氨酸酶（西班牙语：tirosinasa；英语：tyrosinase）——在单细胞生物体

---

[1]　钙黏蛋白（西班牙语：cadherina；英语：cadherins），或称钙黏素，是一类 I 型跨膜蛋白，保证了细胞在组织中彼此结合。

中酪氨酸酶作为环境信息素，在多细胞生物中参与细胞间信息交换。所以在由单细胞演化为多细胞的过程中，不论是褐藻、真菌，还是动物与植物，个体除了相对独立地开发产生新突变的同时，也在不断努力挖掘旧有基因的新功用。

以上这些都是进化历程之中极为重要的事件。有别于侧重解释相对较小变化的微观进化，上述过程是所谓宏观进化[1]的一部分。在某些情况下，不同来源的一系列变化突然加总，导致了由量到质的改变，并以此开辟了新的生存空间与竞争环境。与竞争相结合的质变飞跃屡见不鲜，不论是原核生物之间的相互融合导致了真核生物的产生，还是聚合细胞体之间合作并分化产生的多细胞生物等，这一系列都标志着重要的进化飞跃。

得益于细菌的光合作用，海洋中氧气的浓度逐渐提升，更高的氧气浓度进而为生物体体内氧气的自由扩散提供了便利，更高的氧气自由扩散程度又促使多细胞生物向更大的体积发展。与此同时，更高的氧气含量促进代谢活动的发生，进而又加速光合作用产生更多的氧气。更高的溶氧水平同时又有助于水溶解更多的锰、铁、锌、铜等元素，使得水中更富含养分。

由此，海洋多细胞生物的种类开始增加，不论是水母还是腕足动物，三叶虫还是原始鱼类，它们之间所产生竞争的领域都已

---

[1] 微观进化主要侧重于种内变异。即比较短的时期内出现的基因频率的变化；而宏观变化则倾向于种间演化，即物种层次以上的进化现象。

经远高于细胞层级。在水母诞生之前，感应细胞与运动细胞之间直接相互连接，不存在任何中枢协调。随着水母的演化，协调运动的神经系统也随之产生。神经元开始对感受器与效应器进行调节，并逐渐形成控制身体扩张与伸缩的协调循环。神经系统的调节产生了一种进化优势，可以使得每个个体都能更好地捕猎或者更快速地脱离危险。

蠕虫演化出了最为原始的大脑，其形式表现为众多神经元累计于神经节，并由此协调其身体环节肌肉的收缩。而昆虫的脑则要比蠕虫与蜗牛更为高级。得益于其神经元在头部的累积，昆虫在集中处理信息、调配感觉与运动细胞等方面的能力大大增强。后续的演化质变则集中在诸如鱼类、两栖动物与爬行动物等第一批脊椎动物上。受到椎骨保护的脊髓逐渐演化出上行传感纤维与下行运动通路，一举成为身体与大脑间链接的桥梁。在这一阶段，脊椎动物的脑的作用主要体现在三大方面——小脑专注的移动控制、精确处理感受与调制肌肉协调性。也正是在这一时期，嗅觉与视力的萌芽逐渐涌现。

▶▷ 向坚实的地面进发，生命迈向陆地的出路

早在4亿年前的寒武纪，生命便迈出了向陆地与天空殖民的脚步。那时，大气中的氧气含量充足，并富含可以充当抵御紫

外线辐射屏障的臭氧。当生命迈入广阔新天地时，生命进化的速度也越来越快——4.5亿年前诞生了第一株陆生植物；3.5亿年前第一只两栖动物破卵而出；400万年前，原始人类登上了自然的舞台。

从爬行动物到鸟类与哺乳动物的进化历程中，大脑区块内负责处理感知与记忆相关的神经回路数量大大增加。伴随着皮质内部与丘脑之间的联系越发紧密，记忆力也逐渐增强。这使得生物得以利用比本能更为丰富的方式，高效地提高过去经验对现今生活的指导。这一点，我们可以通过对比爬行动物冷漠无情的眼神与狗或灵长动物富有情绪表现力的外观得以证实。

在哺乳类动物中，大脑增加了两个全新的脑区。其中一支位于小脑，另一支即是位于大脑前端的新皮质。新皮质的产生促使感觉与运动皮质向后移位。大脑的质量会随体重增加而略微增加。这是因为，虽然随着体重的增高，大脑必须协调更多的肌肉与动作，但肌肉增长的比例总是要小于体重的增长。大型动物拥有较大的脑质量并不奇怪，但大脑与身体之间的所占比更为重要——有些种类的鲸鱼脑重约为6公斤，却仅占其身体总质量的1%；而现代人大脑将近占其体重的2%。随着大脑相对大小的增加，脑白质与脑灰质也同比增加。其中脑白质由被髓鞘包覆着的神经轴突组成。它们负责链接大脑内不同的区间，灰质则是中枢神经系统中大量神经元聚集的部位。事实上，伴随着大脑的增长，将有更多的区域需要连接。与此同时，伴随着区域相互之间功能的异化，也需要更长的轴突相互连接。由此，中间神经元[1]的比例也将增高。某种意义上来说，大脑受此影响使得其能够更独立于感官刺激，并倾向于更多地沉浸在脑内部世界中。

对于哺乳类动物而言，感觉系统的进化快于运动系统。由于哺乳动物起初体型较小，并常在夜间活动，为避免被恐龙吞噬，哺乳动物进化出了夜视能力。蝙蝠的回声定位能力与嗅觉化学交换能力，刺激了表皮层感觉的进化与发育。在 6500 万年前的恐龙灭绝后，哺乳类动物握紧了机会。它们的物种数量在这一阶段后成倍增加。在灵长类动物中，从四足地面行走到在树枝间跳跃，客观的生存环境变化进而要求灵长类动物必须拥有更为灵活的肢体运动能力、更为清晰的视野以及更快的脑处理速度。这些对灵长类大脑的促进都有利于在进化的角逐中加快大脑的进化，并借此一举超越其他所有哺乳类动物。

▶ ▷　灭绝

纵观整个生物进化历程，地球上的生命体经历过几次集群性

---

[1]　中间神经元（interneuron），也称转接神经元（relay neuron）或共同神经元（association neuron）、局部回路神经元（local circuit neuron），是一种多极性神经元，在神经传导路径中连接上行（afferent）及下行（efferent）神经元。

生物灭绝。这种集群性灭绝与物种之间弱肉强食的淘汰所导致的灭绝并不相同，自从生命踏上陆地以来，地球上已经发生了五次大灭绝。科学家们认为这些灭绝的原因或源于陨石碰撞，或源于地质活动等一系列环境变动而导致的地震、潮汐异常、连锁火山爆发以及遮天蔽日的尘埃覆盖地球表面所产生的火山灰效应。在这一次次的大灭绝之后，地球上 80% 的物种消失了。特别值得一提的是距今约 6500 万年的白垩纪—第三纪灭绝事件——这次灭绝导致了恐龙以及其他众多物种的消失。然而也正是由于此次灭绝，哺乳类动物拥有了更为广阔的栖息地，从而促使这一种群更好地繁衍生息，并且逐渐进化出更新的物种。现在我们清楚地看到，在进化过程中，不仅有随机性的基因突变，同样还存在不时而惨烈的大灭绝。显然地球生命与宇宙其他生命之间在普遍模式之上可能会有相近之处，但由于不同行星之间全然不同的环境将导致各不相同的外星生命体，那么浩瀚宇宙之内的生物灭绝形式也必定不尽相同。

▶▷　进化的未来

　　人类的出现伴随着文明与医学的进步，这使得这一物种进化的方向陡然加深。文明传播的速度显然高于生物遗传，并且生物行为方式产生变化的可能性也大大提高。地球上没有任何其他物种可以如同我们人类自身一般影响自己的未来。虽然灵长类依旧无法摆脱明显的生物连贯性，但其文明能力（包含科技能力）已经与其他物种间产生了巨大的断层。

伴随着医疗条件的提高，检疫卫生、疫苗注射的普及与预期寿命的增长，人类拥有了更多更先进手段避免曾经那些理应被进化选择而剔除的基因断绝。对于那些极易导致殇折的疾病患者或不孕不育的个体来说，先进的医学也为其延续生命开辟了新的可能性。这一切似乎标志着进化的停滞，但事实并非如此——虽然进化选择压力的方向已悄然改变，可基因并非一成不变：近万年来世界人口上千倍地增长，大规模的人口迁徙不断产生，随之产生不同群体间的基因融合概率也显著上升。此外，人们的饮食也发生了天翻地覆的变化，上述这些因素都是遗传变异的间接来源。比如，青春期具有的更高乳糖消化能力源于 1 万年内的五次不同突变；蓝色的虹膜、直发与黑发或更白的皮肤也同样都是类似突变结果的产物。人口的混血并不意味着其种群差异被稀释，而是将每个个体表现得更为独特。这一系列的融合最终将我们融汇为一副巨大的基因马赛克画卷。

技术的变革改变了选择压力的形式。当代科技使得我们每个个体之间联系更为紧密——我们社交成瘾，我们于绚烂多彩的图像间迷醉，我们沉浸于靡靡世界而近乎放弃了思考。我们的思维能力是否会在这海量而强烈的视觉冲击之下逐渐消亡？除去上述文化的进步与医疗水平的发展以外，进化的第三个诱因即为基因工程。在短短几个世纪内，它将为人类开辟新的进化通途。在此，我们尝试设想一种受设计的生物进化，或至少部分受到智慧人类设计的进化。上述这种设计干预与人类单纯为提高其他物种生产效率所人为选择培育出的植物物种与经济动物截然不同，而是出于消除疾病、延年益寿、克服当前人类所面临的不良环境等目的而对人类自身进行的改造。这将给予人类一个机会，纠正自身基因组中陈年累月所积攒的有害基因。利用更新的基因去替代有害基因，对旧有一些基因进行修饰，以达到提升智力或身体免疫力甚至个体衰老速度减缓等目的。其他如再生医学与生物机器人等相关学科同样有助于遗传基因学的研究。这些学科相互之间的交叉应用或将为个体提供更为广阔的空间，或将降低不幸事故对其产生的恶劣影响。

这些技术将把我们引领向何方，我们暂不得知。实难想象一个源于人类的全新物种会是怎样，也更难想象这一改变自身的行为所带来的风险与收益是否符合逻辑。最有可能的是自然地推陈出新：由更健康的物种逐渐替换旧有物种——在长达万年的历史长河之中，哪怕这一旧有物种中的某些个体在科技艺术与人文上烙下了永恒难以磨灭的印记，但终究还未能进化出足够的智慧以消除世间的战争与苦难。

19. 大脑、心智与计算机

除去生命以外，物质所带来最令人惊讶的产物无疑是其与思想及意识之间的关系。在进化过程中，思想与意识如何产生？在大脑的什么位置执行着怎样的操作？思想在多大程度上是物质反应的结果？进化向我们揭示了众多奥妙，却难以解释一切——词汇、艺术、科学、政治、信仰等，并非生存所必需，但它们依旧出现了。这些非必需物开辟了新的世界，它们所产生的优势甚至改变了进化的源泉。但是与其他的进化产物一样，这只不过是非逻辑必然之外的一种意外罢了。

当我们能够在行为或想法与具体神经回路的受激之间，建立直接对应时，我们可以说，这种思维活动被我们清晰地认知着，尽管这种活动并非物质性存在。哪怕是在简单的多得多的秀丽隐杆线虫（Caenorhabditis elegans）个体内，在其 302 个神经元及其联结全部已知的情况下，其激活模式与行为之间的对应关系依旧未能被掌握。

历经整个 20 世纪，电脑、计算机科学与人工智能高速发展之后，对物质与思想之间关系的讨论越发丰富。图林与冯·诺伊曼[1]是该领域构思与发展的两位伟大先驱者，他们曾经提出计算机是否有可能进行思考的问题。图林的立场是谨慎而尖锐的：他认为无法辨别其可否思考，但与之交流后，无法通过其所述对话辨别是否为人类时，就可以认为该机器具有思考能力[2]。

神经生物学融化学、生理学与解剖学于一体，试图通过大脑的进程细节解释心理学、语言学乃至社会学现象。过去30年间观测大脑的新技术层出不穷，而旧有技术也为设计更为精巧的升级所更新。得益于如神经元插入、脑电图、脑磁图，尤其是功能性磁共振成像、正电子发射断层摄影术、光遗传学技术等新技术，与设计更为精巧的旧技术所带来的全新大脑观察手段，过去30年内取得的进展非同凡响。其中最夺目的莫过于试图模拟不同尺度下的人类大脑行为——人类大脑计划（Human Brain Project, HBP）。其尺度涵盖宽泛——从轴突的离子通道与神经递质及其受体，到神经网络、皮质柱与大脑整体，甚至囊括了由生物产生并可以被超级计算机所处理的信息。

神经元、神经递质与受体等物质；神经元之间网络联结的空

---

[1]　冯·诺伊曼（德语：John von Neumann，1903.12.28—1957.2.8）。
[2]　图林测试表述为：如果一个人（代号 C）使用测试对象皆理解的语言去询问两个他不能看见的对象任意一串问题。对象为：一个是正常思维的人（代号 B）、一个是机器（代号 A）。如果经过若干询问以后，C 不能得出实质的区别来分辨 A 与 B 的不同，则此机器 A 通过图林测试。

间结构；以及由临时组织构成而产生的非纯周期性亦非无序混乱的网络动态联结——物质、空间结构与临时组织这三者紧密相关，构成了精神活动的本源：外部刺激以及内部活动皆可以对网络联结、神经递质浓度以及运行节律产生修改。如若组织的复杂性不够抵达阈值，那么很多行为的存在是没有基础的；不同程度的复杂性相互作用，产生了不同层级的行为活动。这些行为活动之中就包含了有意识的活动。

▶▷　神经元与神经网络

神经系统的基本构成单元是神经元。这种细胞具有受到刺激改变其细胞膜电位的特殊反应能力。其电位改变机理源于细胞膜上钠钾离子通道产生的离子流，而这种电位改变可以沿轴突传递。其中，轴突即神经细胞之细胞本体的长出突起。电在生物学中所起到的作用，于 18 世纪由加尔瓦尼 [1] 对观察带电荷导体接触青蛙肌肉产生收缩的研究报告首次指明，到了 1890 年终于由亥姆霍兹 [2] 在柏林首次测量出神经信号的传导速度。

神经元并非孤立存在，而是相互间紧密联结，形成了神经网

---

[1]　加尔瓦尼（拉丁语：Aloysius Galvani；意大利语：Luigi Aloisio Galvani，1737.9.9—1798.12.4）。

[2]　亥姆霍兹（德语：Hermann von Helmholtz，1821.8.31—1894.9.8）。

络与中枢器官——大脑。从起初相互孤立的受激兴奋神经元前体细胞，到相互联结起来能够控制日益复杂活动的神经元网络；从反射式的自主运动到具有思考性的认知与意识；从水母、水蛭、蜗牛仅含有少量神经元的系统，到蠕虫乃至灵长类的人化历程，神经系统的进化演变极为有趣。

运动与大脑间存在着深刻的联系——更为复杂的运动需要更为复杂的大脑调控，而复杂的大脑自然也会产生复杂的运动行为。从四肢着地到树枝间跳跃的改变，需要更为清晰的视觉以及更为迅捷的神经处理速度，这同时也催动了树栖灵长类动物大脑的进化与发育。而后热带雨林消失，物种迈入草原，环境的改变自然也催生了物种的改变——双足行走使得生物能够采集相对低矮的水果，而这种前肢功能的改变也为日后工具的使用作出了预演。之后大脑的进一步发育，促使人类进行黑猩猩难以完成的特殊行为与运动。

圣地亚哥·拉蒙－卡扎尔[1]在其1888—1892年客居巴塞罗那期间，成功地证实了神经细胞的不连续性，并且提出了神经系统的神经元理论。他也凭此成就荣膺1906年诺贝尔生理学或医学奖。人类的大脑大约拥有一千亿个相互联结的神经元，以及大约一万亿个突触。这些结构都赋予了海量复杂的涌现[2]特性，且与精神

[1] 圣地亚哥·拉蒙－卡扎尔（西班牙语：Santiago Ramón y Cajal，1852.5.1—1934.10.17）。
[2] 涌现（西班牙语：emergencia；英语：emergence）。

活动等高级能力紧密相关。这些相互联结中的很大一部分是由先天决定的，但是其中很多都可以通过后天的大脑回路行为进行更改。尽管宇宙内千亿个星系之间的相互作用，可以只用广义相对论一个法则描述解释，但神经元之间的联系却根据每个不同的突触神经递质与神经受体之间的区别，存在极大的差异。从这个角度看来，大脑的内部世界远比外部宇宙更为复杂。

本章我们将选取三个方面进行论述：物质的神经递质；形式的脑活动图；以及超越形式的脑活动逻辑研究。这三个方面相辅相成，在任何神经网络中都必不可少，其扮演的角色也鉴于网络的复杂程度提高而越发重要。

▶ ▷　神经递质与神经递质受体

神经递质是在脑内细胞之间传递信号方面发挥特殊作用的分子，其存在决定了意识与大脑之间的关系。突触存在于神经元的轴突末端，其存在联结了两个神经元。当神经冲动传抵突触时，突触将会释放出近百种可以穿越突触间隙的分子物质。这些分子物质将穿越突触间隙，并作用于突触后神经元的神经受体。在离子型受体中，取决于所开放通道的类型不同，神经内的离子流可以使得内部产生动作电位改变。根据电位的正负改变可以激活或

抑制神经元的冲动 [1]。根据其表现不同，可以将突触区分为抑制性
突触与兴奋性突触。

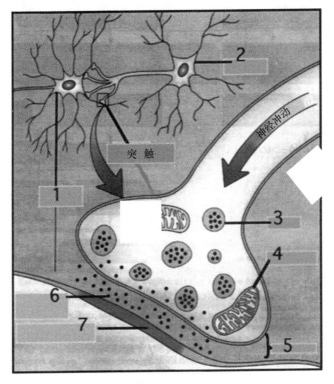

图 19-1　当神经冲动（动作电位）自神经元 2 传导至神经元 1 时神经
元间的突触示意图。在神经元 2 的轴突末端中，神经递质包裹在突触小泡
（3）内。当冲动传导时，神经递质（6）将被释放至突触间隙中（5）。而后
神经递质作用于神经元 1 的神经受体（7），使之产生促使神经元兴奋或抑
制的离子流入。整个过程期间的能量由线粒体（4）所提供

[1]　不同神经元冲动产生不同的突触后膜跨膜电流。该跨膜电流造成突触后膜的
跨膜电位的改变，称为突触后电位。去极化的跨膜电流造成兴奋性的突触后电位
（EPSP），超极化的跨膜电流造成抑制性的突触后电位（IPSP）。

在兴奋性突触中最常见的神经递质是谷氨酸，抑制性突触中常见的神经递质则是 GABA（γ-氨基丁酸）。神经受体的作用也是五花八门——有的对电位敏感，有的对化学信号敏感，还有的则既对化学信号敏感，也对电位信号敏感。仅对神经递质（化学）敏感的受体对细胞产生效应的时间极短，大约在千分之一秒左右。而既对神经递质敏感也对电位信号敏感的受体则产生效应时间更长，并且还会激发突触后神经元的基因表达，从而导致其产生长期变化。例如某些突触后细胞通道仅仅在兴奋时接收到神经递质才会开放。突触的强度通常是指一次突触事件在突触后细胞所产生的突触后电位的幅度大小，这取决于其神经递质分子的释放量以及潜在的受体备存数目。这些参数取决于个体的活动行为，并会随时间的推移而改变。上述这一系列流程构成了记忆的基础。

对精神疾病或退行性疾病的研究，是神经化学前进的推动力之一。伴随人口老龄化，这类疾病的患病人群将逐渐增加。例如，导致四肢僵硬和连续肌肉震颤的帕金森综合征的发病机理，即一系列产生神经递质多巴胺的神经元产生了退化失活或死亡。目前，该疾病可以通过给予多巴胺前体，或通过植入电极产生电冲动刺激基底神经节等手段减轻症状。但是产生过量的多巴胺释放，则可能导致精神分裂症。因此不论是神经递质的缺乏，抑或过量，都将会对机体产生不同的影响。

▶ ▷ 神经递质与性格：焦虑、爱与上瘾

大脑细节究竟可以从多大程度上影响到我们的性格与情绪，这是神经唯物论最令人感兴趣的一个着眼点。我们将在本章中阐述少量几个案例，以揭示这种密切的关系。每个个体的大脑是如此独一无二，以至于对于大脑的移植意味着个体的完全改变，其独特性取决并依赖于无意识层面的遗传，以及胚胎发育后的个体经验与外部表现。从神经元的角度来看，这一切都反映在个体记忆以及情感内涵之中。除此之外，各个脑区之间髓鞘的形成以及联结程度，也是对这种联系更为直观的映射。

由于大脑功能性障碍，一些内源性抑郁症与其患病个体低水平的神经递质血清素，具有直接性关联。所以使用药物增加这种物质在突触中的浓度，可以缓解其症状发生。例如百忧解[1]可以抑制神经元中 5- 羟色胺的再摄取，而血清素不过量条件下的相对含量丰富，则有助于产生乐观的性格。实验小鼠体内有多种不同类型的 5- 羟色胺神经递质受体，当我们抑制其体内一种类型的 5- 羟色胺受体后，小鼠表现出了明显的攻击性。所以神经递质与个体性格之间的关系极为复杂。

伴随不同脑区与神经递质之间所产生的动作与反馈，这种复

---

[1] 氟西汀（西班牙语：Fluoxetina；英语：Fluoxetine），商品名为百忧解（Prozac），一种口服选择性 5- 羟色胺再摄取抑制剂（SSRI）类抗抑郁药。

杂性也随之增加。在由压力引起的抑郁症中，由于肾上腺素与脑干多巴胺的过度释放，其前额叶皮质激活了复杂的反馈机制。这种机制影响下丘脑向肾上腺传递信号，使之分泌更多的皮质醇，在皮质醇抵达大脑后，又会增加肾上腺素与多巴胺的释放，使之恶性循环。由此可见，是一整套物质的反馈与循环对个体产生着影响，而并非仅仅单种物质。

由下面催产素的例子，我们可以看到另一些神经递质对性格产生影响的案例。催产素是一种能促进分娩子宫收缩与乳腺分泌乳汁的激素，同时催产素也作为下丘脑某些区域的神经递质，可以唤起个体母性本能与性快感。使用小鼠与绵羊进行的实验表明，对其雌性大脑注射催产素，有助于该个体接收其他雌性生产的幼崽。通常情况下，未经注射催产素的雌性会拒绝非它生产的后代。与此相反，催产素拮抗剂的注射会致使雌性个体排斥包括自己后代在内的一切幼崽，并且丧失性欲。

类似的例子还有很多——加压素（抗利尿激素）似乎在仓鼠建立支配与屈服层次等级上非常重要；甲状腺激素受体异常则导致婴儿多动与注意力不集中。大脑内的一些神经元可以分泌内啡肽与脑啡肽，这些物质作用类似吗啡，具有相似的镇痛特性，它们会产生放松与愉悦，但不会引起依赖性。

在 20 世纪 60 年代的实验发现，在大脑某些区域（伏隔核与腹侧苍白球）携带电极的小鼠乐于给予自己小计量电击，以此刺激上述区域的多巴胺释放。当对小鼠进行强制电击后，小鼠将无视食物与性的吸引，直至死于饥饿与兴奋。寄希望于对这些领域的研究，人们得以发现可摆脱毒品、酒精或其他成瘾性物质的补救方法。比如与某些神经受体相结合，并防止其被原始神经递质所激活。正常情况下，进食与性行为会使这些中枢产生快感。尽管各类活动都受到下丘脑的调节，但欲望与快感受不同领域控制，二者都参与并混淆在令人愉悦的活动中，但是多数情况下，成瘾都与需求犒赏性奖励更紧密相关，而并不是与快感相关联。伴随着重复的次数增加，会产生更强的依赖感与更少的快乐。

母爱、性欲、焦虑、亢奋、快感等——标志性格的特征在多大程度上取决于物质？又有多大程度由基因决定？意志又可以影响到多深？在这一系列主题中的神经递质与神经受体，不仅仅受基因调控影响，同样还部分地受到日常饮食与毒品吸食等行为激活或抑制。然而除此之外，神经元之间的神经联结也可以通过学习与训练发生部分改变，这也就是意志所能产生的影响。

▶ ▷ 记忆与情绪

个体的特异性不仅仅取决于神经递质，还取决于神经元间的联结程度与各自的突触强度。记忆与基本情绪及边缘系统有关，这一系统是大脑深处最为古老的部分（边缘系统包含杏仁核、海马体、丘脑与下丘脑等），正是在这里控制着恐惧、性欲、饥饿与快乐。记忆也是大脑最为重要的功能之一，不仅包括有意识的记忆，而且是每个神经网络对于一系列刺激输入最有效反应的保存。这种能力有效展现了突触连接性与可塑性的重要程度。记忆分为短期记忆与长期记忆。在几分钟内记住一串电话号码就是短期记忆，而很多年内都牢固地记住一件事或一个名字则是长期记忆。巩固长期记忆是海马体的职责，如若海马体受伤或受退行性疾病影响，那么将很难或不可能保存新的记忆。

对神经网络的研究为认识并了解长期记忆的储存机制作出了应有的贡献。记忆储存于一系列突触之中，这些突触在学习的过程中会逐渐改变。根据神经心理学家赫布[1]1954年的研究表明，学习的规则可能是：每当前突触神经元兴奋传递至突触后神经元时，相应的突触将会被增强。这种增强表现为电位敏感受体发送信号，而这种信号将激活突触后细胞的基因表达，从而改变其突触强度。突触前、后神经元都可以通过增加神经递质释放量或增加神经受体数量进而发生改变。同样的，也可以通过增加新的轴突突触进而连接之前并未联结的神经元。所以，我们必须注意到意志活动对于性格与神经递质之间关系的重塑。

―――――――――

[1] 赫布（英语：Donald Olding Hebb，1904.7.22—1985.8.20）。

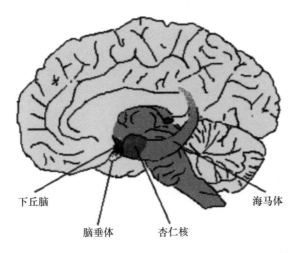

下丘脑　　　　　　　　　　　　　　　　　　　海马体

脑垂体　　　杏仁核

图 19-1　大脑边缘系统中的海马体在巩固长期记忆中起着重要的作用，海马体一旦病变将导致新的记忆无法产生

　　认知、记忆与情绪之间的关系则更为有趣。杏仁核是一个在进化上比海马体更为古老的区域，杏仁核的存在与恐惧、厌恶与排斥的情绪有关。如若杏仁核失效，那么将会不再恐惧并且不再预防可能的威胁。在某种程度上来说，这种缺失是危险的——一只摘除了杏仁核的老鼠不会对猫产生恐惧，反而会靠近猫。由于杏仁核与海马体相接触，所以在巩固记忆的同时，情绪化的信息被更为强烈地记录保存下来也并不奇怪。然而惊讶与激动的能力并不仅来源于杏仁核——还与前额叶皮质相关。前额叶皮质是司掌快乐相关的区域，极为深奥的智能与抽象体验也可以提供强烈的情感与乐趣。

►▷ 大脑活动的制图

对于不同精神能力分布于大脑不同区域的猜想来源悠久。公元 5 世纪的圣奥古斯丁 [1] 就曾思考人的想象、记忆以及意志的所在位置。到了 19 世纪，加尔 [2] 的颅相学 [3] 利用一系列与颅骨对应的画作，普及了这种位置概念。而真正可靠的关联证据则是语言与脑区之间的关系。通过观察由于受伤而失去言语或理解能力的患者，最终分别于 1861 年与 1874 年发现了主管语言讯息处理的布若卡氏区，以及主管理解语言意义的韦尼克区。

临床神经学为建立不同功能区间的脑影提供了基础。举例来说，该学科对半球偏侧、额叶与顶叶对立以及胼胝体对两个半球活动统一的研究结果表明，左半球控制人体右侧，而右半球则控制身体的左侧。左半球擅长处理语言与计算等抽象符号操作，而右半球则更倾向处理直觉、空间感知与艺术创意。同时还发现了位于大脑后侧处理视觉信息的枕叶、处理触觉信息的顶叶、听觉

---

[1] 圣奥古斯丁（拉丁语：Aurelius Augustinus Hipponensis，354.11.13—430.8.28）。亦译为"圣奥思定"或"圣奥古斯蒂努斯"。

[2] 加尔（德语：Franz Joseph Gall，1758.3.9—1828.8.22）。

[3] 颅相学（西班牙语：Frenología；英语：Phrenology）认为大脑是心灵的器官，而心灵则由一系列不同的官能构成，其中每一官能便对应了大脑某一特定的区域。这些区域被认为按一定比例构成了人的特性。颅相学还认定颅骨的形状与大脑内的区域形状相关，因此通过测量头颅便能够判断人的人格特质。颅相学现今已被认定为伪科学。

的颞叶、运动信息的额叶，以及处理行为计划与认知意识相关活动的前额叶。由于临床神经病学是通过损伤产生的影响进行总结而并非直接观察大脑的功能，所以其掌握的位置信息是静态的。

电生理学提供了另一种描绘大脑的方法——通过微小且准确定位的电极以小电荷量放电刺激不同区域。这一方法比损伤性研究有更高程度的交互性，同时还能够识别大脑与身体之间感受与运动所对应的不同区间。甚至这种方法还能够进行例如视觉皮层区域中，每个神经元的受激水平等更为精细的实验。这也正是胡贝尔[1]与维泽尔[2]所发现的分别由不同的视神经元对水平、垂直与倾斜等不同的线条产生响应的实验结果[3]。

特别是以核磁共振为代表的技术，以及正电子发射计算机断层扫描技术，使得大脑的动态绘图进程向前迈出了一大步。这些技术通过映射大脑相关区域在不同活动程度下血流量供给变化，得以实时定位大脑各个活跃脑区状态。同样也准许在身体有意识或自主的具体运动行为下，深入探索大脑。并以此在特定行为中，局部地对比正常人与重伤或复健患者之间活动模式的改变。同等

---

[1]　胡贝尔（英语：David Hunter Hubel，1926.2.27—2013.9.22）。
[2]　维泽尔（瑞典语：Torsten Nils Wiesel，1924.6.3—　）。
[3]　1959 年，胡贝尔与维泽尔将玻璃包被的钨丝微电极插入麻醉猫的初级视皮层，然后在置于猫前方的幕布上投射出一条光带，改变光带的空间方位角度，用微电极记录神经元的发放。他们发现，当光带处于某个空间方位角度时，发放最为强烈，且不同的神经元对不同空间方位的偏好不尽相同。还有些神经元对亮光带和暗光带的反应模式也不相同。

行为中，上述人群所产生的操控脑区不同于原始脑区，这也正是大脑可塑性极好的展示样本。

同样，这些技术也用于研究诸如阅读，发音或唤起不同含义的单词等更为细腻的行为——对于动词、名词与形容词的确认，对应于语言处理区域内微略不同的区间之中；抑或观察幼年双语习得者、单语习得者与青春期后第二语习得者之间大脑的差异。这些工作推动了语言学与神经生物学之间交叉领域学科——神经语言学的进展。这些神经学进展的结果对于找寻世界性的语言模式，了解语言模式与大脑结构间的关系及语言起源的神经基础都颇有裨益。

大脑区间特异性研究的成功，激活了新的唯物主义形式。我们能够更密切地关注到同语言理解、爱欲、决策以及沉浸享受音乐片段与图像相关的现象，并开始理解在这些行为活动中所参与的物质实体。从通过大脑的运作进而识别精神活动意义的角度来讲，这种热情的产生合乎逻辑。目前这些知识被利用在了神经营销学 [1]、神经经济学 [2] 与神经政治学上，并尝试提高广告效果，以及更好地控制公众。

对于位置的研究催生了大脑作用单元如何产生的疑问。我们

---

[1] 神经营销学 (Neuromarketing)，运用神经学方法来确定消费者选择背后的推动力。
[2] 神经经济学（西班牙语：Neuroeconomía；英语：Neuroeconomics），研究人类进行选择决策时的生理机制，运用神经科学技术来确定与经济决策相关的神经机制。

是不同脑区间持续对话的产物——更具体说是大脑两个半球借由胼胝体，以及脑皮质区与脑边缘系统间对话的产物。简而言之，存在三大种类型的皮质或丘脑皮质联结，其中丘脑作为神经信号通往皮质的门户：丘脑中一部分的运作方式犹如一系列的毗连路（red espesa de conexiones）；另一部分如同具有很少量分支的高速公路；还有一些如同电台，释放作用区间较为广泛的神经递质与神经调质[1]，通过这三种连接之间的组合产生了丰富的多样性。最后，大约每 1/12 秒传播一次的脑皮层电波产生了意识。

▶ ▷ 胶质细胞

人们常谈及大脑利用率仅为 15%—20%，然而这实际上是一种误解。大脑的 80% 是由神经胶质细胞组成的，这些细胞包括星状胶质细胞以及寡突胶质细胞。经典的观点认为只有神经元参与大脑运算，神经胶质细胞则服务于神经元，将之相互串联并提供保护与营养。现实更为复杂，因为神经胶质细胞也会间接地参与计算。寡突胶质细胞的细胞质突起部，会与轴突结合并将之包裹，同时可分泌髓磷脂，形成保护轴突的髓鞘结构。这有助于神经信

---

[1] 神经调质是由神经元释放的氨基酸大分子，亦称神经肽。其本身不具有递质活性，大多与 G 蛋白耦联的受体结合后诱发突触前或突触后电位，不直接引起突触后生物学效应，但能调节神经递质在突触前的释放及突触后细胞的兴奋性，调节突触后细胞对递质的反应。

号以更快的速度传输。寡突胶质细胞的存在有助于同步神经网络内的信号。自出生到青春期，在这一过程中，缓慢的大脑髓磷脂化将导致脑功能的改变，且前额叶皮层的磷脂化有可能会在青春期产生一些问题。

　　星形胶质细胞呈星形、具有大量胞突。这些胞突与许多突触相连并间接对突触产生影响。由此，这些细胞可以鉴别其周围神经元的活跃程度。由于星形胶质细胞也可以调节毛细血管的半径，所以每时每刻它们都在将血液与氧气疏导到大脑中最为活跃的区域中；或许它们还可以在神经元之间进行某些尚未被明确认知的协调。特别的是，星形胶质细胞可以通过钙离子波在细胞间进行相互联络，这种钙离子波还助于增强长期记忆在突触中的可塑性。

　　相较于神经元而言，星形胶质细胞在进化过程中所产生的变化与成长更为丰富。这种改变或曾有助于提升大脑活动的协调性以及获得更高的智力。据说爱因斯坦的大脑神经元与常人无二，但其星形胶质细胞远较常人丰富。人类的星形胶质细胞远大于小鼠的星形胶质细胞，当人类的星形胶质细胞在克服免疫屏障后，植入小鼠的脑中时，小鼠能够比普通小鼠更为有效地记忆迷宫路线。研究胶质细胞可以对大脑进化与计算活动中的作用给予可观的贡献。

▶ ▷ 逻辑研究

对大脑的探索并不仅仅局限于神经生物学的研究，同样还应当注意到大脑在距离计算、数学与逻辑上所展现的能力。计算神经科学就是在数学领域与信息科学中十分活跃的学科，其中一个讨论便涉及思维功能上的算法与非算法特征。这一讨论旨在探讨特别是在不可判定情况下的意识是否可以简化为物质计算，并在哥德尔 [1] 与图林关于有限公理系统内可判断性局限理论中，研究受到算法规则约束的计算机，能在多大程度上展现出同大脑般的不连续性。也有人认为神经元微管可以进行量子计算，是这种计算赋予了非算法能力。

对自由本质的探讨，是有关大脑与思维之间关系的另一个讨论点。如若思想由物质决定且受确定的法则约束，那么自由究竟存在么？量子力学强调微观世界的物理定律是不确定的，这似乎为理解自由打开了一条缝隙。然而仅仅是将一切都过分地抛给随机来解决的理论，并不能解释什么是自由。自由并不仅包含随机的过程，而且包含了想法的自由。这种自由的实现需要相当程度的决定

---

[1] 哥德尔（德语：Kurt Friedrich Gödel，1906.4.28—1978.1.14）。

论解释。量子理论与混沌理论中的随机扰动与有意放大[1]结合了随机与选择，而这将有助于更好地从某种层次上阐明这个问题。

　　或许大脑所遵循的逻辑程序是弥散而模糊的，这种逻辑包含了可以基于数学模拟常识推理的经典逻辑。其推理的根本是不可靠且不精准的知觉，所以其结论也只能是暂时性的。在经典可靠的逻辑推理之中，除非最初的假设发生变化，否则一旦证实了其结果，那么结论将无可反驳，而在模糊逻辑中集合的结果与前提都是在不断更改着的。言语上的含糊也正是智能活动的特点，这使得难以同受严格逻辑算法管理的机器进行交流通信。模糊逻辑可以良好地适应日常语言上的不确切，恰当地利用能够提升机器的应用灵活性。

▶▷　**神经网络**

　　在每个时期的科学模型中，关于大脑的研究都占据了相当的地位，而有关大脑的问题某种意义上也能用在电脑上。计算机令人印象深刻的能力常常使得我们不得不自问，计算机的极限究竟在何方，以及它的智慧可否超越人类。在某些方面，计算机借助

---

[1]　混沌理论认为，宇宙本身处于混沌状态，其中某一部分似乎并无关联事件间的冲突，会给宇宙的另一部分造成不可预测的后果。也就是说，系统具有放大作用，一个微小的运动经过系统的放大，最终影响会远远超过该运动的本身。

其超强的计算速度远远超出了人类能力的极限。这主要由于电子流或超小磁体的作用速率大约在百万分之一秒，而人的上千神经离子参与的基础反应潜力在千分之一秒之间。因此，计算机中的操作速率可比在大脑中快得多。以计算机的计算节奏来看，人脑需要80年的计算量，这对于计算机而言不过用六个月就可全部完成。

经典计算机是顺序的，也就是说它们是一个接一个有序地执行任务。而在人类脑中的任务则是并行的，也就是说人类会将各个方面汇集到一起思考。因此，尽管经典计算机在计算速率方面要优于人类，但其对图像识别以及分类上，相对人类更慢且更不精确。也正是出于这一缘由，大脑被认为是一种并行计算机。这种对大脑某种形式的比喻也催生了新计算机的模型，尝试将人类智慧移植到计算机上，在某种程度上，也正是重要的科学工程之一。

因此人工智能为大脑、物质与智能的反思提供新的审视角度并不奇怪，特别是人工智能催生了两种复杂的唯物主义。第一种把大脑的思维降低到了物理和化学的层面，且不包含任何中间描述。第二种则将思想状态表现为抽象的、与真实物理世界无关的功能。据此，两个物理上不同的系统可以被赋予相同的功用，并且准许拥有相同的思想状态。人工智能专家强调：对于智能行为而言，类似于大脑的运作模式是不可忽视的物理基础。并且同时还提醒：对于鸟类单纯意义上的外观模仿并未能使得人造物真正翱翔天际，而例如飞机的静翼或直升机螺旋桨这种全然不同于鸟类的飞行方式，却做到了真正的飞翔。所以这是一种我们称为"专家系统"[1]的胜利。专家系统并不准备全盘复制所有的人类智慧，而仅仅是应用某些特定特点——就如同医生积累经验并将之应用在特定疾病的诊断上一样。基于预设的问题与信息的灵活展开，可以使得机器能够如同优秀的专家一般，酌处适应的诊断。

神经网络是常见大脑模型的结构基础。得益于它所具有的超高互联性，该模式可以并行同调地处理问题。尽管其本质上是生物学模型，但是物理学通过类比诸如无序磁模型等较为简单的物理系统，改善了模型定量与概念上的细节。这给予了电子与光电神经网络构建的现实可能性。虽然这极具吸引力，但这些模型依旧存在局限性，其表现为：在对意识进行识别时过于计算性的草率；对形象思维与计算思维的关系上主观地冷漠；对于学习方向的制定太过随意；在合并并行子程序与顺序子程序方面过度自由。神经网络过于强大，其所涉及的可能性太过宽泛与普遍，而问题则是通过应用现实的神经标准来制约其可能性。由前文提到的涌现现象发展产生的涌现论，顾名思义即是超出一定程度的复杂性

---

[1] "专家系统"是早期人工智能的一个重要分支，它可以看作一类具有专门知识和经验的计算机智能程序系统，一般采用人工智能中的知识表示与知识推理技术来模拟通常由领域专家才能解决的复杂问题。

而后产生的——物质获得了对于每个独立层次全然难以预测的属性。它可以使得我们更为清晰地认识到复杂性与物质结构的重要作用，并得以发挥这种涌现特性。所以，在连其物质前提都没能仓促辨别前，是否我们可以认为精神即是大脑涌现的灵光一闪呢？将胚胎辨别为人类的最低神经元复杂度又是多少？但无论如何，莫要将精神与不朽的灵魂相互混淆。一旦作为基础物质的大脑消亡，那么其所涌现的一切属性也将随之消失。很难将类似于意识、意向、主观心理状态与心理因果关系等归纳压缩成纯粹的机械特征。

▶ ▷ 从神经机器到电子复生

神经机械可以在神经元和设备之间起到连接作用——残肢末端的神经信号已经可以成功地控制人工手臂与腿。然而对于四肢瘫痪或高位截瘫的患者而言，末端神经信号是不足堪用的。这种情况下，就需要直接接入大脑去寻找起始发出的运动信号。由于有关运动的精确细节是由小脑与基底神经节所调控的，所以仅从大脑中读取运动信号也并不足够。这时，用于控制机器运动的进程处理就提供了决定性的帮助。

一种时髦的观点是，将人脑的必要信息尝试录入电脑中。一旦这样的录入操作完成后，即便个体死亡，其引入信息源也将能够继续接收外界传入信息，与其他个体大脑产生信息交互，从而达到持续演化。由此也就产生了一个假想的计算机生存空间，该空间内可以与计算机外部产生信息交互，可以与其他我们感兴趣的思想保持联系，可以获知最新消息并根据类似于生活中使用的模式进行评估并作出反应。虽然这一提议极具假设性，但从实用角度甚至于哲学角度来看，却并不乏味。

20. 自怠惰且无机的物质，到丰饶而智慧的物质

生物学与医学的进步速度飞快，而在其取得的辉煌成就之中，有一些至关重要的进展有助于我们了解物质。具体来说，是以下五个方面产生了深远影响，即：揭示基因组新形式与其读取调节过程中，RNA 发挥作用的基因组学；利用核磁共振技术对于脑活动进行的观察；结合基因工程、干细胞、组织与器官工程的再生医学；自分子生物学至合成生物学的转变；不仅局限于地球之上，而且着眼于其他星球或卫星之上新生命形式的天体生物学。生物所能展现的无限可能性拥有着广阔的前景，这伴随着无限的新希望与不确定性的前景，也使人感到兴奋与恐惧交加。

我们可以通过比较涉及生理学、进化论、遗传学、神经生物学与仿生机械学的五个不同方面间的细微差异，详尽思索生物唯物论。由于专注于生物不同方面的探索，不同领域的构思模型亦大相径庭，在此，我们尽量尝试使用同一个框架囊括尽可能多的类型。

▶▷　基因与大脑：两个边界的区域

　　犹如古人在尝试解释变化深处究竟隐藏了什么，而遥想出原子的存在一样，同样的问题也在生物学中被寻求着独到的解答。在人类并不漫长的生命历程之中，所保留下来的"我"究竟是什么？幼儿、少年、青年、中年与老年，不同年龄阶段"我"的身体凭借什么得以判定为一体？在成功、失败、爱与失落如此丰富的经历背后，"我"是否还不忘初心？这种一致性在柏拉图式的形而上学或基督教的教典之中被称为灵魂。从生物学的解释之中，我们看到记忆是亘古不变的基础元素，这一元素自现代生物学的角度来看，则是由神经元与 DNA 构建而来——前者保留着所有的记忆与反应措施；后者是其代代相传的信息文本。这一文本虽在个体传递间会产生独特变异，但留存着这一物种最为基本的关键信息。物质记忆与情感记忆具体体现于基因与大脑之中，尝试利用 DNA 复原消失数万年之久的细胞一直都是科幻题材经久不衰的主题。但并非涉及静态的晶体记忆 [1]，而是指具备可塑性且进化的创造性记忆——根据神经元之间的联结不同，将储存全新的信息与技艺；而遗传的记忆历经突变，则会导致产生新的物种。

---

[1]　此处作者借用心理测量学术语的晶体智力，即应用先前获得经验知识的能力用以描述记忆。

　　基因与大脑是物质与信息相融合的领域，基因工程与神经外科医药学则是开辟了全新行为可能性的重要科学领域。这二者都为人类对于其自身理解的加深，增添了全新的意味。由于黑猩猩与人类基因组之间的差异大约仅为 1%，二者间的亲缘关系是如此显而易见，但仅这 1% 的差异却导致了极大的不同！这之间的差异主要集中于大脑——其中之一便是大脑比之中的神经元数量。在黑猩猩的胎儿发育过程中，神经元会进行 31 次分裂，而人类胎儿则历经 33 次分裂。这之间的差异似乎微乎其微，但每次分裂都将导致细胞的总量倍增。因此，人类的神经元数量大约四倍于黑猩猩。而由此所增加的相互联结使得大脑可以处理更多相对于简单大脑所难以处理的各类事宜。基因与大脑二者相辅相成，彼此相关，但是更为巧妙的说法是：一些基因编码神经递质或调节其递质丰度，将会对大脑功能产生至关重要的干扰。另外，胚胎时期的发育对于最终大脑的形成至关重要。

　　随着对基因与大脑的理解日益增长，我们感到更加自由与坚定；同时，我们也更加意识到胖瘦、生死、焦虑或沉着、是否对音乐敏感等这一切，都取决于我们的基因，且超越了我们的意志力与个人能力。另外，对基因与大脑的研究为我们开辟了应对绝症的新希望。但是，科学发现迟早将会被错误地利用在险恶目的之上，这样的认知同时也令我们感到深深的恐惧与不安。

　　尽管我们尚未踏足我们曾期许的火星与月球，但我们业已开始了解充满故事的基因组与大脑。它们其中作为变化主体与完全未知区域的历史，以及可能带来极大风险与经济潜力的方方面面，都有待我们详细探索。遗传学与生物学唯物论构成了对具体物质领域的伟大探险，但对于物质本身而言并非如此，这一探险不过是研究其功用的曙光罢了。

大脑的某些活动可以由与其大相径庭的物质与结构模仿执行，例如电子或光电神经网络。这也在某种程度上切断了物质与其所能处理活动的联系。纳米技术的发展，激励着探索链接生物与人造物质之间的可能——通过传输电子信号的假体用以恢复特定神经活动。我们可以想象，在不远的未来，将人工神经网络与大脑相桥接，可以缓解或解决失明与瘫痪所带来的不变。仿生唯物论以某种形式融入进了炼金唯物论的某些特征，即将电子回路转化为感觉与思想。

▶ ▷ 精神与物质

自古以来，人们都对死者抱有一种特殊的尊重，并或多或少地相信，他们依旧以某种方式生活在这个世间。既似出于迷信的一厢情愿，又似与不容置疑权威窠臼的对抗，致使这一信念的存在实际上并非坚不可摧。但由于肉体的死亡如此显而易见，所以人们便试图在挚爱之人身上找寻某种不可磨灭、超越记忆的物质，以此来支撑这一信念。对生命由超越物质的元素所构成的信念，业已持续了千年，且迄今仍未式微。这是一个难以被反驳或实证的假设，因为该假设之中所存在的元素已无异于思维本体。肉体与灵魂的二元论、精神与物质的二元论、身与心的二元论都全然不同于以往基于物质的二元论存在。

对于精神与物质之间关系的思考，是贯穿整个人类思想史的不变主题。根据其主要观念的不同，在此，我们将之总结为三条主线——即精神与物质间的二元论、唯物主义一元论与唯心主义一元论[1]。

► ▷ 二元论

二元论的起源可追溯至远古时代，其诞生或源于人们对沉睡身体与无生命肉体之间可感受差异的惊讶——尽管只是欠缺一种极为微妙的东西，却使得后者与前者之间产生如此之大的不同。或许后者所欠缺的这一微妙存在，即是称为生命力或灵魂的东西，正是这种东西为肉体注入活力，也将在呼出最后一口气的同时逃离肉体四散飘零。古埃及文明认为死后灵魂长存，并享受着与尘世凡间毫无二致的生活。古希腊人则认为亡者的灵魂应归于哈得

---

[1] 唯物主义一元论即肯定世界之本原为物质，唯心主义一元论即肯定世界之本原为精神。

斯的冥界。而后俄耳甫斯教将之衍生为：人由尘世元素与神圣元素相互调和，并借由力量暂时粘接而成[1]。柏拉图在《斐多篇》中对灵魂进行了哲学范畴内的概念阐述：尽管灵魂饱受肉体羁绊，但其依旧归属于理念世界，而这些产生了理念的知识[2]。然而亚里士多德并不认同柏拉图的理念世界观。他将灵魂解释为肉体的形式，并由低到高归类为三种不同层次的灵魂：植物的植物性灵魂、动物的动物性灵魂，以及人类充满活力与感知的灵魂。前面二者是平凡的灵魂，理性的加入则可使之升华为不朽的灵魂。

深受犹太传统影响的早期基督教虽并未涉及灵魂，但却借用了肉身复生这一概念。而后逐渐被柏拉图式二元论所渗透，并在圣奥古斯丁的影响下，产生了颇具活力的肉体与灵魂二元论[3]。不过圣多马斯·阿奎诺[4]的理念则缓解了这种二元对立，并坚持

---

[1] 俄耳甫斯教（Ὀρφεύς）认为人类的存在由肉体与灵魂二者组成。灵魂坚不可摧且超脱死亡，而肉体是灵魂的监牢。灵魂将在死后摆脱尘世肉体的监禁，并接受奖赏或审判。最终灵魂可以轮回转世直到实现净化，而后重新回归并融入神圣的境界。

[2] 柏拉图认为活人灵魂由于受身体变动的感觉与情感限制，所以难以认识真正的存在。当灵魂脱离肉体后才能理解真正存在的理念。理念与我们所见世界的具体事物根本不同，具体事物有生有灭、不息变化，是不纯粹且相对的；理念是纯粹、不可分割、不变永恒、不可见且神圣的智慧真理。

[3] 圣奥古斯丁认为灵魂即上帝意志于人身之高贵体现，身体却因感官贪婪表现得邪恶与受诅咒。这一诅咒即为惩罚亚当屈从于诱惑之原罪，只有美德才能提供庇护。为解放灵魂之诅咒，则必须抵抗邪恶之诱惑。但世界被上帝任意分为道德存在与非道德存在。即上帝任意决定了抵挡与不可抵挡诱惑的人，进而衍生除非人能以灵魂（记忆、理智、意志）控制自己的身体（感官贪婪），否则即受到诅咒。无法控制感官贪婪的人，却由上帝所预先决定。灵魂虽然无时不支配着身体，但有时会意识不到身体的行为，这就是无意识的行为。

[4] 圣多马斯·阿奎诺（意大利语：Tommaso d'Aquino，约 1225 年—1274.3.7）。亦译为"圣多玛斯·阿奎那"。

了人的基本统一：人类由灵魂与物质相辅相成、相互交融而成 [1]。然而不朽特质的灵魂与凡人肉体之间的针锋相对，导致了基督教二元对立的思想。不过灵魂的存在也并不意味着它的不朽与上帝的存在。

二元论的关键问题即是灵魂与身体之间如何协调互动。对于一些思想家来说，灵魂与肉体之间存在可观察的物理互动：笛卡儿假定受到严格机制约束的物质（即广延物，res extensa）与位于松果体的灵魂（即思维物，res cogitans）之间存在心物二元论 [2]。20 世纪的神经心理学家埃克尔斯 [3] 借由量子不确定性原理，设计了精妙的灵魂作用：包含神经递质的囊泡在前额叶突触的释放效果，将在大脑进程中产生非线性放大。另外，其他哲学家却否认了灵魂与身体之间直接的互动。对莱布尼茨而言，则有一种存在预设的和谐——在他看来，精神与肉体各自在上帝预先设定好的完美中演化，且上帝只作用于二者起始阶段。犹如两个并行不悖又同步良好的钟表，各自运行且不产生任何物理交互联结。对于马勒伯朗士 [4] 来说，尽管肉体与精神并未被直接隔离，但二者间相互独立。

---

[1] 阿奎诺认为不存在双重本质，而是两个本质同时存在，且在同一人类躯体内可以清晰辨别出这两种本质。

[2] 心物二元论中世界存在两个实体：只有广延而不能思维的"物质实体"，与只能思维而不具广延的"精神实体"。意识的本质在于思想，物质的本质在于广袤；物质无法思想，意识不会广袤。人的肉体是由物质实体组成，人的心灵是由精神实体构成。二者彼此完全独立但又相互影响、互为因果、相互作用。

[3] 埃克尔斯（英语：John Carew Eccles，1903.1.27—1997.5.2）。

[4] 马勒伯朗士（法语：Nicolas Malebranche，1638.8.6—1715.10.13）。

只有在上帝之前，广延物与思维物才可相互沟通交流。

►▷ 唯物论

认定物质是宇宙唯一组成部分，而精神不过是物质产物的想法由来已久。伊壁鸠鲁与柳克里修斯凭借原子论来否定灵魂的存在，而唯物论所认定的精神模式也紧随时代的变化而前进。早在17世纪，牛顿宇宙模型的成功，以及那时社会对钟表与自动机械的迷恋风气，导致人们曾怀疑生物可能是完美而复杂的机械，这也是笛卡儿对动物所持有的观点。他认为动物的生命历程以及行为，都可以通过其个体自身各部分的状态与运动来解释。在《论人》[1]一篇中，这种将动物比作自动机的看法同样也拓宽推广至人体，并与精神相对立[2]。拉·梅特里[3]与奥尔巴克[4]从反宗教怀疑的角度继承并发扬了笛卡儿的机械唯物论。首先是 1748 年《人是机

---

[1] 《论人》: el Traité de l'Homme。

[2] 反射弧的发现为笛卡儿"动物是机器"的论断提供了依据。笛卡儿的反射概念是机械性的，他强调人与动物的区别在于动物精神。表面上看，人类与动物被相同的规律操纵，但又存在着差别。意志行动水平之下的身体行为能够被机械地解释（本能）；但是与道德品行这样有关的行为在意志的控制之下。肉体与精神相互作用发生的位置在松果体。但如性行为等某些身体行为发生在精神的控制之下，而非机械的简单产物。其双重观点同时呼应了当时科学与教会的观点。

[3] 拉·梅特里（法语: Julien Offray de La Mettrie, 1709.12.25—1751.11.11）。

[4] 奥尔巴克男爵（法语: Paul-Henri Thiry, baron d'Holbach, 1723.12.8—1789.1.21）。

器》[1] 中认为，思想是大脑中与电相同等级的属性 [2]。不久之后，奥尔巴克也于 1770 年在其著作《自然的体系》[3] 中提出了纯机械宇宙观 [4]，这一宇宙观也成为日后拉普拉斯信条 [5] 的先导。

这种机械唯物论发展至 18 世纪末期，产生了生理唯物论。卡巴尼斯 [6] 的一句："大脑产生思想，就如同肝脏分泌胆汁、肾脏产生尿液。"即是生理唯物论的标志性名言，直观地将大脑活动与其微妙功用的产物简化为纯粹生理现象。在德国，这种观点被用于对黑格尔与舍林 [7] 唯心主义哲学的驳斥。莫勒朔特 [8]、福格特 [9]、比希纳 [10]、费尔巴哈 [11] 都是该观念的持有者，并为之赋予了更为详尽的阐述——他们将新陈代谢看作一种无思想性物质转化为有思想性物质的模式。然而，随着生物决定论的不断发展，特别是对大脑领域认知的深入，又与先前这一理论产生了新的对立——意大

---

[1] 《人是机器》: *L'Homme Machine*。
[2] 拉·梅特里认为精神现象与头脑、神经系统中有机的变化有直接联系。人的生命与感觉能力完全附属于构成整个人体的元件，精神是有机体脑的一种功能。因此，人就好比一部机器：精神活动决定于人的机体组织；思想只不过是大脑中机械活动的结果，当体力变得更虚弱时，精神功能也会衰退。
[3] 《自然的体系》: *Le système du monde*。
[4] 奥尔巴克用力学机械观点解释一切自然与精神现象，否认偶然性，并认为世界上的一切都是必然。
[5] 拉普拉斯信条认为自然界和人类社会普遍存在客观规律与因果联系，即决定论。
[6] 卡巴尼斯（法语: Pierre-Jean-Georges Cabanis，1757.6.5—1808.5.5）。
[7] 舍林（德语: Friedrich Wilhelm Joseph von Schelling，1775.1.27—1854.8.20）。
[8] 莫勒朔特（荷兰语: Jacob Moleschott，1822.8.9—1893.5.20）。
[9] 福格特（德语: Carl Christoph Vogt，1817.6.5—1895.5.5）。
[10] 比希纳（德语: Friedrich Karl Christian Ludwig Büchner，1824.3.29—1899.5.1）。
[11] 费尔巴哈（德语: Ludwig Andreas von Feuerbach，1804.7.28—1872.9.13）。

利刑法学者隆布罗索[1]认为，犯罪行为与疾病别无二致，罪犯难以对其所作所为负责[2]。隆布罗索本人终生致力于改善监狱的服刑条件，而反面极端的戈比诺伯爵[3]则将生物唯物论作为文明史中不平等与种族等级区别的基石[4]。

　　生理唯物论不但滋养了进化唯物论，同时也极大地提升了后者的广度与历史深度。机械动力被一种更加贴近于物质本身的动力所取代，而这一动力允许偶然事件的发生，并能够通过自然筛选来克服障碍并超越自身，与此同时，也将其复杂性上升到了全新的水平。物质在能量守恒所统治的时代似乎是如此坚不可摧，这一全新理论赋予了其巨大的变革力量。

　　唯物论在 20 世纪下半叶逐渐接纳与整合了遗传学与神经生物学的新发现。例如，雅克·莫诺[5]1970 出版的《偶然性与必然性》[6]一书，是生理分子唯物论的杰出著作，在其中，我们可以看到生

[1]　隆布罗索（意大利语：Cesare Lombroso，1835.11.6—1909.10.15）。
[2]　古典学派认为犯罪源于人的自由意志，而隆布罗索则强调生理因素对犯罪的影响。他重视对罪犯的生理解剖研究，并比较研究精神病人与犯罪人的关系。从犯罪人与精神病人的颅相、体格等生理特征判断犯罪的倾向出发，提出"生来犯罪人"的概念。
[3]　戈比诺伯爵（法语：Arthur de Gobineau，le comte de Gobineau，1816.7.14—1882.10.13）。
[4]　其著作《人种不平等论》（*Essai sur l'inegalite des races humaines*）中发展了"雅利安人主宰种族"理论。这一思想而后成为德国纳粹党意识形态核心的重要来源之一。
[5]　雅克·莫诺（法语：Jacques-Lucien Monod，1910.2.10—1976.5.31）。
[6]　《偶然性与必然性》：*Le Hasard et la Nécessité: Essai sur la philosophie naturelle de la biologie moderne*。

机主义 [1] 受到了来自分子生物学的致命冲击。与此相似，唯灵论 [2] 也受到了来自神经生理学巨大发展的挑战。芒卡斯尔 [3] 将新皮层的柱状组织看作大脑意识活动不可再分的基本单元；普里布拉姆 [4] 则分析了符号加工与大脑前额叶皮质－边缘系统互动机制之间的关系。尚热 [5] 在其 1983 年出版的《神经元人》[6]，以及克里克在其 1995 年出版的《惊人的假说》[7] 中，都强调了神经元是精神实体的核心特征。

　　唯物论的另一种形式可以参考人工智能，不过这种形式实际上已经脱离了严格的唯物论，而趋近于功能论——将大脑活动视为一种功能的实现，而非某种特定物质所形成的状态。从某种程度上来讲，利用与大脑构成所不同的物质、通过精工细作以实现智慧这一想法本身，已经使得思维独立于某一具体的确切物质；另外，智慧与某些具体结构间的关系不禁令我们自问，我们的智慧在多大程度上宽广到足以用来理解世间万物的纷繁复杂。世间

---

[1] 生机主义 (西班牙语 :Vitalismo; 英语 :Vitalism)，认为有生命的活组织依循的是攸关生机的原理，而非生物化学反应或物理定律。生命有自我决定的能力，不只是依循物理及化学定律。因由古时化学家没有能力合成有机物，而只有生物才可以从无机物合成有机物，便认为生命具备独特性，不能以物理及化学方式来加以解释。该理论在由氰酸铵合成尿素后被推翻。亦译为：活力论、生命主义、生气论等。

[2] 唯灵论 (西班牙语 :Espiritualismo; 英语 : Spiritualism)，假定灵魂永恒的精神本质不朽，只是暂时寄居在肉体中获得进步。某种程度是对实证主义的回应。当今 "唯灵论" 拥有着多种含义。

[3] 芒卡斯尔（英语：Vernon Benjamin Mountcastle，1918.6.15—2015.1.11 ）。

[4] 普里布拉姆（英语：Karl H. Pribram，1919.2.25—2015.1.19 ）。

[5] 尚热（法语：Jean-Pierre Changeux，1936.4.6—　　 ）。

[6]《神经元人》: *L'homme neuronal*。

[7]《惊人的假说》: *The Astonishing Hypothesis*。

的复杂程度很可能已经超越了我们的理性，就如肉眼难以察觉大部分电磁辐射一般，也正如黑猩猩难以理解深奥复杂的数学。

►▷　唯心论

唯心主义认定，意识心灵是唯一的实在，而没有了意识则不会观察到物质，其中最为极端的当属认定意识是唯一实际存在的唯我论[1]。哲学唯心主义具有悠久的历史。在柏拉图哲学所代表的过去，思想被认定是唯一、确定且真实的现实，而且这种现实只能通过思考得以了解；与此同时，物质世界不过是真实世界的阴影、一个苍白的幻象。在柏拉图影响复兴的公元 3 世纪，柏罗丁[2]认定宇宙世间存在一个难以名状的宇宙意志，而个体灵魂是其意志的具体表现。

唯心主义最为极端的代表莫过于伯克利[3]，他的名言"存在即是被感知[4]"可总结他的观点。对他而言，最根本的实在是上帝与人类所感知的实在，一切皆是我们对世界诸感知的累积叠加，使

---

[1]　唯我论，词源来自拉丁语"唯一"（solus）与"自我"（ipse）的加和，认定"我的意识"即是唯一存在。表现为从本体论意义上只有"我"的意识真正存在，而他人心并不为真。或本体论上他人真心存在，但认识论上否定或部分否定其认知能力。
[2]　柏罗丁（希腊语：Πλωτίνος；拉丁语：Plotinus），204—270 年。亦译为"普罗提诺"。
[3]　伯克利（英语：George Berkeley，1685.3.12 — 1753.1.14），亦译为：贝克莱。
[4]　存在即是被感知：esse est percipi。

得所观察的世界存在并赋予其现实意义。在其理论之中的感知是非物质的，也将一直是非物质的。康德在其《纯粹理性批判》一书中谈及了先验唯心论 [1]，其中的先验指的是使认识成为可能的条件，而非更高层次的认识。康德通过批判理性来探究理性的可能性与局限性 [2]，他认为，现象并非实在本身 [3]，而是在特定空间和时间中，通过我们的直观（intuition）所形成的显象（representation），是获取真实理性的先天（a priori）必要条件。通过这些必要条件，理性将是我们认识现象的唯一途径，但我们将永远无法认识事物本身或事物的本体，因为本体界只能通过某种纯粹直观的方式来触及。

康德思想最著名的继承者发扬了他理论中唯心主义的部分——对于黑格尔来说，在客观实在的不断变化之中，精神即动

---

[1]　先验唯心论以自身先决经验，及自身透过对事物最直接的根本了解，来判断事物的本质。

[2]　康德哲学理论认为，将经验转化为知识的理性范畴是人与生俱来的，缺失了先天的理性范畴便难以理解世界。知识是人类同时透过感官与理性获得的。尽管经验对知识的产生不可或缺，但并非唯一要素。需要理性才能将经验转化为知识，而这种理性是天赋的范畴。人类通过范畴的框架来获取外界经验，缺失范畴即无法感知世界。因此范畴与经验一样，是获得知识的必要条件。但人类的理性范畴中存在可以改变世界观念的因素。事物本体与人所看到的事物是不同的，所以人永远无法确知事物的真正面貌。

[3]　本体与现象（noúmeno/fenómeno）二者互为相对名词。康德称本体为物自身（das Ding an sich / thing-in-itself，又译为物自体）。本体（Noumenon）源于希腊语"思想中的事物"（voоúμεvov）。本体指不必用感官就能够知识到的物体或事件。是希腊语"我思考"（voεῖv / noein）的现在分词。英语中的智性（nous）源于相同词根。在柏拉图主义中，本体的领域在于理型世界。

现象（Phenomena）源于希腊语"可见之物"（φαιvóμεv）。现象指能被观察、观测到的事实。英语中的现象（phenomenon）源自于此。其意而后在哲学中衍生出了"现象学"。

态客观实在的绝对中心。这点与柏拉图所认为的静止与绝对截然不同，黑格尔思想是动态变化的，这来自其辩证性的本质。黑格尔哲学的辩证性来自从正题（thesis）到反题（antithesis），最后统一两者的合题（synthesis），而后黑格尔的正、反、合三重结构成为了辩证唯物主义的灵感源泉之一，只不过他将辩证性归于精神，而辩证唯物主义者将辩证性归于物质。

量子力学在某些释义中并未忽视唯心主义。海森伯曾热情洋溢地谈到了柏拉图的原子论，将其比作犹如受制于抽象守恒定律的数学实体，并且将之在数学角度与量子学观点进行类比。其他如薛定谔这样的学者则更多受东方思想影响，惯常以带有整体性而又虚幻现实的眼光审视这些问题。康德在理性现象、观察与难以理解的本体之间所作出的区别，调和了由博尔提出的波粒二象性冲突。博尔曾认为波粒二象性即是无法理解的本体所呈现出表象的一个例子，但在随后，对将量子力学置于康德哲学中先验条件之一的因果条件产生质疑之后，他便逐渐远离了康德的思想。

量子力学诸多忧虑之中的一个，莫过于其与实在之间的关系。波函数作为物理系统的数学描述，似乎表明了现实中的唯心主义元素。这种元素通过测量这一过程，使其在实在之中得到了具现化。这也就是为什么量子物理被辩证唯物主义视作资产阶级唯心主义的原因。薛定谔方程的线性代数在被用于波函数的同时，产生了被视为状态同时叠加的系统。该系统在未被测量之前，定义明确状态下的波函数不会自发坍缩。然而，当我们尝试思考测量器材是一个更大系统的一部分时，如若这一宏大系统包含了器材本身与被观测体系，并且该广义系统受量子定律所决定，测量装置对原有系统的观测并不能一劳永逸地解决问题。因为其测量装置自身就处于叠加态，且其叠加态直至受另一台仪器测量之前都不会坍缩，并以此类推，不断循环。在认定我们支配着物理系统的同时，该系统却是不确定性的。由此，维格纳[1] 提出，意识可能会导致波函数的坍缩，并给予所有潜在的叠加态以明确的现实实在。然而许多其他科学家都反对这一观点，并坚信足够宏观的测量器具即可导致波函数的坍缩。但在缺少波函数坍缩的确切模型情况之下，问题依旧悬而未决。

量子力学的另一种诠释被称为平行宇宙模型。该模型由埃弗里特[2] 于 1950 年提出，假定存在无数个平行世界，并且所有可能存在的现实都在各自的世界之中。由此，在每次测量的同时，我们即应观察到两种存在之中的一种。由此，两个平行宇宙各自执行其对应的可能。也正是因此，波函数与实际观测间、量子理论与现实世界间众多可能的多样亦是如此层出不穷。

---

[1] 维格纳（匈牙利语：Wigner Pál Jenő；英语：Eugene Paul Wigner，1902.11.17—1995.1.1 ）。
[2] 埃弗里特（英语：Hugh Everett，1930.11.11—1982.7.19 ）。

总结：物质之交响曲

除去对物质全局性的科学探索进行的阐述之外，本书还试图讨论唯物主义所产生的深远影响，以及将物质作为探究现实世界出发点的广阔思潮。通过对各领域自然科学的研究，唯物主义哲学也衍生出了不同的分支与流派——朴素唯物论、魔幻唯物论、原子唯物论、机械唯物论、炼金唯物论、神秘主义唯物论、地球唯物论、辩证唯物论、消费主义唯物论、科技唯物论、涌现唯物论、生理唯物论、进化唯物论、遗传学唯物论、神经生物学唯物论、仿生唯物论，甚至困惑唯物论。唯物论的这些不同流派对应着物质的不同诠释方式。众多流派视角之所以呈现出这样的多样性，其一基于其所研究物质种类的不同——从基本粒子、核子、原子、分子、大分子、玻璃、岩石、超分子、细胞、多细胞生物、脑乃至生态系统；其二是不同复杂程度的物质的动态活动亦不相同：从基本粒子间的作用力、化学键或分子间作用力、岩石的变质作用与矿物质的晶化、生物的基因突变、神经网络的学习能力，乃至社会的冲突等。

在哲学范畴内，我们认为不同版本的唯物主义构成了一个本体论的应用练习。本体论 [1] 是关于事物是什么的哲学分支，其范畴较唯物主义而言更为宽泛：它讨论上帝的本质、永恒的本质、文化的本质乃至物质的本质。本体论源自我们接近实在时，产生的巨大的讶异之情或苏醒的深层意识。我们需要重视哲学，不要认为哲学已死、业已完结或不再必要，因为哲学即是持续不断探究何为生命的练习。

与 19 世纪末的认知不同，物质并非无可争辩且不容置疑的清晰阐述基础，而是其本身即构成了研究与探索的开端。时至今日，与物质相关的经典二元论更普遍地被认定为延绵连续，而非孤立间断的。无论是物质与辐射、物质与虚无、物质与形式、物质与上帝、物质与思维、物质与精神，还是惰性物质与活性物质、天然物质与人工合成物质，这些二元论间的微妙差别已普遍为大家所重视，但仍常被过于简单化。物质与思维、物质与生命、物质与形式，对其中一些连续性的研究亦是自然科学中极为活跃的一个领域，而新的探索技术又推高了实证研究，并将之提升到了一个全新的层面。这或许表明，自然科学正在被全方位地用以阐释现实世界，而形而上学所研究的问题也终应宣布退出历史舞台。然而情况正好相反——古典哲学常认为如此众多二元论间的概念是十

---

[1]　本体论（西班牙语：Ontología；英语：Ontology），探讨一切现实事物基本特征的学科。语源自希腊语"ὄντος"与"λόγος"的加和，表示"在逻各斯之间"。柏拉图学派认为任何名词都对应一实际存在；其他哲学家则主张有的名词无法代表存在的实体，而只能够代表一种概念的集合。

分明晰的，形而上学所进行的研究也集中于这些概念之间的相互对立上。然而目前看来，以上二元论中的基本概念虽仍是哲学中问题的源头，其连接相互之间的桥梁业已成为研究的主题。

▶ ▷ 物质的四方面

在本书中我们所阐述的主要观点可以概述为以下几个概念：

物质元素。物质元素并不等同于经典原子论所假定的永恒与不朽。正如真空也绝非虚无与静谧的所在一样，物质本身并非一成不变的恒久存在。在这永不停歇的世界之中，变动才是唯一永恒的不变真理：物质诞生而后湮灭的非决定论，标志着一切因果尚未决定。真空中的基本粒子也并非微小而孤寂的球体，其本质是受到真空与希格斯场波动影响的实体。与此同时，该实体还受与其相互作用粒子量子波函数纠缠的束缚。非局部实在的物质本身也并不独立于观察者。

物质宇宙。一切事物皆能在动态的宇宙实在 [1] 之中追溯到其本源。宇宙的未来取决于它自身的物质内容，宇宙学尚且无法了解组成宇宙 95% 存在的暗物质与暗能量。不论是物质与反物质间的相互湮灭，还是原初宇宙中轻核的形成与恒星之内重核的聚合，物质

---

[1] 实在（拉丁语：Realitas），哲学上指实存的与可能存在的东西。

都向我们展现出了其所蕴含的丰富故事。然而物质的存在又如此偶然——其存在并非物质世界所不可或缺的必要元素，在某种程度上全然取决于物理定律的数学结构与对称性破缺。

物质科技。这是一种针对物质进行的更为精密的处理——探索其各种微妙特性的同时，在近乎原子层面上的微观角度上展开细致开发，并生产具有特殊性质的全新材料。曾在古代技术中占据主导地位的物质如今业已让位于信息。受限于不可再生的能源、越发严峻的大气污染问题与日益累积的废物，使得我们发觉我们沉浸于时间、空间以及生产周期的三重性之中。

物质生命。我们已经得以一窥究竟生物分子语言的奥妙，并开始对生物的起源与演变或多或少有了一些更为精进合理的观点。我们可以对基因与大脑产生作用，而这看似在我们令自己更为自由的同时，反而使得不安与日俱增。与此同时，这种惴惴不安也使得我们更容易受物质所决定，更加脆弱易控制，不过这也开启了人类历史的新纪元。生命物质对我们而言，逐渐转化为技术物质，同时在演化过程中，这种转变也充斥着历史与变革。人类也自此由研究科学的主体转变为科学研究的对象。

▶ ▷　物质与感官

将物质与感觉二者间的关系放在本书的最后讨论，某种意义上是一种终而复始，让我们能够在经历了漫长的物质之旅后回归初心。这是一场关乎物质的旅程，自新鲜的讯息与幼稚的感觉起始，那是众多图像、颜色、气味、触觉与品位的相互叠加。而后，为了了解其最为深刻的本质与悠久的历史，我们将这些所有属性与之相剥离。基本粒子难以被感知捕获，即便古典原子亦不与其存在直接联接。因此，原子是一个模糊分散而又光怪陆离的点状实在：从更深的层次来看，相互碰触的物质之间实际并未接触，而是力之间产生的对抗——由极小的原子核心在真空中所产生的不同电子层即限定了其间斥力的极限。

　　由于不同的感官为我们带来了纷繁的感觉，我们难以对物质给予足够的重视。视网膜上的视杆细胞与视锥细胞使我们感受到了光强与色差；沿耳蜗排布，覆盖柯蒂氏器的纤毛给予我们听觉；通过皮肤我们感知温度与压力；遍布舌头与鼻腔的感受器赋予我们味觉与嗅觉。更有趣的是，大脑拥有特定的区域，以处理以上所有这些信息：视觉由枕叶处理、嗅觉靠顶叶负责、触觉受颞叶所支配 [1] 等。探查所有的感官信息如何被获取与分析，而后又如何将全部的感觉重新组合，并结合这一系列感觉在脑中重建我们所处现实等，这一切都为我们提供了极为有趣的研究课题。

　　在所有这些过程结束之后，本书开篇所搁置的问题再度浮现：

---

[1]　勘误：颞叶控制听觉，触觉应该由顶叶控制，嗅觉由边缘系统的嗅球所掌控。

不论是炙热的木柴、寒光迸发的金属、通透的晶体，还是花草的馥郁芬芳、厨灶间珍馐美馔的黍稷馨香，乃至画作的浮翠流丹与织物的色彩缤纷等，这些我们所熟悉的周遭物质都赋予了我们以感觉。对这些感觉进行分析将为我们开启另一场探索之旅。即便处于相同的温度，但是为何木材触感温暖而金属却冰凉？这一点我们可以用金属内含有更多的自由电子，更加容易传导热量来解释。当我们失去热量自然也就会感觉到冷，而木材中的电子多被束缚难以产生热传导。我们也可以问，为什么祖母绿颜色葱翠欲滴，而蓝宝与钻石却剔透晶莹等，诸如此类许多其他问题来增加本书的厚度。我们同样也可以通过讨论神经进化为切入点，以此来了解生物学中视觉与听觉器官的发育。

　　但不论在何种情况下，对这类问题的思索，都会引领我们反思观察者与被观察现实之间的关系。歌德[1]曾在其色彩理论[2]中斥责牛顿未曾考虑观察者的影响，并试图在其理论体系内引入观察者。人们可以将所有波长为 700 纳米的光归纳为红色，而将波长为 455 纳米的光归纳为蓝色。但是红与蓝皆为观察者的感觉，可以借助不同颜色的相互混合来实现。物理学局限于验证而非解释。不同种类的动物都有着对光全然不同的光敏色素，它们所看到的世界都与我们不相同。对颜色、气味与味道的分门别类，则是我

---

[1]　歌德（德语：Johann Wolfgang von Goethe，1749.8.28—1832.3.22）。
[2]　《论色彩学》：*Zur Farbenlehre*。

们与物质之间所存在的另一类关系。不论是针对客观对象的物理学、针对生理学感官的物理学、针对脑处理进程的神经生理学，还是神秘且复杂的意识存在，乃至更进一步的个体深层记忆如何浮现、每个情感行为的具体投射、对每次失落回忆的重燃找回。自客观物质对象到观察者的路途竟是如此遥不可及！

＊　　　＊　　　＊

简而言之，正如同信奉确定性与可预测性规律的经典力学业已式微一般，古典唯物论，这一着眼于将物质升华为稳定、永恒、工具性的无生命存在哲学，在今天也已举步维艰。所以在当今时下，作为一名激进的唯物主义者是极为艰辛的——固执死板的成见本应阻碍量子力学的发展，或否认力场这类为物理学带来颇具成效的变革观念。自然科学为我们呈现了一个在基本性上模棱两可的、自相矛盾的物质，其内部填满了原子核与基因的发展史，充斥着大脑科学与新技术的涌现可能，标志着宇宙、群星或抽象感念的整体性。这种与物质息息相关的思索构成了当下某种精神力量：其力量属性带有星球特性，以至推崇地球的某种生态主义风格，抑或说是一种动态的、宇宙的性质。

由于物质并非无可争议的实质或无可辩驳的感官讯息，相较之下，其本身似乎更趋近于抽象的数学实在。物质已然转变得比古典唯物主义所曾想象得更加无形。原子物理学在其开端已然表明了原子内部的大规模空无，而更令人啧啧称奇的是，基本粒子的本质是九维空间中难以想象的微小弦震动[1]。如若不进行观察，粒子并不具有确定的位置与速度。与此同时，甚至还存在诸多共用同一套定律却具有不同物理常数与物质含量的宇宙。

在诸多技术领域也出现了类似非物质化的这一过程。物质的数量变得无足轻重，而其结构却越发重要。在核物理与基因工程之中的非物质化进程，开辟了在更深的层次上对物质进行考量的全新可能性。同样地，在经济学上也出现了这种非物质化。不论是信用卡的使用抑或电子货币的交易，货币已被纯粹的信息交易所取代。这使得我们能以更快的速度进行贸易，并改变经济活动的空间与时间尺度。

不同的文化之间对物质与虚无都存有不同的看法。在西方世界，实体存在被认为是充实、具有不变性而又统一的——坚实、不可穿透且永恒的原子，犹如意义深远的范式，影响着一代代人的思维方式。而在东方文化理解中的虚与实却与西方截然不同——空无之中却可洞观真相，须臾之间方见存在永恒。也正是因此，东方文明首先出现了零的概念，而西方却需要很长时间才可将之理解消化。自诞生之日起，量子理论以其非局域、非客观、非确定且多重状态叠加的独特物质概念，推进了众多含有东方思想，但并不具良好基础的类比认知。我们不禁自问，量子公式能

---

[1] 即用"能量弦线"作最基本单位，以说明宇宙里所有微观粒子都由一维的"能量弦线"所组成的弦理论。超弦理论中是一维时间十维空间或九维空间。

否真的将我们引入足以接近真实物质的视角。

对于很多现代艺术家而言，物质这一概念业已成为灵感源泉。相信我们都听说过达利[1]对于原子物理、双螺旋结构以及量子物理的艺术热情；以及塔皮埃斯[2]对其绘画色彩调配、纹理质地与光彩透度的敏感；又或是欧亨尼娅·巴尔塞尔斯[3]对原子放射性与元素周期表的着迷。其他艺术家，如詹姆斯·特里尔[4]则实际上放弃了物质这一主题，进而转向以空间与光线为创作素材并将其探索定位于光的细微变化上。众多此类经验都为创造与探索新的物质与技术奠定了基础。

对于诗人而言，物质即是语言，每一个词都是谱写构筑诗歌的基石。人对物质的想象会限制、同时也会激发其对语言想象与应用创作的可能。我们可以将语言比作泥土、岩石、木材、黄金或肉体，这些不同的形式将我们导向了不同的诗意行为——构建、聚集、掺糅、熔接与爱抚。语言所提供的这些不同可能，将以感性的方式与现实的特定面和谐共振，突出其中的某些物质，并使之在渲染中迸裂。并且，犹如土、水、气、火经典四元素所组成的世界，语言也以独特的方式构架书籍。聚焦于物质的思考可以

---

[1] 达利（加泰罗尼亚语：Salvador Domingo Felipe Jacinto Dalí i Domènech，1904.5.11—1989.1.23）。

[2] 塔皮埃斯（加泰罗尼亚语：Antoni Tàpies，1923.12.13—2012.2.6）。

[3] 欧亨尼娅·巴尔塞尔斯（加泰罗尼亚语：Eugènia Balcells，1943.12.5—　）。

[4] 詹姆斯·特里尔（英语：James Turrell，1943.5.6—　）。

激发对形式的探索。因为物质使人接触到大自然的种种形式，令人联想到宇宙的纹理，并确定诗歌的基调是沉重抑或轻盈、晦暗抑或剔透、丑陋抑或美丽。如今的科学开启了一个关于物质令人惊异视角的世界，这一切都比古典唯物主义来得更加丰富与神秘。诗人又怎可无动于衷？不如遵循他们的建议，聆听那份犹如新星爆发、如耀斑、如湮灭、如明星、如网络、如基因组，亦如被夷为平地的森林与城市废墟的诗歌。

最后，对物质的反思也关乎超越目前物理现实维度的存在与否。对于支配宇宙运行物理定律的反思，使我们明确了物质的超越性要素。因为唯物论否定任何非物质实体的存在，也否定任何具有超验主义元素的存在，所以唯物论一直都是无神论的一个重要组成部分。无神论者从不畏惧斗争，在某些情况下也曾主动挑起争端；但同时，他们也曾受到迫害、被迫流亡或是隐居。但另一方面，唯物论也曾使得伊壁鸠鲁或斯多葛派的追随者们能够坦然面对死亡，使他们有智慧享受喜乐与公正，也有智慧接受逆境与种种磨难。然而，今日物质的概念并不似曾经那般清晰。真实不再孤立，也更具不确定性，而这种改变使得我们更难以将永恒不变、实体有形、可被感知且无可争议的物质与假想虚无、变幻不定的精神完全对立开来。

基督教作为信仰道成肉身的神学，认定上帝所创造的肉身精巧到足以升华为精神，而肉身则是一个值得尊重的工具性物质。

基督教信奉灵魂与身体的二元论，秉持坚不可摧的灵魂即为永生之保证。这一观点对基督教来说是否真的必不可少、无可或缺？即便部分神学家认为死亡是绝对的，也并不存在可以一直延续的灵魂，但是哪怕如此，他们也依旧构想出了一个强大到足以再次复活的上帝精神。

一些人认为实在不仅仅指物质与能量，同样也包含信息。对于他们来说，身体的信息可以换算为几十亿个碱基对与几万亿个突触。而任何真正理解古典原子论的人都不会不顾一切地找寻与宗教的共存之法，而将在承认其存在理所应当的基础上，寻找比如意义、力量、丰盛、喜乐、爱与团结等此生更为即时的福报。或将有一天，人类真正成长为智慧的物种。也只有那时的人类，才能够真正将和平与尊重放在首位，管控投机倒把的经济，约束肆无忌惮的科技，减少各种不公与滥权的发生。

术语解释：
七十条定义及其与物质间的关系

　　此术语附录，旨在简要解析书中出现过的部分核心术语，同时，着重强调该术语与物质及唯物主义之间的关系。合理的术语定义，理应简洁明了且尽可能全面。其定义之言语、启蒙之理念，应如点亮理解之灯的火花引信，但如若描述太过简略抽象，也实难称之为一个完美的定义。虽如我所述，定义理应详尽而透彻，但站在读者角度，提前了解术语的简单概念，又的确能提高阅读体验。本词汇表并不局限于解释相应术语，它也是一份试图让读者进行更深入反思的邀约，更是一种对我的一面之词、理念与错误的反馈，还是一种临时偶发性的认同。由于读者能轻易从网上获取更为详尽的解释，所以，我认为此附录简明得当的定义，有助于快速、恰当地抓住本书精髓。为使概念自弥漫无知的直觉，转为坚实明确的信息表达，进而成为我们智慧人生中的一部分，那么就不得不玩弄文字，以进行解读。定义科学严格、单一且专业的词汇，远比定义难以捉摸的哲学概念和历经长期学术争论的术语要简单。我在欣赏字典的同时，也乐于比较、甄别不同版本词典中词语之间定义的区别，但在这个小词典中，我仅试图阐述在撰写本书过程中，脑海所显现的概念与个人的见解。

【ATP】在生物体细胞活动等诸多代谢过程中，承载并传递能量的小分子。ATP（三磷酸腺苷）分解为 ADP（二磷酸腺苷）和磷酸盐的过程中会释放能量，并作用于如化学反应、分子马达、离子泵等诸多基本生理活动中。

【AXN（异核酸）】由四种含氮碱基（A、T、C、G）所构成的核酸变体。不同于脱氧核糖核酸与核糖核酸的是，其碱基之间并非由核糖与磷酸盐所构成的骨架相互连接，而是通过一种不含磷酸盐的糖链进行结合。目前正尝试仿照类似 DNA 的形式，利用分子机器尝试对这类物质进行转录与复制。

【PN 结】一块半导体晶体一侧掺杂成带有高浓度可被视为正电子空穴而携带正电的 P 型半导体，而另一侧掺杂成带有大量自由电子而携带负电的 N 型半导体，中间二者相连的接触面即被称为 PN 结，是二极管整流器的基础。正是各种与光相关结合的二极管催生了发光二极管、小型化激光器与光伏电池。

【RNA】由如同"字母"一般的核苷酸构成的细长分子结构。其中信使 RNA（mRNA）将遗传基因信息从 DNA 传递至制造蛋白质的核糖体。借由携带三联体核苷酸密码子的转运 RNA（tRNA），以及核糖体 RNA（rRNA）的作用，氨基酸得以在核糖体内脱水缩合，形成连续的氨基酸链。除此之外，还存在着 RNA 干扰（RNAi），以及如小分子核糖核酸（microRNA）等其他尚不明确为我们所知的诸多因素调节着基因的表达。理论上，在现今以 DNA 与蛋白质为基础的生命诞生之前，存在基于 RNA 为基础的生命阶段。在这一阶段中的 RNA 既起到传递遗传信息的作用，也担负着催化功能。

【氨基酸】蛋白质链的基本构成部分。氨基酸种类繁多，但只有 20

种氨基酸可以构成蛋白质，这一现象的本质极有可能源于生物的进化历程。在其他行星上可能存在的生命体，也可能具有与地球生物全然不同的氨基酸种类与构成。

【暗能量】理论假设中占据宇宙近 70% 质能内容物的能量形式。由于负压引力排斥的影响，暗能量导致了宇宙膨胀加速。

【半导体】通常温度条件下，价带基态电子与导带自由电子间能隙间距适中的材料。电子自价带跃迁至导带后，将在价带中留下空穴，并表现为有助于电流传输的正电荷。如若能隙间距大，超出环境热量供给电子将难以进行跃迁，则该材料为绝缘体，如若能隙极小或完全不存在能隙的材料则是导体。通常在半导体材料中掺杂一定量杂质，将会为其提供更多的自由电子或更多的空穴。这也就分别对应了 N 型半导体与 P 型半导体。对半导体进行掺杂可以提高材料的导电性。

【玻色子】可在同时占有相同量子态的粒子。玻色子自旋为整数，名称来源于其所符合的玻色－爱因斯坦统计。基本相互作用的范围与中间玻色子如光子、$W^{\pm}$ 粒子、Z^0 粒子、胶子与引力子等有关。

【不确定性原理或海森伯测不准原理】表明无法绝对同时且精确地知晓某些成对量值的原理。其中的成对量值可以特指位置与速度关系，也可以用于能量与时间等物理量。某一量值的不确定性越小，将会导致其所对应量值不确定性的增加。虽然当微粒累加到一定规模后，其在宏观尺度下能够呈现出足够的近似性，但牛顿的决定论在微观尺度下并不适用。所以，相较于默认任意时刻存在确定位置与速度的牛顿决定论而言，这一原理也被称为测不准原理。该原理由海森伯于 1926 年提出，是量子物理学的基础。

【超导体】在某一温度下导电率超高的材料。超导效应是一种量子效应，其本质是整自旋电子对（库柏对 Cooper pair）聚集产生的整体联动。

【超对称】理论假设中费米子与玻色子之间存在的一种对称性。该假设认为，物质基本粒子的每一个费米子都对应一个尚且未知的玻色子；而对于每一个传递力的中间玻色子而言，都存在一个尚且未知的费米子与之相匹配。如若该假设的对称性得到满足，则每一个粒子与其伴子的能量都应在量子真空中相互抵消。据信，超对称粒子是暗物质的良好备选者。

【超然】如若某一实在超越了其存在普遍必须的特性，或者更为直观地描述这一实在超越了比其更为重要的存在的话，我们既可以称超越了其认知范围与行动可能。如若超越了并非我们所认知了解的物理定律，而是真实的物理定律本身，那么也就做到了超然于宇宙万物。

【超弦】理论假设中以普朗克长度（10^{-35}m）为单位构成的微小弦线。这种弦线在九个维度空间中移动的同时，其量化震动将对应于我们三维空间中所观察到的粒子，而其余六个维度将被压缩至普朗克长度。在这一条件下，引力与量子物理可以得到统一。

【催化】一系列干预化学反应速率（加快或减慢），但不影响其反应最终产物的过程。调节并控制反应速率的催化，在工业生产或生物活动中都占有重要地位。如若没有催化过程的参与，诸多反应的自然反应速率是极其低效的。

【大爆炸】在经典理论中，具有密度与温度无限的宇宙，构成了不适用物理学定律的奇点。这一设想中的宇宙原初状态蕴含极高的能量密度，大爆炸即是而后发生的空间延展。在引入量子效应之后的奇点变得有限，且遵从于物理定律。或许大爆炸并非洪荒时间之始，而在此之前，即可能存有四方上下之世界。

【叠加态】尽管叠加态在经典物理范畴内不具有可能性，但在未被观测条件下，一个量子系统的所有量子态都处于叠加状态，即可以处于任意量子态中的任何一种。

【端粒】染色体末端的非编码高度重复序列。由于每次细胞复制过程中，这一区域的序列都会缩短，所以细胞可能进行的最大复制次数也就得到了限制。但端粒酶可以修复这种消耗，也就使细胞得以无限复制。

【发育（发展）】相较于同一系统早期状态，呈现出更强壮结构构成、更多差异性与更为复杂组织的连续过程。对于生物体而言，通常是指胚胎状态的生物体或幼年期与发育期细胞增殖、分化与组织器官形成的过程。某些时候也会延伸泛指人类体制内，涉及经济、社会与文化结构系统的进步。

【反物质】反物质是物理学中的一种物质存在。其由反电子、反质子、反中子等构成，每种反粒子分别对应一种物质粒子。当反物质与物质相互接触之时，二者的质量将相应被转化为电磁辐射。如若在宇宙形成之初，物质与反物质之间呈现了完美对称性，那将导致物质无法形成仅留光存在的宇宙。当前物理学所面临的挑战之一，便是找出物质与反物质之间对称性破缺的机理。

【费米子】在相同量子态下无法共存的粒子。费米子遵守泡利不相容原理，且具有半整数自旋，其名称来源于该类型粒子所遵循的费米－狄喇克统计。作为物质存在基本粒子的夸克与轻子皆为费米子。

【干细胞】一种尚未进行分化的细胞。与普通细胞全然不同，干细胞可以分化为多种不同类型的体细胞，或者说，可以分化出体内任何类型的细胞。

【还原论】认为利用基本定律能够推导出复杂且相对有效规律，通过其基本成分（基本粒子与基本相互作用）即可分析理解所有现实的理论。或许未来某一天，能够对这一理论加以证实或证伪。就目前而言，复杂层面的实体或效用规律在被发现之后，能够从下层较低层级找寻到上层合理性的解释。但介于宇宙所存在的无限可能性，如若仅从较低简单层级入手，实难向上推断更高层级的结构与必要性。

【海马体】边缘系统内与长期记忆巩固有关的大脑区域。一般来说，该区域受损并不会影响现有已形成的记忆，但会导致难以组织新记忆。

【合成生物学】寄希望于通过细胞内构成分子重建全新活细胞的学科。合成生物学业已超越了专注于分析细胞的成分，与各种分子构成的分子生物学。目前的合成生物学特别着重于逐片生产与装配 DNA 与蛋白质等生物相关分子。

【核苷酸】由磷酸盐、糖（脱氧核糖与核糖）与含氮碱基构成，是 DNA 与 RNA（核酸）的基本组成单位。其中，含氮碱基包含腺嘌呤（A）、胸腺嘧啶（T）、鸟嘌呤（G）与胞嘧啶（C），而在 RNA 中的的胸腺嘧啶（T）被尿嘧啶（U）所替代。含氮碱基之间通过氢键相连，并且存在互补性碱基配对。例如在 DNA 双链结构中，腺嘌呤（A）与胸腺嘧啶（T）配对，而胞嘧啶（C）则与鸟嘌呤（G）相连。以上这几种碱基构成了遗传信息的"密码"，而这种互补性配对也是基因复制转录与翻译的基础。

【互补原理】奠定粒子与波在更深层次互补而非互不相容的原理。例如光可以具备波粒二象性，而电子、质子与中子也可以表现出粒子性与波动性。它们是呈现粒子性还是波动性取决于观察者的观察方式。由于观察手段取决于观察者，所以被观测物与观察者也是互补的。也正因为大相径庭于将光看作波，将电子、质子、中子看作粒子的经典物理学，使得 1927 年一经博尔提出该原理，便在量子物理学领域大放异彩。

【化学键】通过共用原子间轨道上电子而产生的链接。化学键的键能与几何形状对于分子的结构形态及所参与的化学反应起到了决定性作用。

【记忆】一种对过去时刻的信息存储，这类存储可以改善未来同等情况下的反应能力。记忆既可以储存于神经网络或整个大脑之中，也可以储存于某些电子设备中（如内存或硬盘等计算机电子存储）。存在有很多种不同类型的记忆，如短期或长期记忆，有意识或无意识记忆，陈述性或程序性记忆。同样记忆也不拘泥于其所铭刻的载体上，例如生命的记忆凝结在化石之上，人类的记忆依附在文献、艺术品、纪念性建筑与雕刻之中。有时记忆与灵魂相关联，承载着个体生命连续与统一的来源，这一现象在个体死后更为凸显。尽管我们的存在远不及我们神经所处理过的信息集合复杂，却着实较我们记忆中的留存更为丰富。

【技术】系统性研究与创造工具方法的统称。通过技术可以创造出全新的工具，并用以有意识地改造现实世界。科学认知将推动技术的革新，而科学、经济、认知、娱乐乃至社会的形塑，将使之超越其作为工具的维度，进而衍生出一种灌注了感知与价值观的认知氛围。

【精神】具有一定持久性与统一性个体或集体心理状态的统称。这类状态易于受到如煽动唆使或鼓舞激励等行为作用，进而产生相应的影响。

【决定论】决定论认为过去与未来存在因果关系，未来事物发展全由过去事物状态所必然决定。由于在经典物理学中知晓物体的起始位置与初速度，以及所受外力方向与速度的关系，即可推断这一系统的未来状态，所以经典物理学是支持决定论的。量子物理学中对于一个尚未被观察的系统而言，其波函数演变符合薛定谔方程的部分是符合决定论的，但当该系统因受到观察而导致其波函数坍缩的部分，则展现出非决定论的一面。

【夸克】是一种参与强相互作用的基本粒子（也就是说夸克除了具有电荷以外还具有色荷）。夸克包含六种"味"，分别是上（u）、下（d）、粲（c）、奇（s）、底（d）及顶（t）。三个色荷各异的夸克相互结合形成对外呈色中性的强子（如质子与中子），或两个具有相反色荷的夸克结合生成同样色中性的介子（如不稳定的 π 介子或 K 介子）。夸克的电荷数值为分数，具有基本电荷的 1/3 或 2/3 倍。

【力的大一统】一种看似虚幻但现今也富有成果的物理学前进方向。这一物理学目标旨在用一个独到的方程描述电磁力、强核力、弱核力与引力这四种目前已知的基本相互作用。不论是从量子物理还是相对论角度，在极高能级条件下，上述这四种相互作用将会融合为一种。但在较低能级条件下，其依旧将表现为不同的力。

【灵魂】在某些文化中，假想比物质存在更为微妙的非物质存在。这一存在在现实物质发生变化之后，依旧能够为状态多样且不断变化的生物体提供暂时的协调单元。亚里士多德认为存在植物性灵魂、动物性灵魂与思想性灵魂，但通常而言的灵魂特指思想性灵魂。这种灵魂是非物质、永恒且独立于身体的存在。这一存在或是在死后与肉体相关，或是凡人与神灵之间联系的纽带，抑或仅仅是一种幻象。但在历史长河之中，无论是哪种样式的灵魂都与物质相辅相成。在一本有关唯物主义的书中，实难忽略其对我们产生的精神激励。

【酶】一种在适宜的内部或外部条件下，能够改变机体代谢反应速率的蛋白质催化剂。酶在诸多生命活动中发挥着决定性的作用。

【能量】与具备能够做功或传导热能相关的物理量。能量总值是宇宙常量（热力学第一定律能量守恒），而能量质量将会不断降低（热力学第二定律熵增原理）。

【偶然性】一种存在不具备先验逻辑必然性的特性。在诸多宇宙模型之中，我们的宇宙与物质存在，乃至地球与人类物种的产生，都不具备逻辑的必然性。尽管客观事物存在，但这一存在并不意味着其必要性。任何物种的存续都是偶然的，因为不论该物种存在或曾经存在与否，其在逻辑上都并非必须。

【泡利不相容原理】该原理于 1925 年由泡利提出，表明两个全同费米子不能处于相同的量子态。这一原理适用于如原子中的电子以及原子核内的质子与中子。

【气候变化】受到或部分受某些如二氧化碳、甲烷与氮氧化物等气体大量排放，进而导致的大气物理升温过程。由于上述各种气体所存留的红外辐射，将会导致中纬度地区陆地气候变得更加干燥，致使风暴强度与频率增加，极地冰盖与冰川开始融化，洋流产生异常变化。这些都使得人类所居住的地区处于更高的风险之中。

【前额叶皮质】位于前额与双眼之后的大脑皮层前端。人类前额叶皮质具备如规划未来运动与决策等特有的功能。如同海马体（巩固大脑长期记忆的区域）赋予吸取过去记忆经验的能力一样，前额叶皮质也使得人类具有规划与整合未来的能力。

【轻子】不参与强核相互作用的基本粒子（也就是说轻子没有色荷）。轻子包含电子、μ 子、τ 子与它们各自的中微子（电子中微子、μ 中微子与 τ 中微子）。

【人择原理】认定宇宙物理常数与其观察者存在相匹配的哲学理论。因此，宇宙之中任意智慧观察者只能够观察到与其存在相兼容常数的某些集值。由于对于恒星而言，合成足够组成观察者碳元素的条件复杂而又苛刻，需要满足一系列常数数值，所以虽然有可能存在其他与我们世界所观测到常数值全然不同的宇宙，但这种宇宙中必不会有观察者。

【熵】热力学中表征物质状态的参量之一。在孤立系统中的熵不会降低，只会增加或保持不变。熵的提高是能量质量下降的体现，而在微观角度上的熵与分子内部的无序程度相关。

【神】无形、永恒且全在，能够赋予现实世界真理、活力与实体的存在。对于某些人而言的神，是一种超脱于物理法则的数学规律，并且同人类利益与道德价值观无关。而对于另一些人而言，神的存在本质上是充盈大爱的秩序。他们认为神是世界的创造者，并将超度死后众生。同样还存在怀有另一种观念的人，他们认为神是一种升华、梦幻或迷信的存在。不论是真是假，是现实抑或是虚幻，神这一理念成为理性思考物质作为现实核心要素的试金石。

【神经递质】自神经元轴突末梢释放至突触间隙的分子。神经递质可以被突触后神经元细胞膜上神经受体所接收，并传递冲动亦或者抑制信号。

【神经科学】以研究各类生物物种神经系统及其所对应进化历程的科学。其研究领域涵盖自某一孤立神经元以及神经元所特有的分子通道活动，乃至大脑中对信息的处理以及其心理与生理活动结果。

【神经网络】神经元通过突触相互连接而形成的集合。其中，神经元既可以是自然神经元，也可以是人工构造的神经元。网络中的突触强度可以通过学习过程不断强化，进而达到改变神经网络的作用。神经网络中对每组突触强度都保有定量特定的记忆值。该数值将充当动态吸引子，并将所接收神经冲动导向特定的一个或几个神经元。

【生命】描述一系列生物机体物理化学过程的名词，或泛指过去、现在及未来存在的生物机体，或指某一具体生物的化身、经验或记忆。在第一个释义中，在可变的外部环境条件下，存有一系列发生在特定空间内（受膜结构或特定界限控制）有序的化学反应（新陈代谢），以维持一定时间内的机体稳定特征。并且与此同时，能够产出不总是彼此相同或不永远忠于本体自身的复制品，这种拷贝赋予了生物在进化过程中更高的多样性。在其他星球或卫星上的生命形式可能与地球上我们所熟识的生命形式截然不同。

【生物进化】因受误差、基因突变、基因重组与自然选择等不同类型因素影响，使得后代生物体组织产生多样性的一系列过程。实际上这种在资源有限环境中，进行错误复制与选择的过程远比生命的存在更为悠久，在生物诞生之前，分子间竞争与循环的自增殖过程中就已经存在了。

【守恒】某种不随时间变化而变化的属性。在物理上所需遵循的普遍守恒如动量与能量的守恒，而例如在有机生物活体内非自生且非普遍的稳态守恒，则需要某种程度上持续的能量与物质摄入才能得到保障。

【突变】生物体 DNA 随机、偶然且不可预测地改变。在基因中产生的突变通常导致该基因所对应蛋白质的变化，进而造成解剖学或生理学上的改变。而在非编码区产生的突变通常不会导致极为严重的后果。

【突触】神经元间或神经元与肌肉间通信的特异性接口。当神经信号抵达时，突触前神经元将向突触间隙释放一定量能够作用于突出后神经元神经受体的神经递质。突触视神经信号的不同将会对突出后神经元产生兴奋或抑制两种截然不同的效果。

【脱氧核糖核酸（DNA）】具有双螺旋结构的长链聚合物，组成单位为核苷酸。含有四种碱基两两互补配对（A：腺嘌呤；T：胸腺嘧啶；G：鸟嘌呤；C：胞嘧啶）。DNA 中包含生物体蛋白质遗传信息，在其复制过程中偶尔会产生的错误与修改是生物进化的来源。大多数变化是有害或中性的，但这也是大自然中现存物种多样性的根本与生命活力的体现。DNA 犹如一个巨大的文件库与实验室，代表着其存在的独一无二，也承载着物种的历史。

【唯物主义】认定物质足以构成解释世间实在由来的哲学理论。广义上来讲，不仅仅是物质，如时间与空间等各种作用场也被涵盖在内。介于其内部亦存在诸多细微差别，本书就从朴素唯物、魔幻唯物、原子唯物、机械唯物、炼金唯物、宇宙唯物、神秘主义唯物、地球唯物、辩证唯物、消费主义唯物、科技唯物、显现唯物、生理唯物、进化唯物、遗传学唯物、神经生物学唯物、仿生唯物等多个源于唯物主义，而又别具吸引力的角度展开了概念的探讨。

【唯心主义】一种认定可观测的物质现实背后，具有一种比其更为抽象、深刻与纯粹的实在支托。这一实在或是一种并非完美的时空映象，或是一种多少部分扭曲的感官与精神形象。这一抽象实在既可以是毕达哥拉斯或柏拉图式的思想，亦能够是康德物自身的本体。基本物理定律与其宇宙常数可以充当这一实在，圣洁的心智也可与之毫无二致。

【物理学】一种植根于数学、以对自然的观察与实验为基础，试图发现物质基本元素与各自相互作用规律，并在基本要素之上，找寻全新组合，由此产生全新属性、应用与相互作用定律的自然科学。

【物质】赋予宇宙以质量的组成物。质子、中子与电子构成了我们与围绕我们的世界，它们也很有可能仅是众多物质可能性中由夸克与轻子所构成稳定的一部分而已。但是，已知物质只占宇宙内容的 4%，另外大约 26% 的物质应由暗物质组成，其余的 70% 则是暗能量。尽管暗能量可能与量子真空有所关联，但是目前暗物质与暗能量的组成依旧是个未解之谜。

【线粒体】真核细胞内部的细胞器。碳水化合物在线粒体内被氧化，并释放能量将 ADP 转化为 ATP。由此释放出来的能量同样也能够提升生物体的行动能力，但是线粒体的缺陷可能致使自由基攻击机体脏器并导致其衰老。

【相对论】于 1905 年由爱因斯坦基于真空中光速不变原理所提出的理论。根据该理论，物理定律在一切惯性参考系中具有相同的形式，而无论在何种惯性参照系中观察，光在真空中的传播速度相对于该观测者都是一个常数。由此，空间、时间与质量皆取决于观察者的速度。1915年，爱因斯坦通过假设引力场与加速系之间的等效性，将其狭义相对论设想扩展至加速系统得出广义相对论。由此，在能量的作用下时空可以产生扭曲，而这一扭曲将会导致物体运动轨迹的改变。狭义相对论与量子物理学之间的相容性意味着反物质的存在及其与物质间的对称性、自旋与统计之间的联系。而广义相对论与量子物理学之间的兼容则要困难许多，并且还需要寻求面向如超弦理论或宇宙弦循环理论等更为复杂理论的转变。

【心智】大脑内能够产生认知、情感与意识的计算活动。也许未来能够将其如机器一般进行运用。

【形式】物质的特殊空间、时间或精神状态，其所具有的信息或能量赋予其独一无二特性或潜力，使之不同于其他状态。

【杏仁核】大脑内部边缘系统中控制恐惧、厌恶与警觉等情绪感觉的区域。该区域与巩固长期记忆的海马体之间相互连接，便可以通过情绪状态直接影响记忆储存强度。

【意识】一种自身对世间某方面产生关注、认知与评判的精神状态。意识存在许多不同的等级，既可以通过清醒状态与睡眠或昏迷状态的相对区别划分，也可以根据注意力的强度、知识理解的广度、评判标准的敏锐程度乃至对相关事务的考量深度进行划分。

【涌现论】认为伴随着物质汇聚相互累加与复杂程度不断提升之后，整体将呈现出原本单个元素所不具备之全新属性与特征的哲学理论。在某些情况下，如若缺失某些属性，就难以累计量变产生质变关联时，其涌现的属性将与先前所具备属性相关联。在其他情况下，其所涌现特性伴随着累积物质的消散而消散。

【原子论】一种认为物质由不可再分割且不具可变形粒子（即指原子）构成的哲学理论。在该理论中，世界由多样且变化着的物质组成，而原子是可见世界统一性与不变性的根本。这一理论启发了后世科学原子理论。然而讽刺的是，当原子最终被观测发现后，人们发现其本身依旧是可分割且可变的。尽管如此，原子论这一科学理论依旧存在，且这种观点在更微观的层面上继续追寻着统一。

【载荷（电荷／色荷）】一种使得粒子具有与其他粒子相互作用能力的物理特性。例如电荷的正电与负电是电磁相互作用的基础；而色荷的蓝、绿、红则是强子或强核相互作用的基础。虽然以广义相对论角度上来看，引力并非一种力，而是被描述为一种几何属性（曲率），但某种程度上也可以认为只能为正的重力荷载即是质量。

【真空】真空最为直接的解释就是没有任何物质存在的空间状态。在经典物理学中的真空是指存有纯粹的时间与空间，而其中不包含任何物质或力场。在量子物理学中的量子真空则包含了成对的粒子与反粒子的不歇涨落。真空还具有能量密度以及可以加速宇宙膨胀的负压特性。还有人认为在普朗克长度与普朗克时间尺度上，广义相对论的时间与空间也是具有波动的。虽然这种波动微小、短暂且不稳定，但这波动可以产生多重宇宙。

【**真空量子涨落**】根据海森伯不确定性原理所推导出的，在空间生成了由粒子和反粒子组成的虚粒子对，并迅速湮灭消失现象的统称。量子涨落是在空间任意位置极小尺度上，时空能量的短暂动态变化。真空量子涨落极有可能以全然随机的方式产生着不同的宇宙，而这些宇宙之间亦存在极为不同的特点。

【**自旋**】粒子所具有的量子特性。可以将自旋直观地看作一种不停歇的固有旋转。但自旋较经典力学的自转相比更为精妙，例如自旋决定了粒子的整体特征。其中自旋所包含的数值为正半奇数（1/2、3/2、5/2）或含零正整数（0、1、2），半整数自旋的粒子被称为费米子，而整数的则称为玻色子。此外，自旋赋予了粒子磁偶极矩，而这也正是磁学与核磁共振的基础。

【**自由基**】是最外层拥有不成对电子的原子、分子或离子（如氧气分子最外层所具有的价电子是其典型的构造特征）。这类自由基可以发生很强的化学反应，并对细胞内的分子展开攻击。在细胞中，线粒体的功能障碍可以产生大量自由基，加速细胞的衰老。

参考文献

总书录

C. T. Tart, *El fin del materialismo*, Kairós, Barcelona, 2012.

C. Tresmontant, *Ciencias del universo y problemas metafísicos*, Herder, Barcelona, 1978.

C. U. Moulines, *Exploraciones metacientíficas*, Alianza Universidad, Madrid, 1982.

D. Bohm, *La totalidad y el orden implicado*, Kairós, Barcelona, 1990.

F. Brissoni F. W. Mayerstein, *Inventer l'Univers. Le problème de la connaissance et les modèles cosmologiques*, Les Belles Lettres, París, 1991.

J. Ferrater Mora, *De la materia a la razón*, Alianza, Madrid, 1979.

J. Wagensberg, *A más cómo, menos por qué*, Metatemas, Tusquets, Barcelona, 2014.

J. Wagensberg, *Si la naturaleza es la respuesta, ¿cuál es la pregunta?*, Metatemas, Tusquets, Barcelona, 2010.

L. Sklar, *Filosofía de la física*, Alianza editorial, Madrid, 1994.

P. C. Davies and J. Gribbin, *Los mitos de la materia*, McGraw-Hill, Madrid, 1994.

P. Charbonnat, *Historia de las filosofías materialistas*, Biblioteca Buridán, Ediciones de intervención cultural, Barcelona, 2010.

P. Laín Entralgo, *Cuerpo y alma*, Austral, Madrid, 1993.

R. Feynmann, *El carácter de las leyes físicas*, Antoni Bosch ed, Barcelona,1981.

物质元素

A. Pais, *Inward bound. On matter and forces in the physical world*, Clarendon Press, Oxford, 1986.

A. Ribas, *Biografía del vacío*, Destino, 1997.

B. d'Espagnat, *En busca de lo real*, Alianza Universidad, Madrid, 1983.

D. Jou, *Introducción al mundo cuántico. De la danza de las partículas* a las semillas de las galaxias, Pasado & Presente, Barcelona, 2012.

F. Close, *La cebolla cósmica*, Crítica, Barcelona, 1988.

J. Barrow, *The world within the world*, Oxford University Press, Oxford, 1988.

J. M. Sánchez Ron, *El mundo después de la revolución. La física de la segunda mitad del siglo XX*, Pasado & Presente, Barcelona, 2014.

J. M. Sánchez Ron, *Historia de la física cuántica* (2 volúmenes), Crítica, Barcelona, 2001.

L. Ohrstrom, *El último alquimista en París*, Crítica, Barcelona, 2015.

L. S. Glashow, *El encanto de la física*, Metatemas, Tusquets, Barcelona,1991.

M. Cassé, *Du vide et de la création*, Odile Jacob, París, 1986.

R. Lapiedra, *Las carencias de la realidad. La consciencia, el Universo y la mecánica cuántica*, Metatemas, Tusquets, Barcelona, 2008.

S. Ortoliy J. P. Pharabod, *El cántico de la cuántica, ¿Existe el mundo?*, Gedisa, Barcelona, 1987.

物质宇宙

B. Greene, *El universo elegante*, Crítica, Barcelona, 2001.

D. Jou, *Reescribiendo el Génesis. De la gloria de Dios al sabotaje del Universo*, Destino, Barcelona, 2010.

E. Schatzman, *Los niños de Urania*, Salvat, Barcelona, 1986.

F. Dyson, *El infinito en todas direcciones*, Metatemas, Tusquets,Barcelona,

1991.

H. Reeves, *La première seconde* (2 vols.), Seuil, París, 1995.

J. Barrow, *El libro de los universos*, Crítica, 2013.

J. Barrow: *From alpha to omega: the constants of physics*, Oxford University Press, Oxford, 2003.

J. Gribbin, *Solos en el universo. El milagro de la vida en la Tierra*, Pasado & Presente, Barcelona, 2012.

J. M. Trigo, *Las raíces cósmicas de la vida*, Publicacions de la Universitat Autònoma de Barcelona, 2013.

L. M. Krauss, *Un universo de la nada*, Pasado & Presente, 2013.

L. Smolin, *Las dudas de la física en el siglo* XXI, Crítica, Barcelona, 2007.

L. Susskind, *La guerra de los agujeros negros*, Crítica, Barcelona, 2013.

M. Cassé, *Généalogie de la matière*, Odile Jacob, París, 2001.

M. Rees, *Seis números nada más. Las fuerzas profundas que ordenan el Universo*, Debate, Madrid, 2001.

R. Penrose, *Los ciclos del tiempo*, Debate, Barcelona, 2011.

S. Hawking y L. Mlodinow, *El gran diseño*, Crítica, Barcelona, 2010.

S. Hawking, *Breve historia del tiempo*, Crítica, Barcelona, 1988.

S. Hawking, *El universo en una cáscara de nuez*, Crítica, Barcelona, 2002.

S. Weinberg, *Los tres primeros minutos del universo*, Alianza, Madrid, 1978.

物质科技

E. Casero, C. Briones, P. Serena, J. A. Martín-Gago, *El nanomundo en tusmanos*, Crítica, Barcelona, 2014.

I. Prigogine, *Entre el tiempo y la eternidad*, Alianza, Madrid, 1990.

I. Prigogine, *La nueva alianza*, Alianza, Madrid, 1984.

J. C. Losada, *De la honda a los drones. La guerra como motor de lahistoria*, Pasado & Presente, Barcelona, 2014.

J. E. Llebot, *El cambio climático*, Rubes, Barcelona, 1998.

M. Claessens, *Los descubrimientos científicos contemporáneos*, Gedisa,

Barcelona, 1989.

P. Coveney y R. Highfield, *La flecha del tiempo*, Plaza Janés, Barcelona, 1992.

R. Guitart, *Tóxicos. Los enemigos de la vida*, Servei de Publicacions de laUniversitat. Autònoma de Barcelona, Bellaterra, 2014.

R. Morris, *Las flechas del tiempo*, Salvat, Barcelona, 1986.

R. V. Solé, *Redes complejas: del genoma a Internet*, Metatemas, Tusquets, 2009.

S. Greenberg, *Tomorrow's people. How 21st century technology is changing the way we think and feel*, Penguin Books, Londres, 2003.

X. Duran, *En el llindar del futur*, Proa, Barcelona, 1990.

物质生命

A. Cortina y M-A Serra (coord.) *¿Humanos o posthumanos? Singularidadtecnológica y mejoramiento humano*, Fragmeno editorial, Barcelona, 2015.

A. Fondevila y A. Moya, *Evolución. Origen, adaptación y divergencia de las especies,* Síntesis, Madrid, 1999.

A. Tobeña, *Cerebro y poder,* La esfera de los libros, Barcelona, 2008.

A. Tobeña, *El cerebro erótico. Rutas neuronales de amor y sexo, La esfera de los libros,* Barcelona, 2006.

A. Tobeña, *Mentes lúcidas y longevas*, Servei de Publicacions de laUniversitat Autònoma de Barcelona, Bellaterra, 2011.

D. E. Canfield, *Oxígeno. Una historia de cuatro mil millones de años,* Crítica, Barcelona, 2015.

D. Jou, *Cerebro y universo. Dos cosmologías*, Servei de Publicacions de la Universitat Autònoma de Barcelona, Bellaterra, 2011.

F. Crick, *La búsqueda científica del alma*, Debate, Madrid, 1994.

F. Jacob, *La lógica de lo viviente*, Metatemas, Tusquets, Barcelona, 1999.

F. Mora (ed), *El problema cerebromente, Alianza,* Madrid, 1996.

F. W. Mayerstein, L. Brisson y A. P. Moeller, *Lifetime. The quest for a definition of life*, Georg Olms Verlag, Hidesheim, 2006.

G. Edelman y A. Tonino, *El universo de la conciencia. Cómo la materia se convierte en imaginación,* Crítica, Barcelona, 1999.

J. Agustí, E. Bufill, M. Mosquera, *El precio de la inteligencia*, Crítica, Barcelona, 2012.

J. Craig Venter, *La vida a la velocidad de la luz. Desde la doble hélice a los albores de la vida digital*, Crítica, Barcelona, 2015.

J. Maynard Smith, E Szathmáry, *Ocho hitos de la evolución. Del origen de la vida a la aparición del lenguaje*, Metatemas, Tusquets, Barcelona, 2001.

J. Monod, *El azar y la necesidad,* Metatemas, Tusquets, Barcelona, 1981.

J. P. Changeux, *El hombre neuronal*, Espasa Calpe, Madrid, 1986.

J. Terrades, *Biografía del mundo. Del origen de la vida al colapsoecológico,* Destino, Barcelona, 2006.

K. L. Popper y J. C. Eccles, *El Yo y su cerebro,* Labor, Barcelona, 1985.

L. Margulis, *Simbiotic planet. A new view of evolution*, Basic Books,Nueva York, 1998.

P. L. Luigi, *La vida emergente. De los orígenes químicos a la biología sintética, Metatemas, Tusquets*, Barcelona, 2010.

R. Dawkins, *El relojero ciego*, Labor, Barcelona, 1988.

R. Penrose, *Las sombras de la mente,* Crítica, Barcelona, 2012.

R. R. Llinás, *El cerebro y el mito del yo*, *Belacqua*, Barcelona, 2003.

R. V. Solé, *Vidas artificiales,* Metatemas, Tusquets 2012.

S. J. Gould, *El pulgar del panda*, Crítica, Barcelona, 1994.

S. J. Gould, *La flecha del tiempo*, Alianza, Madrid, 1992.

S. Pinker, *Cómo funciona la mente, Destino,* Barcelona, 2000.

T. W. Deacon, *Naturaleza incompleta. Cómo la mente emergió de lamateria,* Metatemas, Tusquets, 2013.

译后记

　　感谢您翻到这里，注意到本书中最没有营养的一页——译后记。作为书籍的唯一译者总多少有些所谓的"特权"——能将一些无关痛痒的废话置于作者整篇正文之后，凭空增加书籍几页全然不必要的厚度。但也借此寄希能与读者有一丝隔空通信的小空间，说说自己在本书译制过程中的小感悟。

　　本书原标题为《物质与唯物主义》，乍一看太过硬核干涩了。某日凌晨将醒模糊之间与候主编偶然谈及牛顿的《自然法则之数学原理》[1]时灵光一闪，以这一科普书籍标题变相致敬牛顿这一现代科学之鼻祖。初次接到原稿时，是在一座十四世纪修道院的庭院里，再次接到终稿审核回复已是在寂静海岸的悬崖之巅，似乎编辑老师总会挑最为安宁的时刻打破寂静，将人重新拉回纷繁的现实之中。不过换句话说，从某种意义上人类对于物质科技的掌控，已经使得其自身对现实世界的渗透逼近了无所不在、无孔不

---

[1]　*Philosophiæ Naturalis Principia Mathematica*，亦译为《自然哲学的数学原理》。

入的境界。物质、信息、能量的边界似乎越来越模糊，而将之明确定义也越来越困难，物质是粒子亦是波，这似乎在某种意义上就已经足够令人苦恼到抓头了。在更为广阔的尺度上，仅凭人类在客观世界日常生活中所累积的经验，早已不足以指导对现今前沿科技的探索。但在这千百年间的智慧问询与逻辑思虑后又给我们留下了怎样的遗产？

亚里士多德在他的作品集中，把他对逻辑、含义与因果等抽象知识的讨论编排在他讨论物理学的书册《自然学》（*Φυσικά*）之后，并赋予这些讨论以标签："在自然学之后"（τὰ μετὰ τὰ φυσικὰ βιβλία），意即在《自然学》之后的书册。这一用语在后世被翻译为拉丁语"metaphysica"，也即"形而上学"；现今我们所论述的"哲学"（φιλοσοφία / philosophia）一词，在古希腊语源上又是由"爱"（φίλος / philos）与"智慧"（σοφία / Sophia）相加和而成。由此我们不难想到，超脱于物像之上的，便是形而上的哲学、自然之外的智慧。许多文化中，宗教在逐步发展中触及到了哲学的深度，所以总有人调侃科学背后是神学也不无道理。

但屈居于宗教苛责教条束缚之中，某种意义上并不有益于对未知世界的探索。如若仅仅在未知地图之上简单地写下"此处有龙"，又怎能迎来地理乃至科学的大发展呢？不过换句话说来，"诸法空相""色即是空"等宗教观点却又在深处照应了量子物理学的最新成果。按照经典物理学的论调，如若万般皆物质，跳出所谓

"境由心生""因果循环，报应不爽"之外，世间万物果真是受宿命决定论所束缚的么？那么对那些诸如"自由意识"等曾经笃定的圭臬真理，我们的信仰是否依旧坚定不移？人类的意识在器之上，而又束于形之下。《易经·系辞上传》有云："形而上者谓之道，形而下者谓之器。"为"形"而羁绊的人类是否真能探求形之上的真理呢？量子力学似乎赋予了我们某种解脱的答案：物质即能量，空即亦是色；空相如诸法，势自无长形；切莫自以心为形役。即便一切是物质，物质也即是一切。如此看来，哲学中经典的"保安三问"，也看似有了模棱两可偷巧儿的回答——我是物质；从物质中来；亦回归物质中去。物质不灭，天道永恒，但物质之形却非亘古如一。或许某种程度上这也就是人类这种愚钝的碳基生物最大的悲哀了。

本书在"物"言"物"，看似形散，但重在"神"聚。从不同方面为读者展现了不同的物质物理，也不失为深入浅出的良好立足点。正如做学问一样，阅读书籍我也坚信一点。对于图书的分类存在不同类型界定，"一"字形的书涵盖广泛，却终归着墨重在浅浅易懂，大部分科普书籍难逃此列；"1"字书专精深研某一领域，却总归难以逃脱深邃拗口，因故常常沉寂于书店滞销仓库内；"T"字书籍涵盖广泛而又有所专攻，如若能乘兴读完，必能有所斩获。不论闲谈把妹，高谈阔论都是不二之选。而最过难得之书，莫过于"十"字，开卷有益，横生顿悟，如当头棒喝，醍醐灌顶，茅塞顿开，万中无一，可遇而不可求。但千言万语道不尽，书终归白纸黑字，读者千万，哈姆雷特自然也不会千篇一律。书籍是死的，而读者自身之感悟才最为重要。汉字说来实在巧妙，难怪仓颉字出，雨粟鬼哭。就拿"感悟"二字为例，读而有感方有悟。读书哪怕破万卷，悟不出道来也是白读。自古中国知识界也是重"道"而非"学"[1]——学之无涯生有涯，皓首穷经终归殆已；不如"君子善假于物"，悟"道"乘车而一往无前。"道"之所存，自然不滞于物，亦不困于心。再例如表示物质的"东西"二字为何不称同为方位的"南北"？有一种解释是五行之中东为甲乙木、西属庚辛金，二者皆为物质，而南北则分别归于勿碰勿触的水火。同样的，"中国"一名某种意义上也是来自于中央戊己土，皇天厚土、厚泽载物。故君子择中而立国，处中国、乃至万邦；惠此中国，以绥四方。这类例子比比皆是，便不再此赘述。从另一个层面来看，对于中国人而言，物质的哲学逻辑早已融入语言，而物质与非物质的辩证也早有了深入的思考。正所谓："天地有大美而不言，四时有明法而不议，万物有成理而不说。"

　　作为译者，在此千言万语纷纷碎碎，词不达意亦不知所言。归根到底不过是搬来了原作者造的一扇图书之窗，在物质的书籍之后诸位读者能有何感悟？这一问题就如世界的尽头有什么，大

---

[1]　"学"繁体写作"學"，可看作"子"在桌前捧书而读；"道"字中"首"即为人，"辶"则可理解为车驾或路径。

海的彼岸又引向何方一样，还请如亚历山大大帝那样，诸君用自己的双手去探索，用双眼去感知吧。

古人云，闻道有先后，术业有专攻，拙作仓促，难免横出披露。如疑有信口雌黄之处，望读者海涵，不吝赐教。

最后，借此感谢中国社会科学出版社编辑老师们的辛勤工作，罗慧玲老师的引荐，夏雯静老师的鼓励，姚明阳先生的相助，还有父母及各位家人长久以来的支持。

刘学，八月八日

于欧亚大陆之尽头菲尼斯特雷